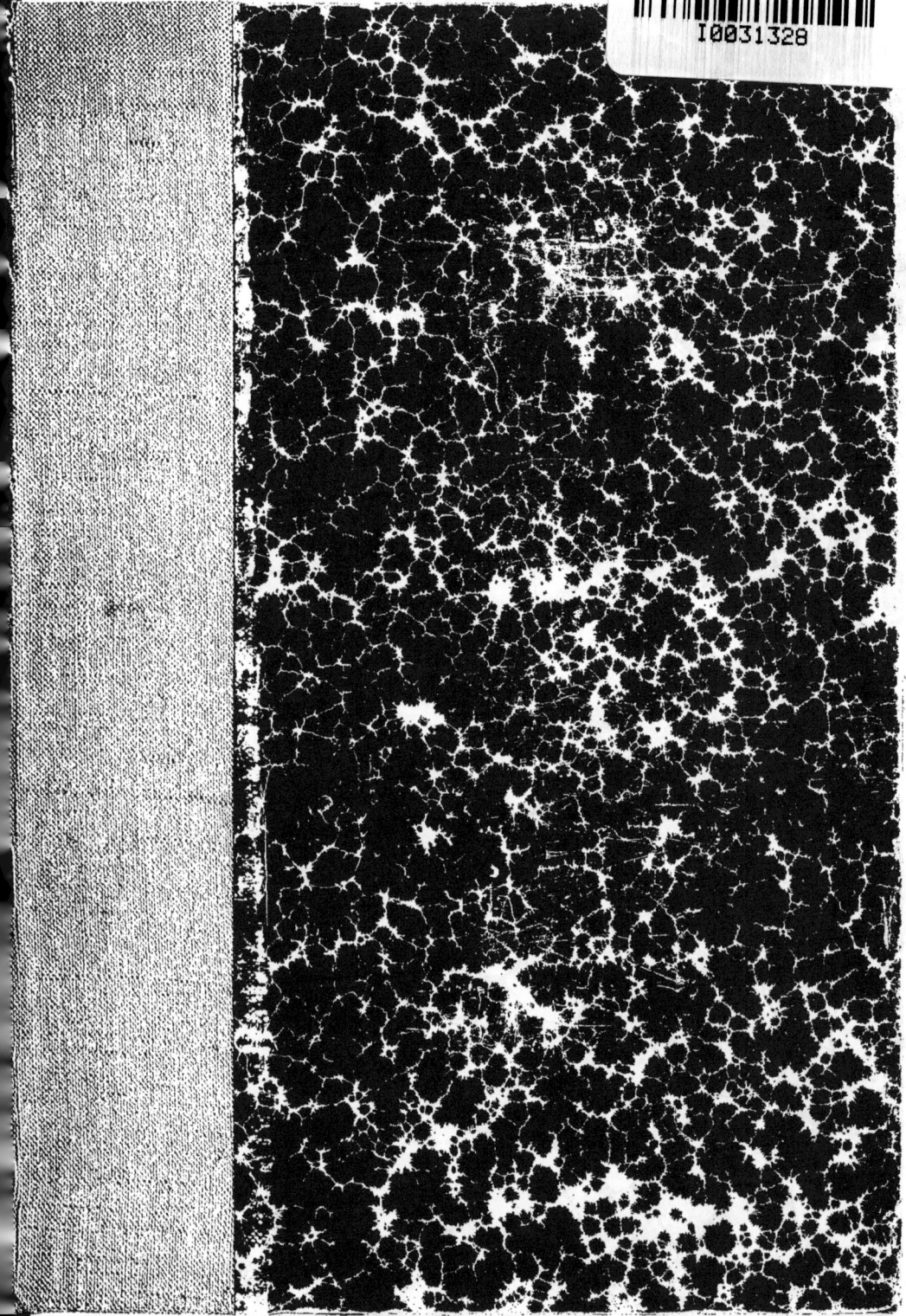

I0031328

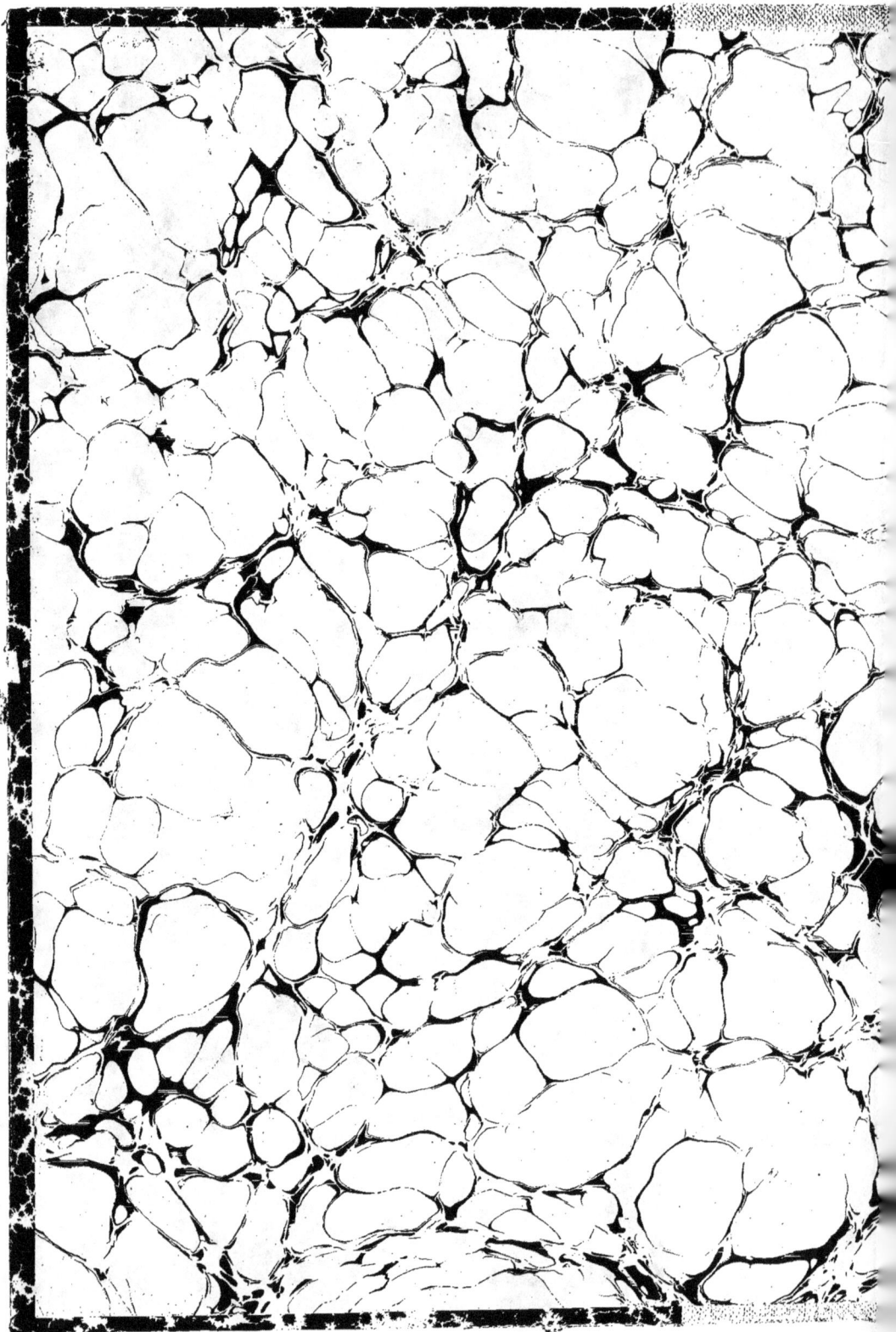

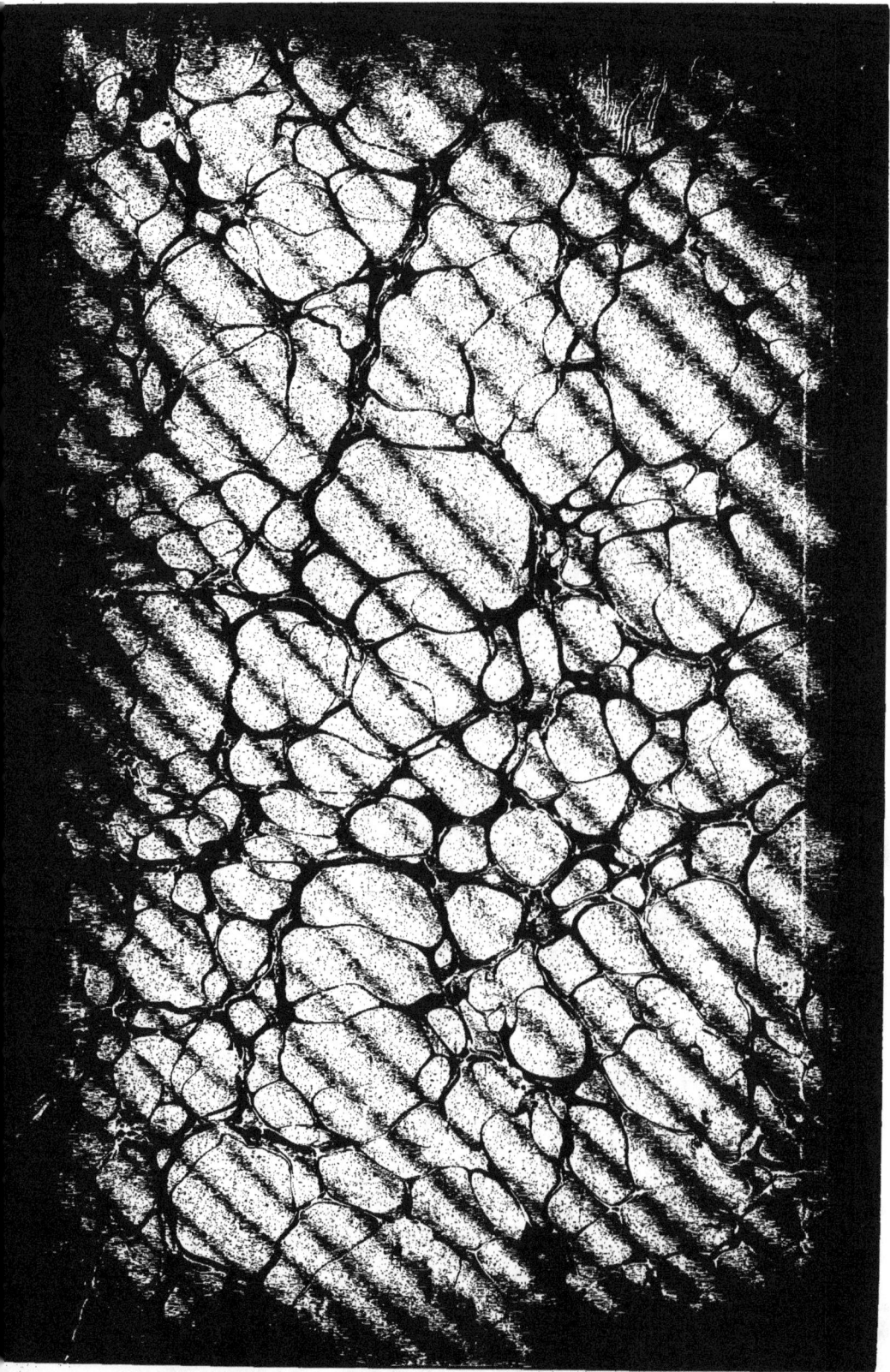

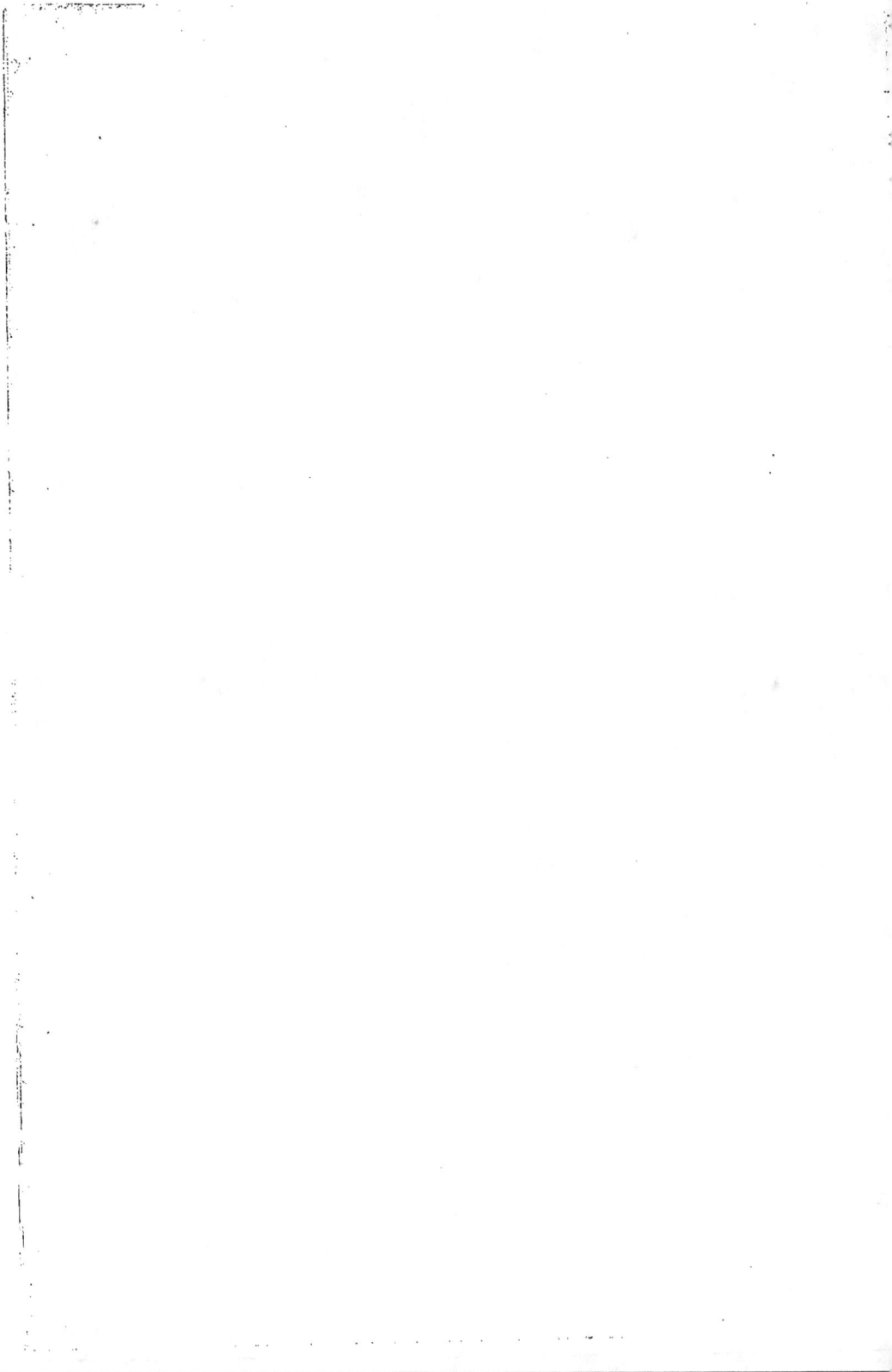

A TRAVERS

L'HISTOIRE NATURELLE

BÊTES CURIEUSES ET PLANTES ÉTRANGES

PAR

HENRI COUPIN

DOCTEUR ÈS SCIENCES

TOURS

MAISON ALFRED MAME ET FILS

2129

BIBLIOTHÈQUE NATIONALE
RF
IMPRIMÉS

A TRAVERS

L'HISTOIRE NATURELLE

1re SÉRIE IN-4°

4° S
1936

PROPRIÉTÉ DES ÉDITEURS

Le Bouvreuil. — Aquarelle de GIACOMELLI.

A TRAVERS
L'HISTOIRE NATURELLE

BÊTES CURIEUSES ET PLANTES ÉTRANGES

PAR

HENRI COUPIN

DOCTEUR ÈS SCIENCES

Pourquoi inventer?
En histoire naturelle, la réalité n'est-elle pas
mille fois plus curieuse que la fiction?...

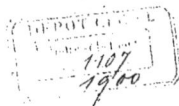

BIBLIOTHÈQUE
RF

DÉPOT
1107
1900

TOURS

MAISON ALFRED MAME ET FILS

M DCCCC I

A LA MÉMOIRE DE MON PÈRE

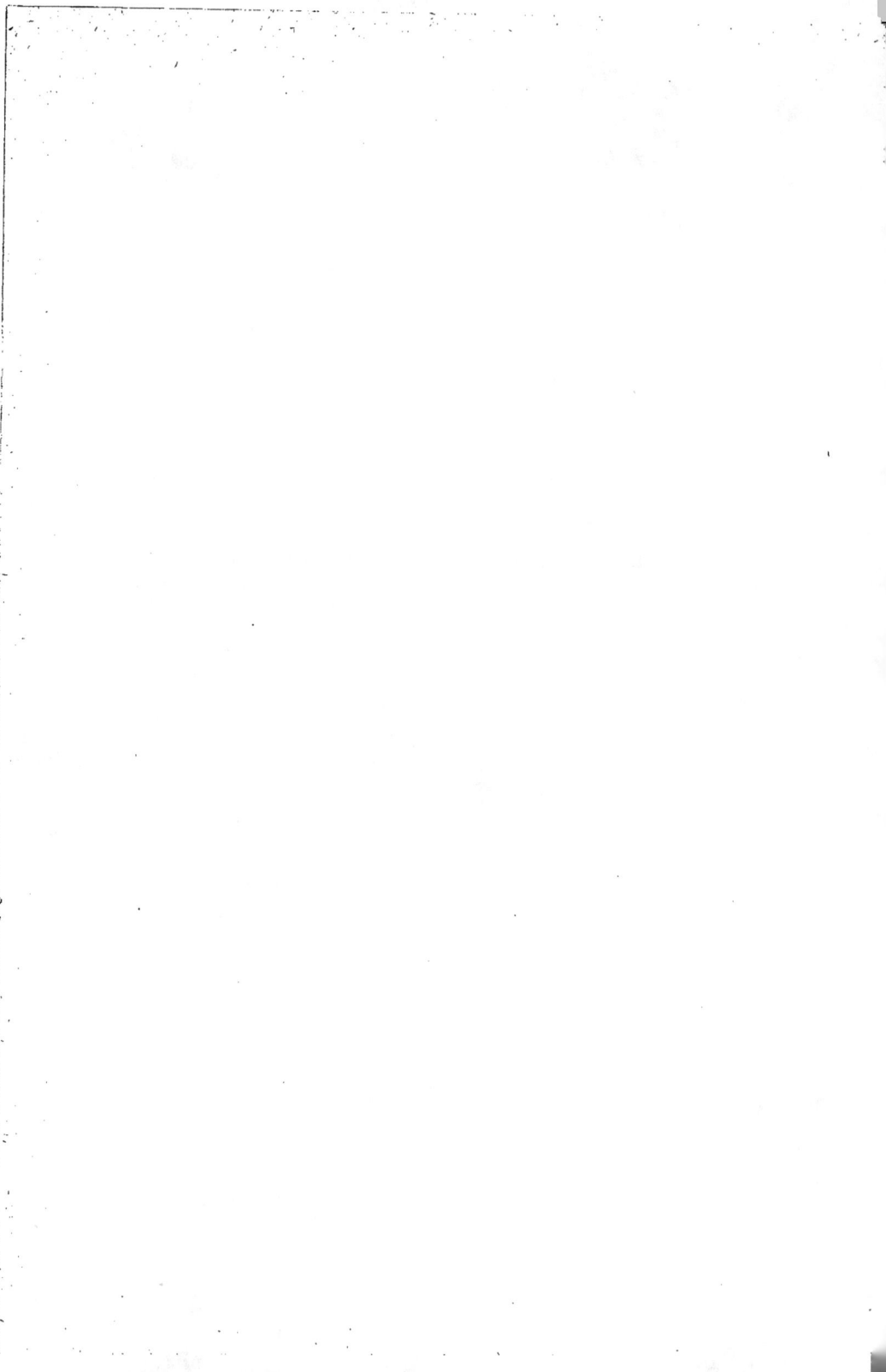

A TRAVERS

L'HISTOIRE NATURELLE

I

LE CARNAVAL CHEZ LES BÊTES

Parmi les spectacles curieux qui révèlent à chaque pas dans la
nature la présence d'un Dieu, l'un des plus singuliers est certainement celui qui nous montre certains animaux se déguisant, se
grimant comme le font nos joyeux masques au moment du carnaval. Le but seul diffère : chez nous, on se déguise pour s'amuser,
tandis que chez les bêtes on se grime pour échapper à ses ennemis.
Le carnaval, chez les animaux, dure toute l'année. Les moyens
employés par les bêtes pour se grimer sont d'ailleurs fort variés.

Un certain nombre d'insectes trouvent, dans les produits que
la Providence a mis elle-même à leur disposition,
des objets divers avec lesquels ils se font un
vêtement. Tel est le cas de la larve de ce petit
insecte de nos appartements, le *réduve masqué,*
qui se recouvre complètement de poussière et
devient de la sorte invisible. A la faveur de son
déguisement, cette larve se promène à pas lents
et s'approche des bestioles dont elle fait sa proie,

Réduve masqué.

les mouches, les punaises, etc. Arrivée près du but, elle s'élance
brusquement sur sa victime et la transperce de son aiguillon. De
même, les chenilles et les femelles des papillons appelés psychés

se fabriquent un fourreau tapissé extérieurement de brins de paille disposés tous suivant la longueur du nid. Quand un de ces animaux se promène au milieu des plantes basses, il est presque impossible de les distinguer; les petits oiseaux, qui les dévoreraient sans pitié s'ils étaient à nu, passent à côté d'eux sans les apercevoir. Rappelons en passant que ce sont ces « chassiers » qui, récemment, ont dévasté les pacages du Mont-d'Or et ont ruiné les populations pastorales des hauts plateaux du centre de la France.

La teigne et son travail.

Mais la bête qui atteint le summum du déguisement, c'est la *teigne des vêtements*, qui, pour dévorer nos habits sans être vue, se fabrique un petit étui des plus élégants avec les brins de laine qu'elle met en charpie ; c'est un vêtement absolument identique au nôtre. Quand l'animal se trouve sur un vêtement dit « fantaisie », le fourreau, pour s'accroître, emprunte des brins de différentes couleurs, ce qui lui donne l'aspect d'un habit d'arlequin.

Ce n'est pas seulement chez les animaux terrestres que de tels faits se rencontrent. Toutes les personnes qui sont allées au bord de la mer connaissent les araignées de mer, ces gros crabes épineux et munis de longues pattes, que l'on désigne quelquefois aussi sous le nom de *maïas*. A l'aide de leurs pinces, ils détachent des morceaux d'algues, de polypes, de bryozoaires, d'éponges, et les déposent sur leur carapace. Les boutures ainsi placées reprennent vie très rapidement, et bientôt tout le corps de l'animal est recouvert d'un véritable musée zoologique et botanique. Le crabe disparaît sous une touffe d'algues qui le rendent méconnaissable.

On connaît aussi deux espèces de troques agglutinants de la mer des Indes, qui s'habillent avec des coquilles d'autres petits mollusques. Citons enfin les larves des *phryganes,* hôtes de nos étangs, qui se fabriquent un fourreau protecteur avec des débris de plantes, de petites coquilles, de petits cailloux, nid dans lequel elles rentrent à la moindre alerte et que l'on n'aperçoit que difficilement au milieu des herbes ambiantes.

Les personnes qui se déguisent ne se contentent pas de se mettre des costumes fantaisistes ou de prendre des attitudes inaccoutumées; elles modifient aussi leur teint en se couvrant les joues d'un fard, rouge ou blanc, suivant les cas. Le même fait peut s'observer chez divers animaux, avec cette différence que le fard est placé ici au-dessous de la peau au lieu de l'être au-dessus. Cette propriété est bien connue chez les turbots, les caméléons, les pieuvres, qui, grâce à elle, peuvent se confondre d'une manière remarquable avec le milieu ambiant.

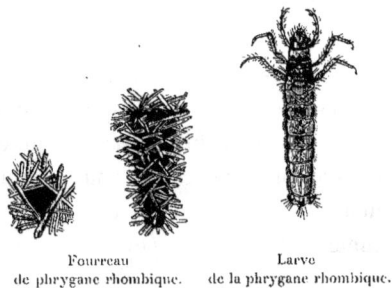

Fourreau
de phrygane rhombique.

Larve
de la phrygane rhombique.

Blanche sur une plage sablonneuse, la pieuvre devient noire sur une plage argileuse. Ces changements de teinte se produisent, pour ainsi dire, en un clin d'œil.

D'autres animaux ne changent de teintes qu'à certaines époques de l'année. C'est ainsi que le lagopède, brun en été, devient du plus beau blanc en hiver : à ce moment il se confond si bien avec la neige sur laquelle il vit, que, s'il reste en repos, il est impossible de l'apercevoir.

A côté de cette catégorie d'individus qui se déguisent de façon si ingénieuse, vient s'en placer une autre, celle des animaux qui se protègent par une attitude spéciale au moment du danger. Voici, sur la branche d'un arbuste, diverses *chenilles arpenteuses* qui se

promènent tranquillement; donnons une chiquenaude, et aussitôt
nous verrons les chenilles se redresser sur leur train de derrière
et devenir d'une raideur remarquable : on croirait tout à fait des
rameaux dépourvus de feuilles. L'illusion est d'autant plus grande,
que la couleur de ces chenilles est tantôt verte, comme les feuilles,
et tantôt brune, comme les branches. L'immobilité ne cesse que
quand tout danger a été écarté.

Dieu a aussi pourvu certains animaux de la faculté de pouvoir
contrefaire les morts, ce qui est certainement très curieux; la mi-
mique est peut-être un peu plus macabre que celle de nos masques,
mais elle est parfois d'une grande importance pour l'animal qui
la présente. Les insectes qui « font les morts » sont légion : cela
fait le désespoir du naturaliste, qui croit récolter une espèce rare
sur une branche, et qui voit sa proie lui échapper en se laissant
choir et en devenant dès lors introuvable dans l'herbe grâce à son
immobilité complète. On a vu des insectes se laisser dévorer tout
vivants plutôt que de remuer une patte ou une antenne.

Cette simulation de la mort se rencontre, pour ainsi dire, dans
tous les groupes d'animaux, les reptiles, les oiseaux, les mammifères. Comme nous reviendrons plus loin sur ce sujet, nous n'en
citerons ici qu'un exemple des plus typiques et si curieux que
nous le reproduirons à nouveau plus loin, d'après M. G. Bidie,
chirurgien de brigade.

« Il y a quelques années, raconte-t-il, alors que j'habitais la
région occidentale de Mysore, j'occupais une maison entourée de
plusieurs acres de beaux pâturages. Le beau gazon de cet enclos
tentait beaucoup le bétail du village, et, quand les portes étaient
ouvertes, il ne manquait pas d'intrus. Mes domestiques faisaient
de leur mieux pour chasser les envahisseurs; mais un jour ils
vinrent à moi assez inquiets, me disant qu'un taureau brahmin,
qu'ils avaient battu, était tombé mort. Je ferai remarquer, en passant, que ces taureaux sont des animaux sacrés et privilégiés qu'on
laisse errer partout, en leur laissant manger tout ce qui peut les
tenter dans les boutiques en plein vent des marchands. En apprenant que le maraudeur était mort, j'allai immédiatement voir le
cadavre : il était là, allongé, paraissant parfaitement mort. Assez

vexé de cette circonstance qui pouvait me susciter des ennuis avec les indigènes, je ne m'attardai pas à un examen détaillé, et je retournai vers la maison, avec l'intention d'aller instruire de l'affaire les autorités du district. J'étais parti depuis peu de temps, quand un homme arriva tout courant et joyeux me dire que le taureau était sur ses pattes et occupé à brouter tranquillement. Qu'il me suffise de dire que cet animal avait pris l'habitude de faire le mort, ce qui rendait son expulsion pratiquement impossible chaque fois qu'il se trouvait en un endroit qui lui plaisait et qu'il ne voulait pas quitter. Cette ruse fut répétée plusieurs fois afin de jouir de mon excellent gazon. »

Enfin, pour clore cette série, il ne nous reste plus qu'à signaler les animaux qui sont déguisés constamment. La *phyllie* ressemble à une feuille morte, le *callima* et le *pterochrose* à une feuille vivante, le *bacillus* à un morceau de bois, l'innocente *gésie* à un méchant *bourdon*, la gentille *septale* à l'immonde *ithomie*, etc. Partout c'est à qui se grimera le mieux pour échapper à la dent de son ennemi et à la mort.

Il n'est pas gai, le carnaval des bêtes!

II

L'homme n'est pas le seul animal de la création sur lequel la chaleur influe d'une manière sensible ; et, tout comme lui, plusieurs êtres vivants modifient leur existence pendant la saison estivale. Il en est même qui construisent des maisons de campagne, à l'instar des « bourgeois ». Citons quelques exemples parmi les moins connus et les plus intéressants.

En Australie vivent des oiseaux, les chlamydodères, dont les mœurs, sinon le plumage, doivent exciter l'admiration. Gris roussâtre, avec des taches noirâtres sur le dos et une collerette d'un lilas brillant sur la nuque, les chlamydodères construisent, comme tous les oiseaux, des nids destinés à leur progéniture, mais en outre des galeries et des kiosques qui doivent être considérés comme de véritables maisons de villégiature. Avez-vous vu, dans les jardins, des enfants fabriquer de petites cabanes avec des petites branches et des feuilles, pour jouer « au propriétaire » ? Les constructions des chlamydodères sont très analogues aux produits de cette industrie rudimentaire. Ce sont de longues allées couvertes, formées de petits piquets enfoncés dans le sol par la base et convergents l'un vers l'autre par le sommet. Ces huttes, qui ne sont pas non plus sans analogie avec les cabanes que construisent les cultivateurs des environs de Paris dans les champs de fraises ou de violettes, ne forment pas une demeure absolument étanche : entre les piquets subsistent des interstices. L'oiseau comble les plus larges avec de la mousse ou des feuilles sèches.

Quand on compare la grandeur du travail à celle de l'oiseau, on ne peut qu'être frappé de l'habileté dont la Providence a pourvu le petit architecte, qui n'a que son bec pour tout outil. En effet, bien que la taille du chlamydodère ne dépasse pas vingt-cinq centimètres, ses cabanes, ou plutôt ses allées couvertes, mesurent parfois un mètre de largeur sur un mètre vingt de longueur : un enfant pourrait s'y mettre à l'abri. Il est bon de dire toutefois qu'une pareille demeure n'est pas due au travail d'un seul, mais de plusieurs individus réunis par un socialisme intelligent, pour le bien-être commun.

Ces demeures ne sont pas seulement remarquables par leurs grandes dimensions et leur destination, mais encore, — et peut-être surtout, — par le soin avec lequel les chlamydodères cherchent à y réunir l'agréable à l'utile. L'entrée, garnie de brindilles, est ornée avec beaucoup de goût, chez le *Chlamydodera cerviniventris,* de coquilles luisantes et de petits fruits aux couleurs vives. Pour se les procurer, l'oiseau va les chercher avec le bec parfois à de très grandes distances.

Les goûts de chacun ne sont d'ailleurs pas tous les mêmes : le *Chlamydodera maculata,* par exemple, ajoute toujours aux coquilles et aux petits fruits de petits cailloux brillants et des os de petits animaux blanchis par le temps. C'est un véritable musée, et la nature toujours brillante des objets indique bien que c'est vraiment un « sens esthétique » qui a présidé à leur choix.

Si vous me demandez maintenant à quoi servent ces *chlamy-dodères-clubs,* je vous dirai qu'on n'est pas trop bien renseigné sur ce point. Il est cependant très vraisemblable que les oiseaux viennent s'y abriter de l'ardeur du soleil, faire leur cour, et, qui sait? se raconter peut-être les petits potins de la forêt.

Ce n'est pas là un exemple isolé dans la gent ailée. Un autre oiseau de l'Australie, le ptylinorhynque, a en effet des mœurs très analogues et même encore plus raffinées. Cet oiseau aux plumes noires satinées fabrique, dans les forêts de cèdres, des maisons de campagne reposant sur un plancher légèrement convexe, constitué par des bâtons solidement entrelacés. C'est dans ce substratum presque moelleux que les ptylinorhynques plantent de petites

baguettes recourbées au sommet et venant s'appuyer les unes sur
les autres, comme les planches d'un toit. Ces baguettes ont été
cueillies dans les forêts environnantes et grossièrement équarries.
Comme il y reste toujours attaché quelques branches latérales,
l'oiseau a soin, en confectionnant sa demeure, de tourner celles-ci
en dehors ; de cette façon, l'intérieur de la galerie est lisse et ne
risque pas d'accrocher et d'abîmer le plumage. Car il est coquet,
le ptylinorhynque ! De même que le chlamydodère, dont nous parlions il y a un instant, il accumule tout autour de sa villa des
coquilles d'escargots, des valves de moules, des os blanchis et
même des plumes brillantes et colorées de perroquets. Rien n'est
plus disparate que cette collection, et le savant ornithologiste
M. Gould y a trouvé un jour, ô poésie ! des tuyaux de pipes mélangés à une magnifique pierre de tomahawk très finement travaillée,
à des lambeaux de cotonnades bleues et à de menus objets dérobés
dans les campements des indigènes. Les villas des ptylinorhynques
sont construites par plusieurs individus en même temps et servent
même pour plusieurs générations, comme le montrent les traces
de réparation que l'on peut y constater.

Comme la pie, — si célèbre chez nous sous ce rapport, — les
chlamydodères et les ptylinorhynques aiment ce qui brille. Un
autre oiseau mérite à cet égard une mention spéciale : c'est le baja,
qui orne son nid de boulettes d'argile dans lesquelles sont enchâssés
tout vivants des insectes phosphorescents, des pyrophores. Mais
certains naturalistes prétendent que le baja est amené à agir ainsi
non par coquetterie, mais pour éloigner les serpents : c'est un
moyen de défense que Dieu leur a fourni. Comme le remarque
M. F. Houssaye, « les empereurs romains, en se servant comme
torches de chrétiens enflammés, n'étaient que les plagiaires de ce
petit oiseau qui pave de suppliciés le seuil de sa demeure d'amour. »

Nous venons de parler d'animaux se construisant des maisons de
plaisance et les ornant de différentes façons. Bien plus remarquables
encore sont les mœurs de l'amblyornis, oiseau de la Nouvelle-Guinée, qui non seulement se bâtit une demeure, mais encore cultive
un jardin. Voici comment le savant M. Oustalet raconte les faits
et gestes de cet oiseau philosophe :

« D'après ce que M. Beccari a vu de ses propres yeux, comme d'après ce que lui ont rapporté les indigènes, l'amblyornis choisit une petite clairière au sol parfaitement uni, au centre de laquelle se dresse un arbrisseau de un mètre vingt de hauteur environ. Autour de cet arbrisseau qui servira d'axe à l'édifice, et de manière à en masquer la base, l'oiseau entasse une certaine quantité de mousse ; puis il enfonce dans le sol, en les inclinant, des rameaux empruntés à une plante épiphyte, c'est-à-dire à une plante vivant en parasite sur les branches, à la manière des orchidées.

« Ces rameaux, qui continuent à végéter et qui gardent leur verdure pendant assez longtemps, sont assez rapprochés l'un de l'autre pour former les parois d'une hutte conique dont les dimensions peuvent être évaluées à cinquante centi-

Chien marron.

mètres de haut sur un mètre de diamètre. Sur un côté, ils s'écartent légèrement pour laisser une ouverture donnant accès dans la cabane, et, en avant de cette porte, s'étend une belle pelouse faite de mousse soigneusement rapportée. Les éléments de cette pelouse, l'oiseau va les chercher, touffe par touffe, à une certaine distance, et il les débarrasse avec son bec de toute pierre, de tout morceau de bois, de toute herbe étrangère qui en altérerait la netteté. Puis, sur ce tapis de verdure, l'amblyornis sème des fruits violets de garcina et des fleurs de vaccinium qu'il va cueillir aux environs, et qu'il renouvelle aussitôt qu'ils sont flétris. En un mot, il dessine devant sa cabane un véritable parterre et l'entretient avec un zèle qui justifie pleinement le nom de *Tukan-bocan* (oiseau jardinier), que donnent à l'amblyornis les chasseurs malais. »

On sait qu'en hiver, — nous y reviendrons plus loin, — certains animaux accumulent des provisions de graisse sous leur peau et s'endorment du sommeil du juste. Ce phénomène de l'hibernation peut aussi se rencontrer, — mais alors sous le nom d'estivation, — pendant l'été. Le cas le mieux connu est celui du tanrec, qui habite une région intéressante particulièrement en ce moment, à Madagascar. Ce petit mammifère ressemble à un hérisson à piquants courts et à museau long. De décembre en juin, sur les bords de la mer ou des rivières qu'il fréquente, il mange beaucoup et devient très gras. Quand arrivent les chaleurs, et avec elles la sécheresse, il s'enfonce dans un terrier peu profond et tombe dans le sommeil estival, pendant lequel il réabsorbe la graisse accumulée dans ses tissus.

Un autre cas tout aussi remarquable est celui du protoptère, poisson de la Gambie et du Sénégal. Quand vient la sécheresse, il s'enfonce dans la vase et se creuse une cavité assez large dont il consolide les parois, et à l'intérieur de laquelle il s'endort.

Ces « cocons », — c'est ainsi qu'on les appelle, — ont été plusieurs fois rapportés à Paris, où ils ont toujours excité beaucoup d'intérêt en raison surtout de la particularité curieuse que possède le protoptère de respirer par des branchies en hiver et par des poumons en été.

En Égypte, on rencontre une race de chiens autrefois domestiques, qui, se trouvant mal nourris, ont secoué le joug et sont redevenus sauvages. Ces « chiens marrons » se sont réfugiés dans des collines qui sont en quelque sorte devenues leur propriété. Ils seraient les plus heureux du monde, n'était la chaleur de l'été, pour laquelle ils affectent une sainte horreur. Pour s'en préserver, ces quadrupèdes très roublards ont fait comme ces gens riches qui vivent à Nice en hiver et à Trouville ou à Paris en été. Ils ont deux terriers : l'un donnant sur l'ouest, l'autre tourné vers l'est. Le matin jusqu'à midi, les chiens marrons se réfugient dans les terriers du soleil levant; de midi au crépuscule, ils se rendent dans les terriers du soleil couchant : enfin la nuit, ne craignant plus la chaleur, ils se répandent dans la campagne pour chasser ou se livrer à leurs ébats.

Dans les pays tempérés, c'est certainement en été qu'il est le plus facile de trouver des aliments chez dame Nature. Dans les pays chauds, c'est presque l'inverse, et la chaleur arrête pour ainsi dire l'existence pendant quelques mois. Le plus vexé de cet état de choses est un oiseau du Mexique, le colaptes, qui au printemps se nourrit d'insectes, mais en plein été ne trouve plus la moindre bestiole à se mettre dans le bec, — s'il est permis d'employer cette expression un peu triviale, mais exacte. Le colaptes n'est pas embarrassé pour si peu, et, plus prévoyant que la cigale de la fable, a soin de faire provision de glands.

« Mais où les entasser? dit M. F. Houssaye, à qui nous empruntons les détails qui suivent. C'est pour résoudre ce problème que le colaptes montre avec quelle sollicitude Dieu veille sur les plus infimes des êtres. Dans les forêts où il vit se trouvent des aloès, des yuccas, des agaves. Lorsque les agaves ont fleuri, la hampe florifère, haute de deux à trois centimètres, se dessèche, mais reste debout pendant un temps assez long. Sa portion périphérique durcit par la sécheresse, tandis que la moelle située au centre disparaît presque entièrement. Il se forme ainsi un cylindre creux dont l'intérieur est parfaitement abrité, et que le colaptes utilise en le remplissant de glands. Pour cela, il perce la tige de nombreux trous, car l'intérieur présente des aspérités qui empêchent les glands que l'on introduirait par le haut de glisser jusqu'au bas de la cavité.

« Quand le soleil a grillé les plantes, que les vivres se font rares, il fait appel à ses greniers d'abondance. Afin de se repaître de chaque gland sans trop de peine et sans qu'il lui glisse du bec, l'oiseau le place dans un étau. Il creuse un trou dans un tronc d'arbre, y introduit un fruit de force et le mange tout à l'aise. »

Enfin, pour terminer, rappelons que la chaleur peut déterminer certains animaux à émigrer. Ce phénomène est très fréquent en Asie, où les oiseaux aquatiques des rivières de l'Hindoustan se

2

transportent dans l'Asie centrale. Plusieurs des oiseaux d'Europe agissent de même et remontent vers le Nord, quand la chaleur les incommode. A mettre aussi sur le compte de l'été les migrations des lemmings, du campagnol des prés et de bien d'autres animaux.

III

LES OISEAUX QUI DANSENT

Personne jusqu'ici n'avait encore signalé, chez les animaux, rien qui ressemblât à des « mouvements cadencés du corps au son des instruments ou de la voix ».

Ce qui prouve une fois de plus qu'il ne faut jurer de rien, c'est qu'un naturaliste qui a travaillé plus de vingt ans dans l'Amérique du Sud, et notamment à la Plata, vient de décrire, chez certains oiseaux, des faits et gestes qui répondent tout à fait à cette définition de la danse. Nos lecteurs seront peut-être heureux de trouver, relatés ici, quelques exemples de ce sujet entièrement nouveau, et qu'avec un peu d'observation on rencontrera peut-être dans notre pays, si riche en oiseaux babillards et espiègles.

Toute danse qui se respecte se fait accompagner par un air de musique. Les oiseaux qui se livrent à cet exercice n'auraient garde d'y manquer ; mais le fait curieux à noter, c'est que, pour y arriver, ils ne font pas seulement usage du chant, mais aussi de bruits plus « instrumentaux » obtenus par le choc du bec ou des plumes. Malgré l'état rudimentaire de ces deux instruments de musique, les oiseaux arrivent à produire des sons très variés, tels que des roulements de tambour, des bourdonnements, des claquements de fouet, des frôlements, des grincements, etc. Tout cela, mélangé à la musique vocale, fait un bruit fort singulier et accompagnant assez bien le rythme, — d'ailleurs un peu grossier, — des ébats chorégraphiques.

On sait qu'il existe, ou du moins qu'il existait jadis, chez nous,

des danses où une personne exécute des pas et des figures, tandis
que le reste de l'assistance la regarde. Le même fait a été observé
plusieurs fois chez certains oiseaux de la Plata, notamment le rupi-
cole ou coq de roche. Cet oiseau entretient une salle de danse en
plein air, consistant en un terrain uni, moussu, entouré de buissons
et soigneusement purgé de pierres et de brindilles qui pourraient
gêner les évolutions du danseur emplumé. C'est dans cette aire
que les oiseaux s'assemblent, et cela, dans des circonstances ayant
encore besoin d'être élucidées. Quoi qu'il en soit, lorsque la réunion
est au grand complet, un mâle, au plumage et à la huppe orangé vif,
s'avance au milieu de l'espace libre dans la partie centrale, et les
ailes étendues, la queue pendante, commence une série de mouvements analogues à un menuet. Peu à peu le danseur se grise par
lui-même, s'emballe, pourrait-on dire, et, s'animant de plus, saute
et tourne sur lui-même de la façon la plus extravagante. Bientôt il
se retire, épuisé, et d'acteur il devient spectateur, tandis qu'un de
ses camarades prend sa place.

A ce récit, on pourrait se demander si M. Hudson n'est pas un
vulgaire « fumiste » au même titre que le Garner du langage des
singes. Encore que le reste de son volumineux et consciencieux
travail éloigne toute arrière-pensée de supercherie, on ne sera pas
fâché de savoir qu'un autre naturaliste, M. Bigy-Wither, a con-
signé des exemples analogues. Ainsi, un jour qu'il se promenait
dans les forêts du Brésil, son attention fut attirée par le chant
mélodieux d'un oiseau, fait rare dans ces contrées. Les indigènes
qui l'accompagnaient reconnurent tout de suite l'identité du virtuose et invitèrent M. Bigy-Wither à les suivre, lui promettant
un spectacle curieux. Après s'être glissée sans bruit à travers les
lianes, la caravane arriva à une clairière où, en effet, la vue en
valait la peine. Sur les pierres et les branches des buissons, étaient
rassemblés de petits oiseaux à la livrée bleue relevée de points
rouges, tous en proie à une sorte de danse de Saint-Guy. Tandis
que l'un d'eux, — le musicien, — se tenait immobile sur une brin-
dille, lançant dans l'air sa plus gaie chanson, les autres, — les
danseurs, — battaient la mesure avec leurs ailes et leurs pattes,
comme s'ils se « trémoussaient », tout en accompagnant leur cama-

rade de gazouillis en sourdine. M. Bigy-Wither assure qu'à ce spectacle on ne pouvait douter avoir devant les yeux un bal avec concert,
où tout le monde même s'amusait énormément. Il eût été bien
intéressant de savoir comment tout cela finissait, et si un « chacun »
amenait sa « chacune » après la sauterie. Malheureusement les
oiseaux sont d'un naturel très timide. S'étant vus observés, ils
s'envolèrent dans toutes les directions et ne reparurent plus.

Revenons maintenant aux observations de M. Hudson. Certains
oiseaux, au lieu de descendre à terre pour danser, restent dans

Ibis à face noire.

l'air et exécutent, au vol, des valses plus ou moins échevelées.
C'est le cas d'un pinson que l'on a qualifié pour cela d'*oscillator*. Il
décrit au vol une courbe parfaite d'une vingtaine de mètres. Arrivé
au bout de sa course, il se retourne et repasse, mais en sens
inverse, sur la ligne imaginaire qu'il a tracée précédemment. Il
recommence ce manège plusieurs fois de suite, ayant par suite l'air
d'un pendule balancé dans l'espace au bout d'un fil invisible.

L'ibis à face noire de la Patagonie a des mœurs encore plus
folâtres que les oiseaux dont nous avons parlé jusqu'ici. Il est
cependant gros comme un dindon, et il semble qu'avec une taille
pareille on devrait être sérieux. Le soir, après le souper, les ibis
se rassemblent en troupe pour regagner l'endroit où ils vont passer
la nuit. Mais auparavant ils semblent tout d'un coup atteints de
démence : on les voit se précipiter simultanément sur le sol avec
une grande rapidité, en faisant retentir l'air de leurs cris rauques,
métalliques, qui s'entendent de fort loin. On croirait qu'ils viennent
se reposer sur le sol ; mais au moment de toucher terre ils remontent

verticalement, pour redescendre un moment après. Finalement, fatigués de cet exercice, ils vont se coucher...

Certains râles argentins, et notamment l'ypecaha, doivent aussi être cités. Le lieu de rendez-vous est, en général, une petite île bien proprette, entourée de joncs, au milieu d'un marécage. Tout d'abord un ypecaha, prenant l'initiative, pousse dans l'air une sorte

Vanneau.

d'invitation répétée trois fois. Aussitôt on voit les joncs s'agiter, et les râles arrivent dare dare. Quand ils sont réunis à quinze ou vingt, ils se mettent à faire un concert de cris assourdissants qui ressemblent assez à la voix humaine exprimant la douleur. A un long cri perçant succèdent des notes plus basses, comme si dans son premier éclat de voix l'animal avait, pour ainsi dire, épuisé ses forces. Tout en poussant ces cris, les ypécahas s'élancent de tous côtés, comme atteints de folie, les ailes étendues et vibrantes, le long bec largement ouvert et dressé verticalement. C'est plutôt un « chahut », — passez-moi l'expression, elle est exacte, — qu'une véritable danse. La représentation dure trois ou quatre minutes, après quoi l'assemblée se disperse paisiblement.

Les jacanas, si singuliers par leurs ailes à éperon et leurs longs doigts, se livrent aussi à un exercice du même genre. Réunis en un groupe compact et émettant des notes courtes, vives, rapidement répétées, ils déploient leurs ailes et dansent en les agitant rapidement ou en leur imprimant, du haut en bas, un mouvement lent et cadencé.

J'ai réservé pour la fin la description de l'exercice, unique en son genre, du vanneau à ailes éperonnées, parce qu'il est très remarquable : les dernières fusées doivent toujours être les plus curieuses. La danse du vanneau, — c'est ainsi que les indigènes eux-mêmes l'ont désignée, — exige trois personnages ; elle leur plaît à un tel point qu'ils s'y adonnent presque toute l'année, surtout pendant le jour et les nuits de clair de lune.

Monsieur et madame vivent par couple dans un espace spécialement réservé à leur usage. A un certain moment, on voit arriver un autre vanneau qui entre dans le domicile conjugal comme s'il y était chez lui. Au lieu de le chasser, comme il le ferait s'il s'agissait d'un autre oiseau, le couple le reçoit avec des chants d'allégresse et des manifestations de plaisir. S'avançant en même temps vers le visiteur, ils se placent derrière lui, et tous les trois commencent une marche rapide en poussant des notes ronflantes, en cadence avec leur mouvement : l'oiseau de tête émet, à des intervalles réguliers, des notes isolées sur un diapason haut, tandis que les deux conjoints d'arrière produisent une sorte de roulement de tambour.

Quand ce défilé singulier a suffisamment duré, le visiteur relève ses ailes et s'arrête droit et immobile, en poussant des notes aiguës ; les deux autres gonflent alors leurs plumes et s'alignent correctement de front. Pour terminer la cérémonie, tous les trois baissent la tête jusqu'à ce que leur bec touche le sol et restent un moment dans cette posture, tout en mettant une sourdine à leur chant de façon à ne plus produire qu'un simple murmure. C'est le P. P. C. du vanneau à ailes éperonnées : le visiteur regagne son *home,* laissant monsieur et madame faire leurs petites affaires en paix.

IV

LA LUMIÈRE VIVANTE

De tous les phénomènes dont les animaux sont le siège, les plus curieux sont à coup sûr la production de lumière par certains d'entre eux.

Lorsque, par une belle nuit d'été, on parcourt les champs, assez souvent on aperçoit, dans l'herbe ou dans les buissons, briller la douce clarté d'un *ver luisant*. Contrairement à ce que son nom laisse supposer, le petit animal qui produit cette lueur n'est pas un ver, mais un insecte appartenant à l'ordre des

Lampyre noctiluque mâle. Lampyre noctiluque femelle.

coléoptères, le *lampyre noctiluque*. Le mâle, très différent de la femelle, est pourvu de deux élytres recouvrant deux ailes servant au vol.

La femelle, au contraire, est absolument dépourvue d'ailes : elle a tout à fait l'apparence d'un ver, mais la présence de trois paires de pattes indique clairement que c'est un insecte. Seule la femelle est douée de la propriété d'émettre de la lumière : c'est elle qui est le ver luisant. Pendant le jour elle vit sous les pierres, mais pendant la nuit elle sort de sa retraite pour aller à la recherche de sa nourriture en se traînant assez lourdement sur le sol. C'est la face ventrale des trois derniers segments de son corps qui produit de la lumière. Aussi celle-ci n'est-elle visible que lorsque la femelle tient son abdomen recourbé vers le haut. La larve et la nymphe du lampyre sont aussi lumineux dans la même région du corps. Chose curieuse, l'œuf lui-même est lumineux.

Le lampyre noctiluque est à peu près le seul animal terrestre photogène de nos régions. Cependant dans le midi de la France, et

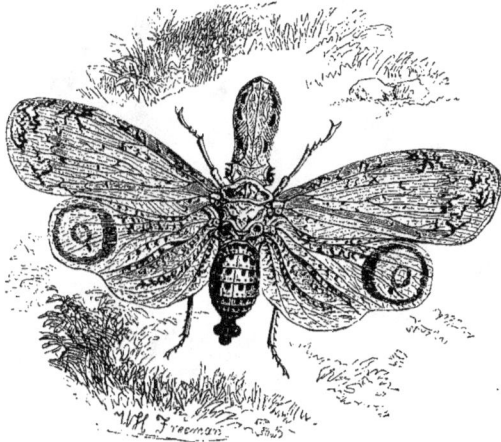

Fulgore porte-lanterne (deux tiers de grandeur naturelle).

surtout en Italie, il y a un autre coléoptère également nocturne qui brille dans l'obscurité : c'est la *luciole*. La femelle de la luciole peut voler comme le mâle. La partie lumineuse est encore la face ventrale des derniers segments de l'abdomen. La lumière n'apparaît que par saccades et, semble-t-il, au gré de l'animal. C'est un spectacle vraiment féerique que de voir des lucioles voler en troupes nombreuses et traverser l'espace comme de rapides étoiles filantes, s'éteignant et se rallumant de temps à autre.

Dans les pays chauds, les insectes lumineux sont beaucoup plus abondants que dans nos régions tempérées, et leur lumière est beaucoup plus puissante.

Dans le midi de la Chine se trouve un insecte hémiptère très commun, l'*hotine* porte-chandelle. C'est un animal de quatre à cinq centimètres de longueur, dont la tête est prolongée en une espèce de long cierge cylindrique qui brille pendant la nuit d'une lueur bleue ou verte.

Un autre hémiptère doué de la même propriété se rencontre au Brésil et dans la Guyane. Sa tête volumineuse se prolonge en une grosse masse creuse qui produit une lueur d'un effet assez semblable

Hotine porte-chandelle (grandeur naturelle).

à celle d'une bougie enfermée dans une lanterne. De là son nom de *fulgore* porte-lanterne.

Mais, de tous les insectes lumineux, le plus remarquable pour l'éclat de sa lumière est assurément le *pyrophore noctiluque,* abondant dans l'Amérique intertropicale, où on le désigne sous le nom de *cocujos.* C'est un coléoptère de cinq à six centimètres de longueur, rappelant par la forme de son corps ces insectes sauteurs de nos pays désignés vulgairement sous le nom de *taupins.* Les organes lumineux des pyrophores sont au nombre de trois : deux sur le dos, contre les bords du corselet, et un autre, beaucoup plus volumineux, sur la face ventrale de l'abdomen. Ce dernier n'est visible que pendant le vol de l'insecte ; car lorsque celui-ci est au repos, ce point est caché par les anneaux du corps. La lumière produite par ces organes est très puissante.

En réunissant plusieurs pyrophores dans une salle obscure, M. Raphaël Dubois a pu tirer des photographies à la faveur de la lueur qu'ils émettaient. Cette lumière est aussi suffisante pour lire et écrire une lettre.

Un voyageur du xvie siècle, de Oviedo y Valdès, raconte à leur propos que les indigènes s'en servaient en guise de lampes pour leur usage journalier. Il paraît qu'en temps de guerre les habitants d'Haïti ont quelquefois employé les cocujos comme signe de reconnaissance. A la Havane, les dames créoles se servent des pyrophores comme objets de toilette. Quelques-unes, à l'aide de plumes ou de fleurs faisant office de support, les piquent dans leurs cheveux noirs, où ils brillent d'un vif éclat ; d'autres les attachent dans les plis de leur jupe,

Pyrophore nocti-
luque.

en les enfermant dans des sachets de mousseline. Les Indiens se servent des cocujos pour éloigner de leur demeure les moustiques, si abondants dans la contrée, et il est arrivé à des voyageurs d'en fixer à leurs souliers afin de mettre les serpents en fuite.

Si les animaux terrestres présentent assez rarement le phénomène de la luminosité, il n'en est pas de même pour les animaux marins, chez lesquels la production de la lumière est beaucoup plus fréquente.

Tous ceux qui ont été au bord de la mer ont eu l'occasion d'admirer le soir ce qu'on appelle la phosphorescence de la mer. Chaque lame qui s'élève est lumineuse et retombe en un ruissellement de gouttelettes brillantes comme de l'argent fondu.

Le phénomène de la phosphorescence n'est pas dû, comme son nom semble l'indiquer, à la présence du phosphore, mais à celle d'un tout petit animal qui pullule dans les eaux de la mer, le *noctiluque miliaire*. C'est un organisme extrêmement simple, formé essentiellement d'une petite boule transparente, gélatineuse, munie d'un long prolongement mobile appelé *flagellum*. Ces noctiluques ne sont visibles qu'au microscope, leur diamètre moyen étant très petit. C'est au milieu de la masse gélatineuse que se produit la lumière par de nombreux points éclairés ; mais cette lumière n'apparaît que lorsque le liquide où nagent les noctiluques est agité. Ces organismes, placés dans un vase en un endroit bien calme, ne montrent aucune trace de lueurs ; mais vient-on à donner un léger coup sur le vase, on voit aussitôt le liquide s'illuminer de proche en proche pour s'éteindre peu à peu ensuite.

Les noctiluques ne sont pas les seuls organismes qui produisent la phosphorescence de la mer ; elle est souvent due en même temps à un microbe, le *bacille phosphorescent*.

Sur les côtes, on rencontre fréquemment un mollusque connu sous le nom de *pholade*. Cet animal se loge dans un trou vertical qu'il se creuse au fond de la mer. La pholade possède un long prolongement qui va jusqu'à l'orifice du trou. C'est par ce prolongement, ce *siphon*, pour le désigner par son nom, qu'entre et sort l'eau de mer nécessaire à la respiration de l'animal. Lorsque l'on mange un de ces mollusques, à la manière d'une huître, la bouche devient toute phosphorescente. Si l'on agite l'eau où se trouve une pholade, il s'y produit des nuages lumineux. Mais ce n'est pas l'animal tout entier qui brille ; les parties qui sécrètent la matière lumineuse sont seulement au nombre de cinq, dont deux principales placées dans le siphon.

Noctiluques (très grossis).

La phosphorescence se rencontre aussi chez beaucoup d'autres animaux, les pennatules, la pélagie noctiluque, le ceste de Vénus, les béroës, etc.

Dans les grandes profondeurs de la mer, qui ont été dans ces derniers temps si bien explorées lors des expéditions du *Challenger*, du *Talisman* et du *Travailleur*, les animaux lumineux se développent avec un grand luxe d'espèces. Une des plus belles formes est la *brisinga*, sorte d'étoile de mer à bras nombreux qui rampe au fond de la mer et qui émet de la lumière par toute sa surface. Mais ce sont surtout les poissons lumineux qui prédominent. L'un d'eux, le *malacosté choristodactyle*, qui a été pêché près de la

côte armoricaine, a environ quinze centimètres de longueur. Son
corps noirâtre est effilé à la queue, puis va en grossissant jusqu'à
la tête, qui est énorme. C'est en arrière des yeux que sont placés

Mer phosphorescente.

les organes photogènes qui émettent une vive lumière. L'animal
a une bouche énorme et engloutit les petits animaux qui sont attirés
par ces sortes de lanternes lumineuses, comme le sont les papillons
le soir par la clarté de nos lampes.

La répartition des organes photogènes est différente chez l'*échinostome barbu,* qui a été recueilli dans les environs de Madère. Ici ce sont des petits points lumineux ressemblant à des yeux et disséminés régulièrement sur le corps, les uns placés en rangées longitudinales depuis la tête jusqu'à la queue, les autres le long des branchies ; un plus gros que les autres est situé près de l'opercule, et un autre enfin, le principal, est situé en arrière de l'œil.

Nous nous bornerons à signaler ces deux espèces, car l'énumération et la description de toutes les formes lumineuses nous entraîneraient trop loin.

Dans toutes les espèces que nous venons de décrire, c'est un organe particulier appartenant à l'animal lui-même qui produit la lumière. Mais il peut arriver aussi qu'un animal qui n'est pas normalement lumineux le devienne à un certain moment. Qui n'a vu, au bord de la mer, ce petit crustacé auquel on a donné le nom de puce de mer, sans doute à cause des sauts continuels qu'il fait ? Ces *talitres,* pour les désigner par leur nom scientifique, ne présentent rien de particulier ; mais il arrive quelquefois que l'on rencontre l'un d'eux présentant par tout le corps le phénomène de la phosphorescence. Si l'on examine ses tissus au microscope, on ne tarde pas à voir que la lumière est due non pas au crustacé, mais à un microbe qui pullule dans son corps. On peut, en effet, prendre quelques-uns de ces microbes et les inoculer à d'autres crustacés qui, lorsque ces organismes se sont beaucoup multipliés, se mettent à briller.

Ces bacilles n'attaquent pas seulement les animaux vivants; on cite des cas de morceaux de viande, de fragments de champignons, de la chair de poisson, etc., qui étaient devenus lumineux grâce au développement rapide de ces microbes.

Il faut maintenant nous demander de quelle façon se produit la lumière des animaux phosphorescents.

Il n'y a pas bien longtemps encore, pour obtenir de la lumière, on n'avait à sa disposition que la combustion et l'électricité. Aujourd'hui on se sert encore de certaines substances qui deviennent lumineuses dans l'obscurité après avoir été exposées pendant quelque temps au soleil ou à la lumière électrique.

Chez les animaux photogènes dont nous venons de parler, il est probable que la production de la lumière a une tout autre cause. La question n'est pas encore résolue, mais il semble bien que les choses se passent de la façon suivante : dans tous les organes photogènes se trouve une matière grasse phosphorée ; en général, de la *lécithine*. L'animal produit aussi une autre matière, un ferment particulier qui, agissant sur la lécithine, la décompose en produisant finalement de la *guanine*. Ce seraient des phénomènes chimiques de cette décomposition qui produisent la lumière.

Quoi qu'il en soit de cette explication, il n'en est pas moins vrai que les animaux lumineux ont attiré de tout temps et attireront longtemps encore l'admiration et la curiosité de tous.

Pour terminer par un fait qu'on pourrait croire emprunté à un conte oriental, signalons l'emploi qu'un oiseau de l'Inde, le *baya,* fait des insectes lumineux.

Le baya suspend à une branche d'arbre un nid ayant la forme d'une bouteille renversée. Son nid achevé, le baya en garnit l'ouverture, toujours placée en bas, de petites boulettes dans lesquelles il a enchâssé des insectes lumineux destinés, non à éclairer l'ouverture du nid, mais probablement à en éloigner les serpents et les rats, très abondants dans la contrée.

Si extraordinaire que ce fait puisse paraître, on peut le tenir pour certain, car il a été confirmé par plusieurs observateurs dignes de foi.

V

LE VOL SANS AILES

Autrefois, quand on jouait à pigeon-vole (y joue-t-on encore?), si une personne avait eu le malheur de dire : « Crustacé vole! » en levant le doigt, on n'aurait pas manqué de se « payer sa tête » et de lui infliger le dépôt d'un gage pour oser prononcer une hérésie pareille. Aujourd'hui il n'en serait plus de même, car il nous arrive de Russie une nouvelle bien étonnante, la découverte de « crustacés volants ». N'allez pas croire surtout qu'il s'agit là de langoustes, de homards ou d'écrevisses exécutant dans l'air une sarabande effrénée. Les petits animaux dont il s'agit sont plus modestes, ils n'ont guère plus d'un millimètre de longueur; mais, en biologie, la taille n'a pas grande importance, et ce qui intéresse c'est le fait lui-même. Or donc, le docteur Ostroounoff, se promenant en bateau sur les côtes de la Crimée, aperçut dernièrement des sortes de moucherons qui semblaient voltiger au-dessus de l'eau. En ayant capturé quelques-uns, il ne fut pas peu étonné de voir que ce n'étaient nullement des insectes, mais des crustacés, reconnus tout de suite pour avoir déjà été baptisés par Claus du nom de *pontellina mediterranea*. Ces animaux singuliers sont cependant absolument dépourvus d'ailes, mais leurs pattes sont garnies de longs poils, et l'extrémité de l'abdomen porte des appendices poilus tout à fait semblables à des plumes. L'animal, prenant appui sur l'eau, saute dans l'air et, planant comme une hirondelle, glisse dans le milieu aérien pour plonger quelque temps après. Ses poils et ses sortes de plumes font l'office d'un parachute, d'un aéroplane. C'est du vol plané.

Il y avait longtemps qu'on n'avait fait en histoire naturelle une découverte aussi singulière, car les crustacés sont essentiellement organisés pour vivre dans l'eau et y nager. Quelques-uns d'entre eux, il est vrai, s'évertuent timidement sur la terre. Mais des crustacés aériens, voilà ce que l'on ne connaissait pas et qui déroute toutes nos idées.

Au moment où tant d'inventeurs cherchent un moyen de se

Exocets et dauphins.

soutenir dans l'atmosphère au moyen d'appareils plus lourds que l'air, n'est-il pas piquant de voir que la solution a été trouvée depuis longtemps par des animaux aussi simples en organisation que les crustacés? Les moteurs ici, ce sont les muscles; l'emmagasinement de la force se fait par leur large surface prenant appui sur l'air. On s'imagine généralement que, pour voler, les animaux emploient toujours des ailes. C'est une erreur, ainsi que nous venons de le voir et comme plusieurs autres faits le montrent surabondamment.

L'exemple le plus remarquable que l'on puisse citer est celui des éxocets, qui, en raison de leur mode de vie, sont bien connus sous le nom de poissons volants. Ces singuliers poissons des mers tropicales ont des nageoires transformées en larges membranes planes. On les voit s'élancer tout d'un coup de la mer, se précipiter dans l'air avec une grande rapidité et parcourir cinq à six mètres et même plus. Au bout de leur course, ils replongent dans l'eau, ou plus souvent s'abattent simplement à sa surface pour rebondir et parcourir un nouvel espace : ils font le ricochet. Leur trajectoire n'est pas, comme on pourrait le croire, régulière : en étendant ou en rétractant leurs nageoires soit d'un côté, soit de l'autre, ils peuvent faire subir un crochet à leur course ou bien suivre les ondulations des vagues, dont ils s'écartent d'un mètre environ.

On est loin d'être d'accord sur l'espace que peut parcourir un éxocet d'un seul bond. Certains voyageurs ont été jusqu'à dire qu'il pouvait franchir des arcs surbaissés de cent à cent vingt mètres : ces chiffres sont sans doute exagérés. Comme les éxocets sont toujours réunis par troupes, on confond le vol de plusieurs éxocets en un seul. Souvent on voit des troupes de cent à mille poissons s'élancer tous en même temps hors de l'eau et dans une direction constamment opposée à celle de la lame.

Le vol des éxocets s'observe surtout quand la mer est agitée, violente même. Leur progression, d'abord rapide, va bientôt en diminuant; on en a vu dépasser un navire dont la marche était de dix milles à l'heure.

« Les poissons volants, dit le naturaliste Mobius, tombent souvent à bord des bateaux en marche; mais cela n'arrive jamais pendant un temps calme ou du côté de dessous le vent, mais seulement avec une bonne brise et dans la direction du vent. Pendant la journée, les éxocets évitent les navires, volant loin d'eux; mais pendant la nuit ils volent fréquemment contre les bordages, contre lesquels ils sont portés par le vent, soulevés à une hauteur de parfois vingt pieds au-dessus de la surface de la mer. »

Les éxocets ne sont pas les seuls poissons susceptibles de s'élever dans le milieu aérien. Les dactyloptères volants de la Méditerranée font de même, et, au dire des voyageurs qui les ont observés, peuvent parcourir jusqu'à cent mètres; mais il est bien probable que, comme pour les éxocets, ils ont confondu plusieurs vols en un seul.

Quant aux raisons qui forcent les poissons à agir ainsi, on n'est pas d'accord sur ce point. La plupart des naturalistes pensent qu'ils sortent de l'eau quand ils sont poursuivis par des requins ou autres forbans des mers. Ils ne quittent d'ailleurs un danger que pour retomber dans un autre au moins aussi grand, car les mouettes et les pétrels leur font une chasse acharnée.

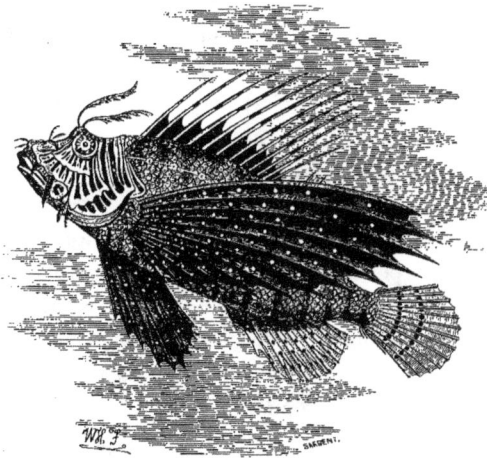

Le ptéroïs volant.

Lacépède nous a laissé un joli tableau de la vie des dactyloptères, également appelées hirondelles de mer.

« Lorsque des circonstances favorables, dit-il, éloignent de la partie de l'atmosphère qu'elles traversent les ennemis dangereux, on les voit offrir au-dessus de la mer un spectacle assez agréable. Ayant quelquefois un demi-mètre de longueur, agitant vivement dans l'air de larges et longues nageoires, elles attirent d'ailleurs l'attention par leur nombre, qui souvent est de plus de mille. Mues par la même crainte, cédant au même besoin de se soustraire à une mort inévitable dans l'Océan, elles s'envolent en grandes troupes; et lorsqu'elles se sont confiées ainsi à leurs ailes au milieu d'une nuit obscure, on les a vues briller d'une lumière phosphorique semblable à celle dont resplendissent plusieurs autres poissons, et à l'éclat que jettent pendant les belles nuits des pays méridionaux les insectes auxquels le vulgaire a donné le nom de vers luisants. Si la mer est alors calme et silencieuse, on entend le petit bruit que font naître le mouvement rapide de leurs ailes et le choc de ces instruments contre les couches de l'air; et on distingue aussi quelquefois un bruissement d'une autre nature, produit au travers des ouvertures branchiales par la sortie accélérée du gaz que l'animal exprime, pour ainsi dire, de diverses cavités intérieures de son corps. Le bruissement a lieu d'autant plus facilement, que ses ouvertures branchiales, étant très étroites, donnent lieu à un frôlement plus considérable; et c'est parce que ces orifices sont très petits que les dactyloptères, moins exposés à un desséchement subit de leurs organes respiratoires, peuvent vivre assez longtemps hors de l'eau. »

Les invertébrés volants sans ailes sont très rares et seulement représentés par la pontelline, dont nous avons parlé plus haut.

Les vertébrés volants sont, au contraire, relativement assez nombreux et se rencontrent dans chacune des cinq classes de cet embranchement, à savoir : les poissons, les batraciens, les reptiles, les oiseaux et les mammifères.

Chez les batraciens, l'animal volant est représenté par le *rhacophore de Reinwardt,* qui habite les îles de la Sonde. C'est une très curieuse grenouille, ou plutôt une rainette, dont les pattes palmées sont de très grandes dimensions. Déployées, leur surface totale est plus grande que celle de tout le reste du corps. Les extrémités de chaque doigt sont pourvues de ventouses. Sur un animal mesuré par Wallace, la longueur du corps atteignait environ 0^m10; mais la membrane des pattes de derrière, complètement déployée, présentait une surface de huit centimètres carrés, et la surface de tous les pieds réunis couvrait un espace de dix-huit centimètres carrés. Grâce à ce vaste parachute, le rhacophore vole facilement d'une branche à l'autre et se précipite sur les insectes dont il fait sa nourriture; c'est une très jolie bête, dont le dos est vert et le ventre jaune orangé relevé de points noirs ou azurés.

Il est toujours curieux de voir les procédés divers que la nature

met en œuvre pour arriver à un même but. Pour permettre aux
crustacés, aux poissons et aux batraciens de se soutenir dans l'air,
elle a simplement transformé les appareils locomoteurs. Chez les
reptiles, elle procède différemment, en pinçant la peau des flancs
et en maintenant ce parachute étendu avec des fausses côtes,
détournées de leur fonction et étalées comme les baleines d'un

parapluie. Ce cas est réa-
lisé chez le dragon vo-
lant des îles de la Sonde.
A l'état de repos, le
dragon reste tranquille-
ment sur sa branche ;
mais, dès qu'il aperçoit
un insecte, il se précipite
dans l'air et manque rarement sa proie : grâce à
son repli cutané, l'air lui-
même le soutient, et l'animal retombe doucement
sur une autre branche,
pour recommencer sa
chasse un moment après.

De nos jours, les rep-
tiles volants ne sont pas
très nombreux : on ne

Galéopithèque volant de Java.

peut guère citer que le dragon et le *ptychozoon homacephalum*. Il
n'en a pas toujours été de même. Dans les temps géologiques,
il y a eu les *ptérosauriens* volants, dont la taille était parfois
gigantesque, et qui ont complètement disparu de la surface du
globe.

Chez plusieurs mammifères, on rencontre un appareil presque
identique à celui des dragons, avec cette différence qu'ici il n'y a
qu'un repli cutané, non soutenu par des côtes. Citons quelques
exemples de ces mammifères, sans parler des chiroptères (chauves-
souris), qui, eux, possèdent de véritables ailes.

Les galéopithèques sont intermédiaires entre les lémuriens et

les chauves-souris. Leur parachute est gigantesque : partant des
côtés du cou, presque à l'extrémité des phalanges des membres
antérieurs qu'il palme jusqu'à l'angle, il réunit les membres antérieurs et postérieurs et s'étend même jusqu'au bout de la queue.
En somme, tout le corps est palmé, sauf à la tête. Les galéopithèques sont très agiles; ils grimpent comme des chats au sommet
des arbres, et de là se précipitent dans le vide en parcourant des
centaines de mètres. Ils passent sans difficulté d'un arbre à l'autre,
traversent des torrents ou des vallées entières. L'animal semble
véritablement voler; mais ce n'est là qu'une apparence, puisqu'en
réalité il ne s'élève pas dans l'air. C'est cependant une chose mer-
veilleuse que de voir le parti qu'il tire de son parachute et la trajectoire presque horizontale qu'il arrive à parcourir du fait de sa
chute dans le vide. Ajoutons que les galéopithèques sont nocturnes.
Dans le jour, ils se réunissent parfois en grand nombre sur les cimes
feuillées des arbres; ce n'est que la nuit qu'ils se servent de leur
parachute.

Les ptéromys sont aussi des animaux nocturnes. Ces écureuils
volants, comme on les appelle, vivent dans les forêts de l'Asie.
Leurs mouvements sont si rapides, qu'on a peine à les suivre. Grâce
au parachute qui réunit leurs pattes antérieures et postérieures,
ils sautent d'une branche à une autre sans aucune difficulté. Pendant le vol, leur queue leur sert de gouvernail et leur permet de
modifier leur trajectoire.

Les polatouches de la Sibérie ont des mœurs analogues; ils
peuvent parcourir vingt à vingt-cinq mètres.

Ces rongeurs, qui n'ont pas plus de dix-huit à dix-neuf centimètres de longueur, vivent dans les forêts de pins ou de bouleaux.
A terre, ils sont très maladroits par suite de leur parachute, qui
gêne leur marche en pendant sur leurs pattes, comme une robe
trop longue. Mais sur les arbres ils sont très agiles, en volant de
branche en branche. Cette propriété, qui semble si précieuse dans
la lutte pour la vie, ne paraît pas cependant remplir de rôle bien
efficace à cet égard, car l'espèce devient de plus en plus rare, et,
en certains points où jadis elle était très commune, elle a complètement disparu.

Les mœurs des polatouches sont celles de notre écureuil, avec cette différence qu'elles sont entièrement nocturnes. La femelle se sert de son parachute pour réchauffer ses petits dans le creux d'un arbre.

Les bélidés sont remarquables non seulement par leur large parachute, mais aussi par la bourse ventrale que possède la femelle, laquelle s'en sert, à l'instar de la sarigue et du kangouroo, pour y

Écureuil volant, au repos.

placer ses petits. Voici ce que Brehm nous raconte sur ses mœurs :

« A terre, il est maladroit et marche mal; mais il ne s'y risque qu'à la dernière extrémité, quand les arbres sont trop éloignés pour que, même avec le secours de sa membrane, il puisse sauter de l'un à l'autre. Il fait des bonds énormes et peut changer sa direction à volonté. En sautant d'une hauteur de dix mètres, il lui est possible d'atteindre un arbre éloigné de vingt-cinq à trente mètres. On connaît d'autres exemples de son agilité. A bord d'un navire qui revenait de la Nouvelle-Hollande se trouvait un individu de cette espèce, assez apprivoisé pour qu'on pût le laisser courir librement sur le navire. Il faisait la joie de l'équipage; il était tantôt au plus haut des mâts, tantôt sous le pont. Un jour de tempête, il grimpa au plus haut du mât : c'était sa place favorite. On craignait que le vent ne l'enlevât pendant qu'il exécuterait un de ses sauts et ne l'entraînât dans la mer. Un matelot se décida à aller le chercher. Au moment où il allait le saisir, l'animal chercha à s'échapper et voulut sauter sur le pont. Mais, au même moment, le navire s'inclinait, et le bélidé allait tomber dans l'eau; on le considérait comme perdu, lorsque, changeant de direction à l'aide de sa queue faisant office de gouvernail, on le vit se détourner, décrire une grande courbe et atteindre heureusement le pont. »

Citons encore comme mammifères à parachute les pétauristes, dont la queue est prenante, et les acrobates ou souris volantes, remarquables par leur petite taille.

Dans ses promenades aériennes, l'homme emploie essentiellement deux appareils : les parachutes et les ballons. Nous venons de voir que les premiers existent fréquemment chez les animaux. Mais en est-il de même des seconds? Il paraît que oui. Tout le monde connaît ces *fils de la Vierge,* si abondants à l'automne. On a beaucoup discuté sur l'origine de ces poétiques productions; on sait aujourd'hui qu'elles sont l'œuvre de diverses araignées; mais à quoi servent-elles? L'un des premiers auteurs qui se soient occupés de la question est M. Blackwall (1826). Il vit les araignées à l'œuvre grimper sur des endroits un peu élevés et émettre *a posteriori* un paquet de fils très légers et qui, en s'enchevêtrant les uns avec les autres, forment une véritable mongolfière toujours attachée à l'araignée. Sous l'action des rayons du soleil, l'air intérieur se dilate, et l'appareil se transforme en un ballon que la moindre brise emporte avec son captif. Le soir, l'air devenant plus froid, le ballon redescend à terre; l'araignée en profite pour prendre pied et lâcher son appareil de locomotion.

Plusieurs auteurs ont vérifié les faits précédents et les ont confirmés; quelques-uns d'entre eux ont vu des araignées se faire ainsi voiturer à travers l'espace, portant leurs petits sous le ventre. Lincecum croit que l'électricité joue un certain rôle dans le phénomène, car les fils sont repoussés par un morceau frotté de cire et attirés par une baguette de verre.

Quoi qu'il en soit, il est certain que les fils de la Vierge sont un moyen de dispersion de certaines araignées et qu'ils remplissent admirablement leur rôle : on en a rencontré en pleine mer, à près de cent kilomètres de la côte.

Des crustacés volants! des araignées aéronautes! avouez que tout cela est bien curieux.

VI

Les plantes qui se nourrissent aux dépens d'organismes vivants sont dites parasites; les unes attaquent d'autres végétaux (*gui*), les autres attaquent des animaux (*empusa*).

Les plantes parasites se rencontrent surtout chez les champignons et d'autres végétaux inférieurs. Mais il y a aussi des phanérogames, c'est-à-dire des plantes élevées en organisation. Nous ne nous occuperons ici que de ces dernières.

Les phanérogames parasites sont en nombre relativement assez petit. Les unes, au premier abord, ne diffèrent en rien, comme aspect, des autres plantes : elles possèdent de la chlorophylle, des feuilles bien développées. Telles sont les *rhinanthus*, les *melampyrum*, les *euphrasia*, qui vivent en parasites sur les racines des graminées, et le fameux gui (*viscum album*), qui forme ces boules vertes bien connues, tantôt sur les branches des pommiers, tantôt sur celles des poiriers et des peupliers, tantôt enfin, mais beaucoup plus rarement, sur le chêne. On sait que c'est cette rareté qui faisait rechercher le gui du chêne par les druides. Les autres phanérogames parasites sont dépourvues de chlorophylle et alors ont un aspect particulier : leur couleur est brunâtre, les feuilles sont réduites à de minces écailles incolores. A citer en particulier dans cette catégorie : les *orobanches*, dont chaque espèce vit sur les racines d'une espèce déterminée (*O. epythimum*, sur le serpolet; — *O. galii*, sur le gaillet mollugo ; — *O. hederæ*, sur le lierre, etc.); les *balanophora* et les *rafflesia* des contrées tropicales ; enfin les *cuscutes*, trop connues par leur parasitisme sur les tiges du chanvre, du lin, du trèfle, de la luzerne et autres plantes, qu'elles font périr.

Dans toutes ces plantes, un membre de la plante, tige ou racine, suivant le cas, pénètre à travers l'écorce de la tige ou de la racine de la plante nourricière, arrive jusque dans son cylindre central. En ce point, du moins dans le cas général, les éléments conducteurs, les vaisseaux du parasite, se mettent en relation avec ceux de l'hôte sur lequel il vit.

Cuscute.

Ces phanérogames parasites ont été, dans ces derniers temps, étudiées dans les moindres détails au point de vue anatomique, mais assez peu au point de vue physiologique. Celles qui sont pourvues de chlorophylle sont évidemment capables d'assimiler le carbone de l'air atmosphérique et de fabriquer, par suite, des hydrates de carbone pour leur propre compte.

Ajoutons, à propos du gui, que pendant l'été le pommier est pourvu de feuilles nombreuses et assimile en grande abondance. A ce moment, il est évident que le gui lui prend beaucoup de nourriture. En hiver il n'en est pas de même : les feuilles du pommier sont tombées, et il ne reste plus sur l'arbre que le gui, qui a gardé sa chlorophylle. On pense qu'à ce moment le gui assimile à la fois pour lui et le pommier, du moins dans une certaine mesure. Si cela est exact, pendant l'été le gui vivrait en parasite sur le pommier, tandis qu'en hiver ce serait le pommier qui vivrait en parasite aux dépens du gui ; on aurait donc affaire à un parasitisme successif.

Voilà ce qu'on sait des parasites verts. Mais comment vivent ceux qui sont dépourvus de chlorophylle ? Ils sont obligés de puiser de la nourriture toute préparée. Mais peuvent-ils jusqu'à un certain point faire une sélection dans ces matériaux de nutrition, et, d'autre part, peuvent-ils transformer les matières absorbées, en fabriquer d'autres tout à fait différentes? Jusqu'à ce jour, on pensait que les parasites dépourvus de matière verte étaient incapables d'élaborer de la sève; on pensait, comme l'avait écrit Pyrame de Candolle, que « les plantes parasites dépourvues de feuilles tirent d'autres plantes feuillées un suc déjà élaboré, et ensuite porté dans les fleurs et les fruits ». On appuyait alors cette théorie par un certain nombre d'observations anatomiques, signalant l'absence de stomates et de vaisseaux spiralés dans ces plantes; mais depuis on a reconnu facilement la présence de ces organes.

Remarquons que si le parasite absorbe purement et simplement les matières nutritives de son hôte, on doit trouver dans ses tissus toutes ces matières, et rien que celles-là. On avait remarqué jadis que le gui du chêne contient beaucoup plus de tanin que celui du pommier. Le parasite, disait-on, est entièrement passif. Il se trouve sur un arbre riche en tanin, comme

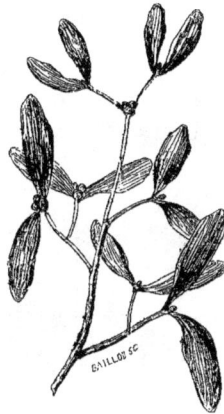

Gui.

le chêne, et il en absorbe nécessairement de grandes quantités. L'argument semblait péremptoire; M. Chatin a montré qu'il ne valait rien. En effet, le tanin qui existe dans le gui n'est pas le même que celui qui se trouve dans le chêne. Ce dernier est celui qu'on désigne en chimie sous le nom de *tanin bleu*, tandis que celui du gui est le *tanin vert*. Le gui a donc transformé le tanin bleu en tanin vert.

D'ailleurs, des preuves nombreuses montrent que le parasite ne prend à son hôte que certaines matières. Ainsi le *lorenthus*, qui vit sur l'arbre appelé *strychnos, nux vomica,* ne contient pas trace de strychnine ni de brucine, alcaloïdes qui se trouvent en grande abondance dans le *strychnos*. De même le *balanophora* développé sur le *cinchona calisaya* (quinquina) ne renferme aucun des alcaloïdes du quinquina. On peut multiplier les exemples : les *loranthus* venus sur des orangers ne possèdent pas la coloration jaune du bois de ceux-ci ; l'*hydnora africana*, si recherché comme aliment par les Hottentots et les habitants du Cap, qui le nomment *kanimp, kanip,* croît sur une euphorbe âcre et même vésicante ; l'orobanche du chanvre n'a rien de l'odeur vireuse de ce végétal, etc. Il est donc bien établi que le parasite est capable de faire une sélection dans les matières nutritives qui lui sont offertes par l'hôte, à moins d'admettre, ce qui est peu vraisemblable, que toutes les matières absorbées sont immédiatement détruites par le parasite. La destruction d'un alcaloïde n'est jamais si rapide, qu'on ne puisse saisir sa présence avant sa disparition complète.

Rafflesia.

Le parasite est aussi capable de créer, avec les éléments absorbés, des produits nouveaux. L'exemple du tanin du gui que nous avons relaté plus haut en est une preuve ; il n'est pas unique. Ainsi la glu qui, comme chacun sait, provient du gui, ne se rencontre ni dans le chêne ni dans le pommier ; c'est bien le gui lui-même qui fabrique la glu. La résine que contiennent les *cytinus* et les *cynamarium* ne se retrouve pas dans les cystes, sur lesquels vivent ces parasites.

Très souvent les espèces parasites fabriquent une grande quantité d'amidon. Cette abondance d'amidon, qui fait de quelques espèces parasites sans feuilles et charnues des sortes de tubercules amylacés, explique leur emploi dans l'alimentation de certains pays. En outre, la plupart des plantes parasites, les *melampyrum,* les *rhinanthus,* les *pedicularis* et bien d'autres sont susceptibles d'élaborer dans leurs tissus une substance particulière, de nature inconnue, qui, lorsque la plante est morte, noircit à l'air. Il n'est aucun botaniste qui n'ait remarqué ce phénomène et n'ait eu à déplorer la transformation de plantes aux teintes brillantes en échantillons noircis avant même d'être mis dans l'herbier. Les cultivateurs connaissent bien aussi cette coloration noire que les mélampyres prennent en séchant, et qui déprécie les fourrages auxquels ils sont mélangés. Cette matière noircissante est évidemment un produit d'élaboration de la plante parasite, car elle n'existe ni dans les luzernes, ni dans les graminées qui leur servent de nourrices.

Tous ces exemples nous montrent donc avec la dernière évidence que les phanérogames parasites, même celles qui sont dépourvues de chlorophylle, sont susceptibles de faire subir à la nourriture déjà élaborée et spéciale qu'elles absorbent une élaboration nouvelle et complémentaire déterminant d'une part la transformation de certains principes, et, d'autre part, la création de substances nouvelles.

Il faut remarquer qu'un grand nombre de parasites sont limités dans leur possibilité de vivre à une seule espèce de plante nourricière. Telles sont : la cuscute du lin, la cuscute de la vigne, les *cytinus* des cystes, le *rafflesia* des *cissus,* etc., et la plupart des orobanches, dont chaque espèce est tellement liée à une autre espèce de plantes, que le meilleur moyen de les déterminer est encore d'arracher avec elles la plante nourricière, et de rechercher dans une flore quelle est l'espèce d'orobanche qui pousse sur elle.

Mais il n'en est pas toujours ainsi : il est, en effet, nombre de parasites qui montrent une certaine indépendance dans le choix de leurs nourrices. Nous avons rapporté plus haut le cas du gui, commun sur le pommier, encore assez commun sur le peuplier et le faux acacia, rare sur le poirier, le chêne et l'aubépine. De même, le *loranthus europæus* a été trouvé indifféremment sur le châtaignier, l'oranger et quatre espèces de chênes. Mais l'espèce la plus *polyphyte* ou *pluricole,* pour employer la terminologie de M. Chatin, est certainement la cuscute commune (*cuscuta epythymum*), qui produit de si grands ravages dans nos luzernes. De Candolle rapporte à son propos le fait suivant : une charretée de luzerne attaquée par la cuscute avait versé à la porte du jardin botanique de M. d'Hauteville, à Vevey. Peu de temps après, les cuscutes avaient envahi des plantes appartenant à plus de *trente* familles différentes.

Une remarque très intéressante doit terminer cet aperçu : si l'on compare entre eux les parasites *monophytes* et les parasites *polyphyte,* on voit que les parasites fixés sur les racines *orobanches, lathræa, cytisus,* etc., ne vivent que sur une seule espèce ou un petit nombre d'espèces ordinairement voisines au point de vue taxonomique, tandis que les parasites fixés sur les tiges (cuscute, gui, loranthus) prennent avec une sorte d'indifférence les nourrices les plus diverses.

VII

LES PLANTES CARNIVORES

Drosera ou rossolis. — La capture de l'insecte. La digestion. — Les résultats. — Pinguicula ou grassette. — Utriculaire. Rôle digestif discuté des outres. Leur rôle évident. — Dionée attrape-mouches. — Sarracenia. — Népenthès.

Pour se nourrir, la plupart des plantes puisent par leurs racines les matières nutritives contenues dans le sol et absorbent par leurs feuilles les gaz de l'atmosphère indispensables à leur développement. Mais il existe un certain nombre de plantes, appartenant d'ailleurs à des familles très diverses, qui présentent un autre mode d'alimentation fort curieux. Je veux parler de certaines autres plantes qui, par des mécanismes divers que nous allons décrire, sont susceptibles de capturer de petits animaux et de les digérer : on désigne ces plantes extraordinaires sous le nom de *plantes carnivores*. Leur nombre n'est pas très élevé, et celles que nous allons signaler sont à peu près les seules connues.

En France, dans les endroits marécageux des landes ou des bois, il n'est pas rare, surtout dans le Midi, de rencontrer une petite plante étalée sur le sol et toute couverte de petites gouttelettes liquides qui brillent au soleil comme la rosée; de là le nom de *rosée du soleil* ou de *rossolis* que lui donnent les paysans.

Les botanistes l'appellent *drosera,* d'un mot grec signifiant « couverte de rosée ». Si l'on examine avec soin un pied de rossolis, on voit qu'il est formé de nombreuses feuilles de grandeur diverse, attachées presque toutes au même point et se dirigeant en

rayonnant à la manière d'une rosette. A la fin de l'été, du centre
de cette rosette s'élève une tige dont la longueur atteint à peine
un décimètre et qui porte des fleurs blanches. La forme des feuilles
du drosera est tout à fait particulière. La
queue de la feuille, le pétiole, comme l'on
dit en botanique, est très mince ; mais à son
sommet il s'évase peu à peu pour former une
lame ayant l'aspect d'une cuiller. De tout le
pourtour de celle-ci part un rayonnement
de gros poils d'une couleur rouge, terminés
par une petite tête renflée, souvent envelop-
pée d'une grosse goutte d'un liquide incolore
et visqueux.

Pied de *drosera intermedia.*
a, une feuille dont les poils
glanduleux se sont repliés
sur le limbe par suite du
contact d'un corps étranger.

La face de la feuille tournée du côté du
sol est absolument lisse ; mais toute la face
qui regarde le ciel est couverte de longs poils
glanduleux analogues à ceux du pourtour et
diminuant de grandeur à mesure qu'on se rapproche du centre.
Lorsque l'on observe un pied de rossolis un peu de temps, on ne
tarde pas à voir venir un insecte se poser sur une des feuilles dans
l'espoir d'y trouver sa nourriture. Les pattes
et les ailes engluées par le liquide de chacun
des poils, il se débat désespérément, le
plus souvent sans succès, pour se tirer du
mauvais pas où il est tombé. Bientôt tout
effort devient inutile. Les poils voisins de
l'insecte s'infléchissent peu à peu vers lui de
manière à venir placer leur tête visqueuse
sur son corps ; il en est de même des poils
qui sont un peu plus éloignés. Au bout d'une
heure environ, tous les poils se sont rabat-

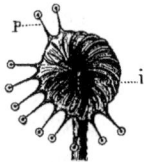

Limbe grossi d'une feuille de
rossolis à feuilles rondes
(*drosera rotundifolia*).
p. poils glanduleux ; *i.* insecte étouffé par les poils
rabattus qui l'ont enve-
loppé.

tus sur le malheureux insecte, qui ne tarde pas à périr étouffé
au milieu du liquide qui l'englue de toutes parts. Mais la feuille
n'est pas encore satisfaite : elle se replie, en effet, sur elle-même
de manière à envelopper complètement l'insecte, qui disparaît
à la vue. Laissons la plante ainsi pendant quelque temps. Au

bout d'un jour ou deux, des phénomènes inverses se produisent :
la feuille se déroule, les poils se relèvent l'un après l'autre et
reprennent la position qu'ils avaient au début. Quant à l'insecte,
il est devenu presque méconnais-
sable : il ne reste de lui que l'enveloppe dure qui le recouvrait, sa
chair ayant absolument disparu.
Les restes de la victime évacués,
la feuille est de nouveau apte à
capturer un autre insecte.

Que se passe-t-il pendant que
la feuille est repliée sur elle-même?

Plusieurs naturalistes, Darwin
en particulier, ont étudié cette question et sont arrivés aux conclusions suivantes. D'abord le liquide
sécrété par la feuille d'alcalin, de
visqueux qu'il était avant la capture

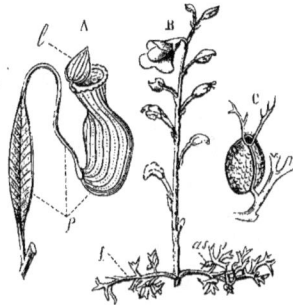

A, feuille de Népenthès; *p*, pétiole terminé
par une ascidie; *l*, limbe de la feuille servant de couvercle à l'ascidie. — B, extrémité fleurie d'une tige d'Utriculaire munie
de deux feuilles *f* portant des ascidies *as*.
— C. ascidie grossie.

de l'insecte, devient acide. Puis il s'y forme une matière spéciale,
analogue à celle qui se trouve dans l'estomac des animaux, et
connue sous le nom de *pepsine*. On sait que c'est grâce à cette
matière que les aliments ingérés sont trans-
formés, digérés, comme l'on dit, et susceptibles, par suite, d'être absorbés. Dans la
feuille, la pepsine joue le même rôle; elle
attaque la chair des insectes et la digère.
La matière ainsi produite est peu à peu absor-
bée par la feuille et sert à la nourriture de
toute la plante. Il n'y a que les parties dures
du squelette externe de la bestiole qui ne
peuvent être digérées. C'est, on le voit,
une digestion analogue à celle qui se produit
dans le tube digestif des animaux.

Dionée attrape-mouches
(*Dionæa muscipula*).

Le mécanisme du rabattement des poils est encore inconnu;
tout ce que l'on sait, c'est qu'il est provoqué par l'attouchement
du corps de l'insecte sur la feuille. En effet, si l'on dépose une

substance quelconque, telle qu'un grain de sable, ou si l'on se contente de chatouiller le centre de la feuille avec une épingle, les poils se rabattent de la même façon. Cependant le mouvement se produit diversement, suivant le cas. Il est très lent lorsqu'on dépose un grain de sable; il est un peu plus rapide avec un insecte mort, et enfin il atteint toute la rapidité dont il est provoqué par un insecte vivant.

Le *drosera* n'est pas la seule plante carnivore de nos pays. Dans les mêmes parages, on trouve une autre plante d'aspect tout différent : c'est la *grassette*, l'*herbe grasse*, l'*herbe huileuse*, la *langue-d'oie*. C'est le *pinguicula vulgaris* des botanistes. La grassette est, comme le drosera, composée d'une rosette de feuilles; mais celles-ci n'ont pas la légèreté et l'élégance des feuilles du *drosera*. Ainsi que ses noms vulgaires l'indiquent, les feuilles de la langue-d'oie sont ovales et épaisses. Toute leur face supérieure est couverte de petits poils glanduleux. En voyant une feuille d'aspect aussi massif que celle du pinguicula, on ne se douterait vraiment pas qu'elle peut capturer ces animaux aussi agiles que le sont les insectes : cela est cependant. Si une bestiole a le malheur de passer sur une feuille, ses pattes sont engluées, et elles ne tardent pas à ne plus pouvoir s'échapper, alors que la feuille tout entière se replie latéralement sur l'insecte, s'enroule comme un cornet autour de lui, et finalement le digère.

Une autre plante de nos pays, mais celle-ci complètement aquatique, est aussi susceptible de capturer de petits animaux : c'est l'*utriculaire*. A part ses fleurs qui viennent s'étaler à l'air, toute la plante est sous l'eau. Elle possède deux sortes de feuilles : les unes, en forme d'aiguilles, ne présentent rien de particulier; les autres ressemblent à de petites outres ventrues (ascidies), dont l'orifice serait garni de poils assez longs. L'intérieur de la vésicule est également garni de poils. Si un petit animal aquatique, un crustacé, par exemple, pénètre dans une des outres, grâce à la disposition des poils, il lui est impossible d'en sortir. Il paraît qu'une fois là, il est digéré; mais c'est là un point qui est loin d'être établi. On tend aujourd'hui à considérer la capture des animaux par l'utriculaire comme accidentelle et n'étant d'aucun profit pour la plante. Les

vésicules servent, en effet, à un autre usage. Au moment de la
floraison, les outres se remplissent d'air et soulèvent la plante jusqu'à ce qu'elle vienne flotter à la surface de l'eau, de manière que
les fleurs puissent s'étaler à l'air. Lorsque le fruit commence à se
former, l'air des vésicules est remplacé par un mucus abondant;
la plante, devenue plus pesante, redescend au fond de l'eau pour
y mûrir ses graines.

Si le nom de carnivore ne semble pas devoir être donné à l'utriculaire, il n'en est pas de même d'une
plante qui croît dans les prairies marécageuses de la Caroline du Nord
et qui est une des plus curieuses du
monde, la *dionæa muscipula* ou *dionée attrape-mouches*. Sa taille est un
peu plus grande que celle du droséra;
ses feuilles, disposées en rosette, ont
un aspect bizarre. La partie inférieure ressemble à une feuille ordinaire, elle est aplatie et membraneuse; vers le haut, elle se rétrécit et
se continue par l'intermédiaire d'une
portion amincie avec une lame aplatie de forme arrondie; sur la ligne médiane est un sillon très profond qui la

Sarracenia.

divise aussi en deux lobes latéraux, légèrement **excavés** au centre.
Le bord libre de chacun des lobes se prolonge en de longues épines,
disposées de façon à venir s'entre-croiser lorsque l'un des lobes se
rabat sur l'autre. Enfin, il faut signaler la présence de trois petits
poils sur la face supérieure de chacun des lobes. A l'état ordinaire,
la feuille est largement étalée; mais vienne un insecte se poser **sur**
le sommet, aussitôt les deux lobes, pivotant sur la charnière médiane, se rabattent l'un sur l'autre en emprisonnant entre eux la
bestiole, qui ne peut plus s'échapper, par suite de l'enchevêtre-
ment des épines. Le captif est alors digéré par le liquide que
sécrètent les glandes rougeâtres dont la feuille est **abondamment**
pourvue.

Lorsque les matières nutritives de la victime ont été complètement absorbées, la feuille se rouvre peu à peu, et le squelette est
expulsé. Il est à noter que toutes les parties de la feuille ne sont
pas irritables. Pour que la feuille se ferme, il faut que les pattes

Népenthès.

de l'insecte viennent toucher l'un des six
poils dont nous avons signalé l'existence
vers le centre de chacun des lobes.

Dans l'Amérique du Nord, on rencontre aussi une plante qui paraît être
carnivore : c'est le *sarracenia*. Ici les
feuilles sont simplement en forme de
cornets, largement ouverts à l'air. L'intérieur de ces cornets est
garni de poils; ces poils sécrètent un liquide sucré abondant qui
s'accumule dans la cavité de la feuille. Si un insecte tombe dans
cette sorte de petit lac, il s'y noie et ne tarde pas à être digéré.

Enfin, pour terminer, nous devons parler d'une autre plante
carnivore des plus curieuses, qui croît en abondance à Madagascar
et que l'on cultive aussi souvent dans nos serres : ce sont les
népenthès. La feuille du népenthès présente à sa base une courte

partie grêle s'élargissant progressivement en une grande lame,
dont la ligne médiane est occupée par une forte crête qui la parcourt dans toute sa longueur. Au sommet, la feuille s'arrête ; mais
la crête médiane se continue par un long filet grêle que termine un
appareil extrêmement curieux. On ne peut mieux comparer celui-ci
qu'à une de ces chopes plus ou moins ventrues, munies d'un couvercle, dans lesquelles les Allemands boivent de la bière. C'est, en
effet, une grosse outre creuse et que ferme, à l'état jeune, un couvercle articulé sur elle par une sorte de charnière. En avant, se
trouve une lame plus ou moins colorée qui semble jouer le rôle
d'une sorte de miroir aux alouettes destiné à attirer les insectes.
Le bord de l'outre, sur laquelle vient s'appliquer le couvercle, est
lisse et recourbé en dedans, de manière à former une surface
arrondie très lisse. Lorsque la feuille est adulte, le couvercle est
relevé et l'intérieur de l'outre est rempli d'un liquide clair, sécrété
par de nombreuses petites glandes. Un insecte, par exemple,
attiré par la lame colorée, grimpe le long de l'outre et enfin arrive
sur le bord de l'ouverture. Là, il rencontre un terrain très glissant qui le fait culbuter dans l'urne, où il se noie. Peu de temps
après, le couvercle se rabat, empêchant ainsi l'insecte de sortir,
dans le cas où il aurait pu échapper à la noyade. Une fois la capture ainsi opérée, le liquide intérieur devient acide, il s'y forme de
la pepsine, et finalement la bestiole est digérée.

VIII

LES FOURMIS CHAMPIGNONNISTES

La question si controversée de la culture des champignons par les fourmis n'a été résolue que tout récemment.

Certaines fourmis, on le sait, ne se contentent pas de récolter ; elles cultivent. Au Brésil et dans l'Amérique centrale, on rencontre parfois en abondance une fourmi connue dans ces régions sous le nom de sauba ou sauva ; on la désigne aussi sous la dénomination de fourmi coupeuse de feuilles ou de fourmi parasol. Elle appartient au genre *atta*.

Pour approvisionner leur nid, ces bestioles se rendent en grand nombre dans les plantations de café et grimpent le long des branches pour atteindre les feuilles. Munies de mandibules puissantes et très acérées, elles découpent un large lambeau dans ces feuilles, et, quand le fragment est presque entièrement détaché, elles l'enlèvent par une brusque secousse. Cela fait, elles redescendent de l'arbre en portant le lambeau vert au-dessus de leur tête comme un étendard.

« Quand du haut d'une éminence, raconte Bates, on embrasse du regard la grande route sur laquelle s'avancent des millions de petites bêtes en masse compacte, avec leurs étendards verts sur la tête, on croirait voir un énorme serpent vert rampant lentement sur le sol, et ce tableau se découpant sur un fond gris jaunâtre est d'autant plus vivant, que tous ces drapeaux sont agités par de légères ondulations. »

C'est l'aspect si curieux que leur donnent les feuilles transportées qui leur a valu le nom de fourmis parasols.

Que font celles-ci de leur butin ? La chose était encore discutée
il y a peu de temps. Lorsqu'on regarde ce qu'il y a à l'intérieur de
la fourmilière, on voit dans les loges non pas des fragments de
feuilles, mais une sorte de terreau parcouru en tous sens par des
filaments verdâtres, le tout étant habité par des fourmis plus petites
que celles qui sont chargées de la récolte. Au microscope, il est
facile de se rendre compte que le prétendu terreau n'est autre que
des feuilles très découpées, macérées, pilées, et que les filaments
verdâtres sont des champignons. La masse spongieuse, verdâtre
au début, devient brune, puis enfin rouge jaunâtre.

Mais cet envahissement des feuilles par les moisissures est-il
accidentel, ou bien est-il une condition importante pour la vie des
fourmis ? Un botaniste allemand, M. Mœller, a étudié ces questions
pendant un séjour dans l'Amérique du Sud. Il faut d'abord remarquer que l'on rencontre des moisissures dans tous les nids d'atta,
ce qui fait supposer que le fait n'est pas accidentel. Les fourmis
montrent d'ailleurs nettement qu'elles tiennent avant tout à leurs
champignons; quand on vient à bouleverser la fourmilière, elles les
emportent seuls, tandis qu'elles abandonnent les autres brindilles
et les feuilles fraîches.

Le fait le plus important mis en lumière par M. Mœller est le
suivant :

Par un jeûne de quelques jours on affame les fourmis, et, passé
ce temps, on leur donne à manger des fragments de feuilles appartenant aux espèces que ces animaux découpent pour les transporter
à leur nid. Elles refusent cet aliment et meurent de faim à côté.
Au contraire, si on leur donne le champignon qui habite chez elles,
les fourmis se jettent dessus et le dévorent à belles dents. Il est
donc bien évident, d'après ce que nous venons de dire, que les
atta récoltent des feuilles non pour les manger, mais pour dévorer
les champignons qui poussent dessus.

M. Mœller a pu également observer les fourmis en train de tri-
turer les feuilles ; il les a vues les déchirer en fragments microscopiques et les pétrir en boulettes qu'elles agglomèrent les unes à côté

des autres, à la manière d'un maçon qui construit un mur. Il est
probable que pendant cette opération elles mélangent aux nouvelles
boules un peu de terreau ancien, de manière à les ensemencer.
Bien que ce point ne soit pas éclairci, il n'en est pas moins vrai
que le champignon se développe avec une rapidité extraordinaire :
au bout de vingt-quatre heures, il a presque envahi la masse
entière.

Un fait très remarquable, c'est que la culture est faite avec tant
de soin, qu'elle n'est pas envahie par d'autres espèces, ni même
des bactéries. C'est une perfection à laquelle n'ont pu arriver les
champignonnistes des environs de Paris. Remarquons, en terminant, que les filaments que mangent les fourmis correspondent
seulement au *blanc de champignon,* et non au champignon tel que
nous le mangeons. Quand on sort les filaments du nid, et quand
on les met dans des conditions favorables, ils donnent les vrais
champignons.

La biologie des insectes nous réserve encore bien des surprises.

IX

La simulation de la mort s'observe dans presque tous les groupes d'animaux ; nous n'envisagerons ici que le cas des mammifères.

Les renards, bien connus d'ailleurs pour la finesse de leur intelligence, sont des sujets d'observation très favorables. Les faits de simulation de la mort ont été si souvent rapportés, qu'il ne peut y avoir de doute sur leur authenticité. En voici deux pris au hasard.

M. Coral C. White, d'Aurara (New-York), a raconté qu'un renard était entré dans un poulailler par une ouverture trop étroite. Quand il se fut gorgé de nourriture, son embonpoint énorme ne lui permit plus de repasser par le même orifice ; force lui fut donc de rester sur le lieu du carnage. Quand, le lendemain matin, le propriétaire entra dans son poulailler, il trouva maître renard étendu à terre, couché sur le flanc. Le croyant mort d'indigestion, il le prit par les pattes, et, le portant au dehors, le jeta sur un tas de fumier. Mais à peine l'animal se sentit-il libre, qu'il prit « ses jambes à son cou » et ne reparut plus.

Tout récemment, M. G. de Cherville, avec le style élégant qui le caractérise, a narré les péripéties de l'élevage d'un renardeau qu'il avait capturé dans les bois. Malgré tous les soins affectueux qu'on lui prodiguait, le jeune renard, auquel on avait donné le nom de Nicolas, ne s'apprivoisa jamais et ne cessa de distribuer des coups de dents à ceux qui l'approchaient de trop près.

« Un matin, au saut du lit, raconte M. de Cherville, descendant pour rendre mes devoirs à Nicolas, comme j'en avais l'habitude, je le trouvai étendu de tout son long devant un tonneau, les yeux clos et sans mouvement. Je l'appelai sans qu'il bougeât. A plusieurs reprises je passai ma main sur sa tête, et, pour la première fois peut-être, il n'essaya point de me mordre. Aux mouvements de son flanc, il était évident qu'il n'était pas mort ; mais, à la dérogation que je viens de signaler à ses habitudes, j'en conclus qu'il pouvait être fort malade, et je m'alarmai.

« J'avais plusieurs fois recommandé que l'on desserrât son collier, véritablement trop étroit ; je pensai qu'il pouvait bien y avoir un commencement de strangulation dans son triste état, et je me décidai à le détacher. Je n'eus pas plus tôt décroché l'ardillon et laissé tomber le collier et la chaîne, que le scélérat, subitement ressuscité, était sur ses pattes ; avant que j'eusse eu le temps de faire un mouvement, il avait passé entre mes jambes, s'était jeté dans le massif ; je l'aperçus ensuite qui gagnait le bois en traversant le potager à une allure indiquant qu'il se portait fort bien. On eût dit que la satisfaction de m'avoir vu la dupe de la ruse de sa comédie lui prêtait des ailes. »

Les faits qui concernent le loup sont un peu moins nombreux, mais cependant aussi nets. Le capitaine Lyon avait fait rapporter sur le pont de son navire un loup que M. Griffiths avait cru tuer. En l'examinant avec soin cependant, on remarqua que ses yeux clignotaient, et l'on crut prudent de lui attacher les pattes avec une corde et de le suspendre la tête en bas. Et en effet, à peine dans cette position, il fit un bond prodigieux et montra d'une façon très manifeste qu'il était loin d'être mort.

Il paraît aussi, d'après Romanes, que, lorsqu'un loup tombe dans une fosse, il simule la mort à tel point qu'un homme peut descendre dans le trou, l'attacher et l'emmener, ou bien lui frapper sur la tête sans que l'animal donne signe de vie.

Si des carnassiers nous passons aux rongeurs, nous aurons à signaler des faits du même ordre. J'ai eu souvent l'occasion d'observer, comme tout le monde d'ailleurs, que les souris capturées par des chats simulent la mort quand ceux-ci les lâchent. A peine le matou s'est-il éloigné, que les souris s'enfuient au plus vite. Les chats eux-mêmes connaissent cette particularité, et, pour s'amuser, font mine de croire à la mort des souris, mais sans en avoir l'air veillent avec soin sur leurs victimes et s'élancent sur elles dès qu'elles cherchent à déguerpir. Le chat et la souris jouent au plus fin, mais c'est invariablement le premier qui remporte la palme.

Il n'est pas rare non plus, quand on ouvre brusquement la porte d'une pièce obscure où se trouvaient des souris, de voir celles-ci demeurer en place, sans bouger, comme mortes, et même de se laisser prendre sans manifester aucune émotion.

Voici maintenant une anecdote concernant un taureau, fait tellement curieux que nous tenons à donner *in extenso* le récit que nous avons déjà reproduit plus haut et dû à M. G. Bidie, chirurgien de brigade.

« Il y a quelques années, dit-il, alors que j'habitais la région occidentale de Mysore, j'occupais une maison entourée de plusieurs acres de beaux pâturages. Le beau gazon de cet enclos tentait beaucoup le bétail du village, et, quand les portes étaient ouvertes, il ne manquait pas d'intrus. Mes domestiques faisaient de leur mieux pour chasser les envahisseurs; mais un jour ils vinrent à moi, assez inquiets, me disant qu'un taureau *brahmin*, qu'ils avaient battu, était tombé mort. Je ferai remarquer en passant que ces taureaux sont des animaux sacrés et privilégiés qu'on laisse errer partout, en leur laissant manger tout ce qui peut les tenter dans les boutiques en plein vent des marchands.

« En apprenant que le maraudeur était mort, j'allai immédiatement voir le cadavre : il était là, allongé, paraissant parfaitement mort. Assez vexé de cette circonstance, qui pouvait me susciter des ennuis avec les indigènes, je ne m'attardai pas à faire un examen détaillé, et je retournai aussitôt vers la maison avec l'intention d'aller instruire aussitôt de l'affaire les autorités du district. J'étais parti depuis peu de temps, quand un homme arriva tout courant et joyeux de me dire que le taureau était sur les pattes et occupé à brouter tranquillement.

« Qu'il me suffise de dire que cette brute avait pris l'habitude de faire le mort, ce qui rendait son expulsion pratiquement impossible, chaque fois qu'il se trouvait en un endroit qui lui plaisait et qu'il ne voulait pas quitter. Cette ruse fut répétée plusieurs fois, afin de jouir de mon excellent gazon. »

Il n'y a pas jusqu'à l'éléphant qui ne puisse, dans certaines circonstances, faire le mort. M. E. Tennent rapporte, d'après M. Cripps, qu'un éléphant récemment capturé fut conduit au *corral* entre deux éléphants apprivoisés. Il était déjà entré assez loin dans l'enclos, quand il s'arrêta brusquement et tomba à terre, inerte. M. Cripps fit enlever les liens et essaya vainement de faire entraîner le corps au dehors. Il commanda alors d'abandonner le cadavre ; mais à peine les hommes furent-ils à quelques mètres, que l'éléphant se releva vivement et courut vers la jungle en criant de toutes ses forces.

La simulation de la mort, dans tous les exemples que nous venons de citer, était faite dans un but de défense la plupart du temps manifeste. Pour terminer, il nous faut citer un cas de simulation offensive. Il s'agit d'un singe captif attaché à une tige de bambou fichée en terre, et à laquelle il était réuni par un anneau assez large et glissant facilement. Quand le singe était au sommet de la perche où il se plaisait, les corbeaux du voisinage venaient dévorer sa nourriture, renfermée dans une écuelle.

« Un matin que ses ennemis avaient été particulièrement désagréables, il simula une indisposition : il fermait les yeux, laissait tomber sa tête et semblait souffrir vivement. A peine sa ration habituelle était-elle placée au pied de la perche, que les corbeaux s'y abattirent en foule et la pillèrent à qui mieux mieux. Le singe descendit alors du bambou le plus lentement possible, et comme si c'était pour lui un travail pénible. Arrivé à terre, il se roula, comme affolé par la douleur, jusqu'à ce qu'il fût proche de l'écuelle.

« Dès lors il resta immobile, comme mort ; bientôt un corbeau s'approcha pour manger les derniers morceaux qui restaient ; mais à peine eut-il allongé le cou, que le singe, ressuscitant, le saisit et l'immobilisa. La capture une fois faite, il se mit en devoir de le plumer tout vivant. Quand il ne resta plus que les plumes des ailes et de la queue, il le jeta à l'air. Les corbeaux vinrent tuer leur compagnon à coups de bec et ne reparurent plus. »

Un fait presque identique a été raconté par le docteur W. Bryden.

Deux théories sont en présence pour expliquer la simulation de la mort : les uns disent que c'est un phénomène *voulu* par l'animal dans un but déterminé, c'est-à-dire qu'il lui a été donné par Dieu pour lui permettre de se défendre ; les autres veulent que ce soit la peur, la stupéfaction, une sorte d'action hypnotique, la *cataplexie,* comme l'on dit, qui soit la cause de cette immobilité que prennent certains animaux se sentant en danger. Il nous semble que les deux hypothèses sont également vraies, à la condition de ne considérer que des choses comparables : c'est à la cataplexie qu'est due l'immobilité des souris surprises par l'ouverture d'une porte, ou des loups tombés dans une fosse. C'est, à n'en pas douter, la volonté qui intervient dans le cas du taureau brahmin, du singe de Thompson et du renardeau de M. de Cherville.

Quant aux autres exemples, il semble difficile de se faire une opinion sur la cause des phénomènes ; ce n'est que lorsqu'ils seront très nombreux qu'on pourra les discuter avec fruit. Il est bon toutefois de recommander à ceux qui voudront étudier ces questions d'être de « bonne foy ». On ne saurait trop le répéter.

X

LES MOUVEMENTS DES PLANTES

Circumnutation. — Sommeil des plantes. — L'acacia. — La sensitive. — La dionée attrape-mouches. — Le sainfoin oscillant. — Les fleurs de tan. — Les anthérozoïdes.

Ce qui frappe le plus lorsque l'on compare une plante, un pied de haricot par exemple, avec un animal quelconque, c'est que ce dernier est susceptible de remuer, de s'agiter, de se déplacer, tandis que la plante ne l'est pas. Cette propriété du mouvement est souvent considérée comme une des principales différences existant entre les animaux et les plantes. Mais si, au lieu de se borner à un examen superficiel, on étudie plus attentivement certaines espèces végétales, on ne tarde pas à s'apercevoir que cette manière de voir est loin d'être conforme à la réalité.

Notre pied de haricot étant placé verticalement dans un pot, plaçons horizontalement, tout près du sommet de sa tige, une feuille de papier transparent, et marquons par un point l'endroit où la tige touche le papier. Si, au bout d'une heure ou deux, nous notons de nouveau la position du sommet de la tige, nous verrons que ce point est différent du premier. En pointant ainsi, d'heure en heure, les positions successives du sommet, on constate facilement que la tige, loin d'être immobile comme on était porté à le penser au premier abord, est en réalité constamment en mouvement, et qu'elle décrit dans l'espace une sorte de spirale plus ou moins irrégulière selon les circonstances. On donne quelquefois à ces mouvements en spirale de la tige le nom de *circumnutation*.

En répétant les mêmes expériences sur la racine, nous arriverions à des conclusions analogues, savoir que le sommet de la racine s'enfonce dans la terre en spirale. Cette propriété, cela est évident, est éminemment favorable à la pénétration de la racine dans le sol. Chacun sait, en effet, qu'un tire-bouchon s'enfonce plus facilement qu'un poinçon dans un corps suffisamment résistant.

Mais ces mouvements, pour être notés, demandent un dispositif qui, bien que simple, est en somme assez difficile à réaliser. Il y a d'autres mouvements plus faciles à constater. Regardez un de ces arbres qui ornent les allées de nos parterres et qui portent le nom d'acacia[1]. Ses feuilles sont formées d'une longue aiguille terminée par une petite foliole arrondie. A droite et à gauche, l'aiguille porte une longue série de folioles semblables. Pendant la journée, ces folioles sont largement étalées au soleil et donnent à l'arbre un aspect touffu. Rien en apparence de plus immobile, pendant un temps calme, que ces feuilles auxquelles on a donné le nom de feuilles composées. Mais ne vous contentez pas d'un examen pendant le jour; revenez voir votre acacia après que le soleil a disparu sous l'horizon. Alors l'aspect est tout différent. L'arbre semble beaucoup moins touffu que pendant la journée. Cette apparence est due aux feuilles, qui ont un aspect tout autre que dans la journée. Les folioles ont, en effet, tourné autour de leur point d'attache, et chaque foliole d'un côté est venue s'appliquer contre la face inférieure de la foliole opposée, qui a effectué le même mouvement. La feuille passe la nuit dans cet état. Le matin, à mesure que la lumière grandit, les folioles s'écartent peu à peu l'une de l'autre et finissent par reprendre leur position étalée. On a comparé ce phénomène à celui qu'on observe chez les animaux qui dorment pendant la nuit, et on l'a désigné sous le nom de *sommeil des plantes*.

Ce phénomène est fréquent chez les plantes qui ont des feuilles composées. Ainsi, par exemple, la feuille du trèfle qui, comme on

---

[1] L'arbre qu'on appelle ordinairement acacia n'appartient pas au genre *acacia*, mais au genre *robinia*. L'acacia à longues grappes de fleurs blanches est le *robinia pseudo-acacia*.

sait, présente trois folioles, est largement étalée pendant le jour;
mais, pendant la nuit, deux des folioles s'appliquent l'une sur
l'autre, tandis que la troisième se rabat sur les deux précédentes
en se repliant en même temps sur elle-même, à la façon d'un livre
que l'on ferme.

Les fleurs présentent le même phénomène. Ainsi, pour ne citer
qu'un exemple, la marguerite des champs, la gentille pâquerette,
qui, dans la journée, étale au soleil sa collerette de fleurons, se
referme au coucher du soleil, prend alors
l'aspect d'un bouton à peine entr'ouvert.

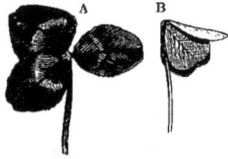

On peut se demander, en passant, de
quelle utilité ces mouvements sont pour
la plante. Il faut d'abord savoir que, pendant la journée, les objets placés à la
surface de la terre, — et les plantes sont
de ce nombre, — absorbent la chaleur dé-
versée par le soleil. Mais lorsque celui-ci

A, feuille de trèfle à l'état de
veille; B, dans la position du
sommeil.

a disparu sous l'horizon, ces objets restituent à l'air la chaleur
qu'ils ont emmagasinée, ils rayonnent, comme on dit. Cette perte
de chaleur est d'autant plus grande pour un objet donné, que
la surface par laquelle il touche à l'atmosphère est plus grande.
Aussi la perte de chaleur par un acacia, par exemple, serait-elle
énorme et pourrait être nuisible pour lui, si toute sa surface restait
exposée à l'air. Mais, grâce au reploiement des folioles les unes
sur les autres, la perte de chaleur est diminuée presque de moitié.
Les mouvements du sommeil sont donc destinés à diminuer le
rayonnement nocturne.

C'est surtout chez les légumineuses qu'on peut observer le
phénomène si remarquable du *mouvement* des plantes; et, parmi les
plus célèbres, la *sensitive* est celle qui à juste titre jouit de la plus
grande célébrité en raison de sa sensibilité extraordinaire.

« Qui ne connaît, qui n'a vu la *sensitive* et l'étrange sensibilité
de ses feuilles? dit M. Figuier; il suffit du choc le plus léger pour
faire fléchir ses folioles sur leur support, les branches pétiolaires
sur le pétiole commun et le pétiole commun sur la tige. Si l'on
coupe avec des ciseaux fins l'extrémité d'une foliole, les autres

folioles se rapprochent successivement. » De Candolle s'était exercé
à placer sur une des folioles de la *sensitive* une goutte d'eau, avec
assez de délicatesse pour n'y exciter aucun mouvement. Mais,
lorsqu'il substituait à l'eau une goutte d'acide sulfurique, il voyait
les folioles se crisper, les pétioles partiels et le pétiole commun
s'abaisser et graduellement subir la même influence, sans que les
folioles situées au-dessous participassent au mouvement.

« Cette charmante légumineuse, dit de son côté M.-F. A. Pouchet en parlant de la sensitive, cette
charmante légumineuse, objet de tant
d'ingénieuses comparaisons, possède
une délicatesse de sensation qu'on
serait loin de s'attendre à rencontrer dans le règne végétal. Lorsque
M. de Martins traversait les savanes
de l'Amérique tropicale, où elle
abonde, il remarquait que le bruit
des pas de son cheval faisait au
loin contracter toutes les sensitives,
comme si elles étaient effrayées. Un
rayon de soleil ou l'ombre d'un nuage

Extrémité d'un rameau de sensitive portant deux feuilles A, dans la position
de veille; une feuille B, dans la position de sommeil. *rm*. renflement mo-
teur.

suffit même pour produire une animation manifeste au milieu de
leurs groupes... »

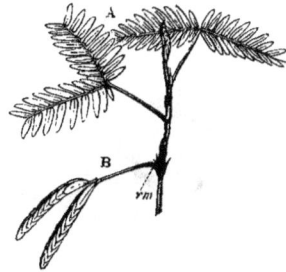

Chose étrange ! cette légumineuse sait, ainsi que nous, se
façonner aux circonstances variées dans lesquelles elle se trouve.
Desfontaines, en ayant placé une dans une voiture, la vit contracter
immédiatement toutes ses feuilles, aussitôt qu'elle sentit l'ébranlement des roues. Le voyage s'étant prolongé, revenue de sa frayeur,
la sensitive rouvrit peu à peu toutes ses feuilles et les tint étalées
tant que dura le mouvement. Elle s'y était accoutumée. Mais, si la
voiture s'arrêtait, on voyait le même phénomène se reproduire :
au départ, la plante se recontractait pour ne se rouvrir que plus
loin.

Chose plus étrange encore ! la sensitive est, comme les animaux, mais à un degré moindre, affectée par les agents anesthé-
siques, tels que le chloroforme et l'éther. Qu'on expose, par

exemple, un oiseau, une grenouille, une sensitive à l'action des
vapeurs de chloroforme. L'oiseau le premier perdra toute sensibilité; puis ce sera le tour de la grenouille, dont l'organisation, pour
le remarquer en passant, est moins élevée que celle de l'oiseau; la
sensitive s'endormira la dernière.

On ne sait pas bien de quelle utilité sont pour la sensitive les
mouvements qu'elle exécute. Il n'en est pas de même pour le drosera, la dionée attrape-mouches, etc. On a pu voir, en effet, dans
notre chapitre sur les *plantes carnivores*,
que leurs mouvements sont adaptés à un
but bien déterminé.

Dans toutes les plantes dont nous avons
parlé jusqu'ici, les mouvements pour se
manifester ont besoin d'être provoqués par
une cause extérieure.

A, coupe longitudinale du sommet d'une mousse hermaphro-
dite ; a , anthérozoïdes. —
B, b, anthérozoïde non encore
déroulé. — C, c, anthérozoïde
pourvu de ses deux cils.

Le *sainfoin oscillant* du Bengale semble
présenter le phénomène, excessivement
curieux chez les plantes, du mouvement
spontané. Le sainfoin oscillant est, en effet,
constamment en mouvement. La feuille de
cette plante comprend une grande foliole terminale et deux folioles
latérales beaucoup plus petites. Ce sont ces deux dernières folioles
qui sont le siège d'un mouvement continuel. Pendant que l'une de
ces deux petites folioles se relève lentement, l'autre s'abaisse; et
réciproquement, pendant que la première s'abaisse, la seconde se
relève. Ainsi pendant toute la journée. Ces mouvements continuent même à avoir lieu sur des feuilles séparées de la tige.

Aussi remarquables, sinon plus, au même point de vue, sont
les mouvements de ce champignon d'organisation extrêmement
simple, connu sous le nom de *fleur de tan*. Ce champignon, qu'on
trouve fréquemment dans les tanneries, se présente sous la forme
d'un grand gâteau gélatineux. Quand l'air est sec, il se contracte
et reste immobile sous les paquets de tan; mais vienne de l'humidité, on voit la masse se gonfler peu à peu; sa surface est parcourue
de faibles ondulations; en un point la masse s'allonge, et, quand elle
a acquis une certaine longueur, elle se fixe par son extrémité libre.

Alors, en se contractant, elle attire vers elle le reste de la masse, qui se trouve ainsi déplacée. En un autre point du corps apparaissent d'autres prolongements semblables qui permettent à ce champignon d'aller deci delà, absorbant sur son passage les matières alimentaires qui lui sont utiles.

Enfin, pour terminer ce chapitre par un fait très intéressant, nous parlerons de certains organes particuliers, les *anthérozoïdes*, qui présentent des mouvements extrêmement remarquables.

Les *fougères*, les *mousses*, les *algues* se reproduisent au moyen de corpuscules de deux natures différentes : les *ovules* et les *anthérozoïdes*. De la fusion d'un anthérozoïde et d'un ovule résulte une sorte d'organisme qui, placé dans les conditions favorables, donnera naissance à une plante semblable à celles qui les ont produits.

L'ovule, généralement de forme arrondie, ne peut se déplacer de lui-même, qu'il soit ou non fixé sur la plante-mère. L'anthérozoïde, au contraire, peut se déplacer grâce aux cils vibratiles qu'il porte à celle de ses extrémités qui se termine en pointe.

En agitant ces appendices filiformes, il nage avec facilité dans l'eau, allant sans doute à la recherche d'un ovule. Sous le microscope, on le prendrait facilement pour un *animalcule*. Chez les mousses, les anthérozoïdes sont allongés et enroulés sur eux-mêmes en spirale. L'une de leurs extrémités est épaisse, tandis que l'autre est effilée et porte de longs cils mobiles qui, en battant constamment l'eau dans laquelle ils sont plongés, font progresser l'anthérozoïde. Chez les fougères, l'anthérozoïde a à peu près la même forme; mais il porte un bouquet de cils vibratiles. Enfin, chez les algues, l'anthérozoïde affecte des formes très variées; tantôt il a la forme d'une poire, tantôt d'un rein muni de deux cils vibratiles, tantôt enfin celle d'une boule couverte, comme un velours, d'une grande quantité de petits cils constamment en mouvement.

Il faut faire remarquer que ces anthérozoïdes sont toujours extrêmement petits et nécessitent, pour être vus, l'emploi d'un bon microscope.

En résumé, que l'on s'adresse à des formes simples comme

les champignons et les algues, ou des formes compliquées comme les fougères, les sensitives, l'acacia, etc., nous voyons que l'on peut y constater des mouvements dont quelques-uns ne le cèdent en rien à ceux dont sont susceptibles les *animaux inférieurs*.

XI

LE CHANT DES PETITS OISEAUX

Les petits oiseaux ont beaucoup fait parler d'eux dans ces derniers temps. De toutes parts on a senti le besoin de protéger ces grands destructeurs d'insectes; des congrès se sont réunis, et actuellement, dans beaucoup de villages, l'instituteur a fondé une « Société protectrice des oiseaux », dont les membres sont les élèves. C'est là, croyons-nous, une idée excellente, car les potaches, — cet âge est sans pitié, — sont les plus terribles ennemis de la gent ailée. C'est si agréable aussi de courir les bois, grimper sur les arbres, dénicher les nids et gober les œufs! Maintenant que les écoliers sont enrégimentés dans une ligue, ils n'oseront sans doute plus se livrer à ces jeux ou tout au moins, — ne soyons pas trop difficile, — restreindront leur ardeur dévastatrice.

Ce ne sont pas seulement les agriculteurs qui se réjouiront de cet état de choses, mais encore les simples amoureux de la nature, comme vous et moi. Imagine-t-on la monotonie des bois non égayés par le gazouillis des oiseaux? On peut même dire qu'à cet égard nous ne connaissons pas notre bonheur, car c'est chez nous que les oiseaux chanteurs sont les plus nombreux : sur toutes les espèces que nous possédons, il y en a dix pour cent qui rendent des sons harmonieux, tandis que, dans les pays chauds, cette proportion n'est que d'un dixième pour cent. Les forêts exotiques, contrairement à ce que l'on croirait à *priori*, sont presque silencieuses : les oiseaux qui les peuplent ont de brillantes couleurs, mais ne poussent que des cris inarticulés ou tout au moins désagréables à l'oreille, dont le cri des perruches ou des perroquets nous donne une assez juste idée.

Chez nous, au contraire, quelle délicatesse dans les modulations du chant de nos petits oiseaux! On a beau n'avoir aucune notion musicale, il est impossible de ne pas être séduit par le charme qui se dégage des trilles lancés par le rossignol ou les simples *stiglit* du chardonneret.

De même que la palette d'un peintre est incapable de rendre toutes les nuances que l'on observe dans la nature, de même aucun instrument de musique ne peut imiter le chant des oiseaux dans toutes ses finesses. On arrive bien à reproduire la succession des notes avec leur hauteur et leur intensité; mais le « timbre », c'est-à-dire ce qui donne au chant son caractère particulier, *sui generis,* est composé d'un si grand nombre de sons, qu'il a été, jusqu'à ce jour, impossible de l'imiter.

Les imitations musicales du chant des oiseaux sont donc toujours simplement approximatives. Une des mieux réussies est le fameux *Adagio* dans la sixième *Symphonie pastorale* de Beethoven, qui imite le coucou, le rossignol et la caille. Le *Saint François,* de Liszt, et le *Vogels als Prophet,* de Schumann, sont aussi fort remarquables. C'est presque toujours au chant du plus mélodieux des oiseaux, du rossignol, que se sont attaqués les compositeurs : c'est lui qu'on retrouve dans le *Meristo-Walzer* de Liszt et la romance *Et la nuit, et la lune, et l'amour,* de Davidoff.

On peut dire des oiseaux que ce sont avant tout des passionnés. Ils mettent une ardeur peu commune dans tout ce qu'ils font, la confection des nids, la défense de leur progéniture, etc. Ces passions éclatent d'une manière très nette dans leurs chants. Pour peu que l'on vive en contact avec eux, on ne tarde pas à se rendre compte que leur voix se présente sous des formes différentes, suivant ce qu'on pourrait appeler leur « état d'âme ».

Quel délicieux passe-temps que l'étude du langage des oiseaux, pour celui qui a des loisirs! La chose ne demande aucune notion scientifique, la simple observation suffit. En outre du plaisir que l'on éprouve à écouter chanter les petits oiseaux, on a la satisfaction de rendre service à la science. Je ne serais même pas étonné que le lecteur qui voudrait se livrer à ce genre de recherches, — et c'est là mon plus vif désir, — ne prît goût aux recherches d'histoire naturelle et ne devînt bien vite un petit Réaumur ou un petit Fabre. Si cela arrivait, ce serait le cas de dire, comme pour l'immortel Valmajour, que « ce lui serait venu » en entendant chanter le rossignol.

1. Pinson.   2. Moineau domestique.

Plusieurs naturalistes se sont déjà évertués à étudier le langage des oiseaux, mais leurs observations ne paraissent pas avoir été poussées très loin. Elles sont cependant bonnes à connaître. Chacun pourra vérifier si elles sont exactes, et les rectifier s'il y a lieu. C'est ainsi que Lentz a noté dix-neuf chants différents du pinson, chants auxquels on a donné des noms différents. En voici les principaux :

1° Le redoublé de Schmalkalde : *tzitzitzitzitzitzitzitzitzitzitzi-rrrrentzépiah, tololololololotzissscoutziah*. Ce chant est, on le voit, interrompu par une pause et se termine d'une façon éclatante : c'est le plus joli du pinson.

2° Le chant du vin perçant : *tzitzitziwillillilltih, dappldappl-dappl de weingihé.*

3° Le mauvais chant du vin : *tzitzitzitzillillillillillisjibsjibsjiwihdré.*

4° L'huile de pin : *tzitzitzitzitzitzirrrezwoif zwoif zwoif zwoifihdré.*

5° La bonne année folle : *lilititilit tolozéspeutziah.*

6° La bonne année du Harz : *tzitziwillwillwillwillséspeutziah.*

7° La bonne année commune : *tzitzitzitziwihéwihéwihézéspeutziah.*

8° La cavalcade commune : *tzitzitzitzirrrihtjobjobjobéroitihé.*

9° Le cavalier : *tzitzitzitzitzizullullulujobjobjobéreitjah.*

10° Le verre : *tzitzizeutzeutzenwollillillillillwworftziah.*

Les moineaux, êtres bavards s'il en fut, poussent des *dieb, dieb,* quand ils volent et des *schlip, schip,* lorsqu'ils sont perchés. Au repos ou au moment du déjeuner, on les entend continuellement répéter : *bilp* ou *bioum. Durr* et *die, die, die,* sont leurs cris de tendresse. *Terr,* prononcé avec force et en roulant, indique l'approche d'un danger. Si le péril s'accroît, ils poussent un autre cri qui peut se noter : *tellterelltelltelltell.*

Pour la grive, **M.** Zograph a noté au moins sept ou huit voix. La plus harmonieuse, — c'est là un fait général dans la gent emplumée, — est celle de la période des amours. Celle qui lui succède est beaucoup plus douce : c'est le moment où monsieur et madame font leur nid. Bientôt arrivent les petits, pour lesquels les **parents** trouvent des modulations encore plus délicates pour leur apprendre à manger ou à voler. Si un ennemi survient, les grives se mettent à pousser des chants de terreur qui avertissent les enfants et parfois repoussent l'envahisseur. Enfin, le chant se change en cris quand les oiseaux sont blessés ou pris au piège.

D'ailleurs, le chant d'une même espèce d'oiseau peut différer suivant la contrée qu'il habite. Chez eux, comme chez nous, il y a des dialectes et des patois : le fond reste le même, mais les détails varient. Le fait est surtout très net pour les serins : ceux de la

Thuringe, par exemple, chantent beaucoup mieux que ceux du
Harz. Mais ces différences tendent à s'atténuer par suite des migrations des oiseaux. Leur chant est, en effet, susceptible de se modifier sous l'influence d'un autre chant qu'ils entendent. Ils ont heureusement une tendance à copier un chant plus harmonieux que le
leur. Aussi, dans une région, s'il se manifeste une année un virtuose émérite, il n'est pas rare de voir les autres représentants de

Oiseau-moqueur ou merle polyglotte.

la même espèce perfectionner leur voix d'une manière très sensible.

Ces faits sont bien connus des éleveurs, qui ne manquent pas
de mettre un bon chanteur dans chaque volière pour améliorer ses
camarades de captivité. Il est intéressant de noter, à ce propos, que
les progrès acquis se transmettent parfois à la progéniture. Ainsi
un menuisier parisien, célèbre à ce point de vue, avait élevé des
alouettes pendant plus de vingt-six ans en leur inculquant les
« bons principes » du chant : il avait amélioré et transformé tellement leur chant, que la voix des dernières alouettes, en tant que
mélodie et timbre, ne rappelait en rien celle de leurs ancêtres.

Chez certaines espèces, cette facilité d'imitation est poussée
à l'extrême. La plus curieuse est la fameuse grive persifleuse du

Mexique, qui imite tous les oiseaux du voisinage. L'oiseau-flûte d'Australie imite, en outre, les cris et les paroles. Quant à l'oiseau-moqueur des États-Unis, c'est une véritable merveille. Voici, par exemple, ce qu'a raconté Gerhart à son propos :

« J'observais, dit-il, un moqueur polyglotte mâle qui faisait entendre sa voix non loin de moi. Comme d'ordinaire, le cri d'appel et le chant du roitelet d'Amérique formaient bien le quart de sa chanson. Il commença par le chant de cet oiseau, continua par celui de l'hirondelle pourprée, cria tout à coup comme le rhyncodon ; puis, s'envolant de dessus la branche où il s'était posé, il imita le cri de la mésange tricolore et celui de la grive voyageuse. Il se mit ensuite à courir autour d'une haie, les ailes pendantes, la queue en l'air, et reproduisit les chants du gobe-mouches, du carrouge, du tangara, le cri d'appel de la mésange charbonnière ; il vola sur un buisson de framboisiers, y picota quelques fruits et poussa des cris semblables à ceux du pic doré et de la caille de Virginie. »

Audubon a trouvé une bien jolie expression pour synthétiser le chant du moqueur :

« Ce ne sont pas, dit-il, les doux sons de la flûte ou de quelque autre instrument de musique que l'on entend, mais c'est la voix, bien plus mélodieuse, de la nature elle-même ! »

Chers petits oiseaux, enfants du bon Dieu, c'est vous qui l'égayez, la nature !

XII

La graine sort du fruit, et, lorsqu'elle se trouve dans des conditions favorables, elle germe et devient une plante analogue à celle qui lui a donné naissance. Mais pour que les choses se passent dans les meilleures conditions possibles pour la conservation de l'espèce, il faut d'abord que les graines ou les fruits puissent quitter la plante mère, et il faut ensuite, condition importante entre beaucoup d'autres, que les graines d'une même plante ne tombent pas toutes au même point du sol. Chaque plante produit, en effet, généralement un nombre considérable de graines : il est évident que si ces graines tombaient toutes au pied de la plante mère, la plupart d'entre elles, sinon toutes, périraient étouffées. La *dissémination* des graines est donc l'une des conditions les plus indispensables à la conservation de l'espèce. Mais si Dieu avait employé pour disséminer les graines un seul et même moyen, il n'aurait fait que de bien médiocre besogne; car toutes les plantes, se trouvant dans les mêmes conditions, auraient vu leurs graines s'accumuler en certains points très limités du sol, et donner naissance à des végétaux qui, à peine nés, se seraient étouffés mutuellement. Les quelques exemples que nous allons citer vont nous montrer combien les procédés de dissémination sont variés, et souvent l'esprit restera confondu à voir l'ingéniosité que la nature a déployée pour arriver à son but.

Lorsque le fruit contient plusieurs graines, on comprend facilement qu'il lui soit très avantageux de pouvoir s'ouvrir pour laisser échapper son contenu. La manière dont s'ouvrent les fruits, la *déhiscence* même, est extrêmement variée. Dans beaucoup de cas, le fruit se fend purement et simplement suivant une ou plusieurs lignes. Le fruit de l'aconit, par exemple, s'ouvre par plusieurs fentes ; les fruits des haricots, des fèves et des pois, par deux fentes longitudinales (*gousses*); ceux de la giroflée, par quatre fentes isolant ainsi quatre valves qui se soulèvent pour permettre aux graines de tomber à terre (*silique*). Chez la jusquiame et le mouron rouge, la déhiscence se fait suivant une ligne circulaire qui isole ainsi un petit couvercle semblable à celui d'une marmite (*pyxide*). Les choses sont un peu plus compliquées chez le pavot : ici la capsule volumineuse se termine par un large disque qui la surplombe un peu sur les bords, à la manière d'un toit ; les graines, extrêmement nombreuses, remplissent la cavité centrale. Si l'on disait à une personne : « Il s'agit de faire sortir les graines en perçant des trous dans la capsule, » il est très probable qu'elle effectuerait cette opération à la partie *inférieure* du fruit, puisqu'il est évident que les graines s'écouleront ainsi très facilement. La nature a procédé autrement, et pour cause ; elle a percé des trous *en haut* de la capsule, au-dessous du disque supérieur, et il est facile de se rendre compte des motifs qui l'ont engagée à se comporter ainsi. Si les trous étaient à la base, toutes les graines tomberaient au pied de la plante en un même point, et nous avons dit que c'était là le point essentiel à éviter. Au contraire, avec la disposition telle qu'elle se présente, on voit que les graines ne peuvent sortir que si la capsule se trouve penchée. Vienne une légère brise, la capsule légèrement inclinée verse le trop-plein de ses graines à peu de distance de la plante. Si le vent devient plus fort, la capsule, un peu plus penchée que dans le cas précédent, laisse échapper ses graines à une distance un peu plus grande, et ainsi de suite : des simples variations dans la puissance du vent suffisent à assurer la dissémination.

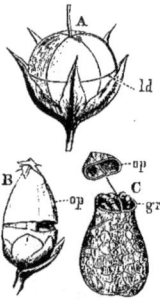

Exemples de déhiscence transversale.
A, fruit du mouron rouge; *ld*, ligne de déhiscence. B, fruit du plantain; *op*, opercule. C, fruit de jusquiame.

Dans tous ces exemples, la déhiscence joue, en somme, un rôle passif et n'a pour résultat que de mettre les graines en liberté. Chez d'autres plantes, la déhiscence, en même temps qu'elle ouvre une issue, projette les graines au loin. Dans le midi de la France existe une plante rampante qui a reçu le nom de *concombre sauvage* ou d'*echalium*. Son fruit ressemble beaucoup à celui d'un concombre, avec cette différence qu'il est recouvert de poils rudes. Le pédoncule qui le supporte est retourné en forme de crosse d'évêque, de telle sorte que le point où le fruit s'attache à lui est tourné vers le haut. Lorsqu'il est mûr, le fruit se détache de son support, et, par l'ouverture béante ainsi produite, il projette avec une très grande force, jusqu'à une distance de un à deux mètres, les graines qu'il contenait au milieu d'un liquide mucilagineux.

Fruit du pavot montrant le stigmate, *stig*, qui s'est accru pendant la maturité. A la maturité, le fruit s'ouvre par des trous, *p*, pour disséminer la graine.

Tout le monde connaît la *balsamine*, que l'on cultive dans les jardins comme plante d'ornement à cause de la beauté de ses fleurs. Son fruit est extrêmement curieux. Quand il est mûr, il se fend suivant cinq lignes, et, en même temps, les cinq valves ainsi séparées se tordent brusquement sur elles-mêmes, lançant de toutes parts les graines qui y étaient attachées. Un peu avant que la maturité soit parachevée, la rupture se fait immédiatement au moindre attouchement ; c'est pour cela que l'on donne souvent à la balsamine le nom bien expressif d'*impatiente n'y touchez pas*.

Non moins curieux est le *sablier*, grand arbre de l'Amérique, dont le fruit, garni de côtes et extrêmement dur, a l'aspect extérieur d'une tomate. A la maturité, ce fruit s'ouvre brusquement en produisant un bruit aussi fort que celui d'un coup de pistolet, et en projetant au loin les valves et les graines. Dans les collections, pour conserver le sablier, on est obligé de l'entourer de plusieurs tours de fils de fer, et l'on cite des cas où la force du fruit a été assez grande pour rompre ses liens et pour briser de ses éclats les vitrines qui le contenaient.

Des faits du même ordre s'observent chez les *vicia*, où la gousse, en se fendant, enroule ses valves en spirale et produit une secousse assez forte pour envoyer les graines à quelques mètres. Chez les *geraniums* il y a cinq petites capsules qui, réunies à une longue colonne médiane par cinq filets, vont s'insérer tout au haut de celle-ci : lorsque le moment de l'expulsion des graines est venu, chaque filet se relève brusquement en envoyant les graines au loin. « Dans l'herbe à Robert et quelques autres espèces de géraniums,

dit Lubbock, la graine et son enveloppe sont lancées à une grande distance. L'enveloppe se détache de la partie effilée qui la termine, et est lancée, sans abandonner son contenu, par le relèvement brusque de ce prolongement. Elle était maintenue en place par une courte languette qui prolonge sa base. Elle possède aussi une touffe de poils à son sommet. L'extrémité inférieure de l'appendice est située à peu près entre l'axe central et la partie supérieure de l'enveloppe de la graine. Les graines sont lancées à une distance surprenante, malgré le peu de longueur de la petite tige qui joue le rôle de ressort. Lorsque la plante croît

A, sommité fleurie d'une tige d'aconit. — B, une fleur coupée en long; *s*, sépale supérieur; *p*, pétale; *e*, étamines; *o*, carpelles. — C, fruit mûr de l'aconit, formé de trois follicules dont l'un s'ouvre pour disséminer la graine.

en plein air, il est presque impossible de retrouver les graines quand elles sont disséminées. Afin de pouvoir mesurer la distance à laquelle elles étaient projetées, je plaçai quelques capsules de géraniums sur mon billard, et je constatai que cette distance était quelquefois supérieure à sept mètres. » La silique de la vulgaire *cardamine des prés* est aussi capable de projeter ses graines à quelque distance. Dans la *viola canina*, vulgairement appelée violette des chiens, la capsule se fend en trois valves, dont chacune contient trois à quatre graines. C'est en se desséchant que les bords des valves, par leur rapprochement, projettent les graines à environ trois mètres; le mécanisme de cette projection est semblable à celui que les enfants emploient pour chasser au loin un noyau de cerise en le pressant entre le pouce et l'index.

Chez certaines plantes, le fruit ne s'ouvre pas; mais alors ce peut être la plante elle-même qui effectue la dissémination, soit en l'introduisant dans la terre, soit par d'autres mécanismes que nous allons bientôt décrire. Sur les vieux murs se trouve fréquemment une petite plante rampante fort jolie, que l'on cultive souvent dans des suspensions : c'est la *linaire cymbalaire,* dont les feuilles assez charnues sont arrondies, et dont les fleurs élégantes ont une couleur violacée. Lorsqu'une fleur a donné un fruit, le pédoncule qui le supporte s'applique contre le mur et s'allonge en rampant le long des pierres. En s'accroissant ainsi à la découverte, il arrive un moment où le fruit rencontre une crevasse. A peine l'a-t-il rencontrée, qu'il y entre par suite de son phototropisme, qui devient négatif. Ses grains sont ainsi placés dans un endroit favorable et n'ont plus qu'à germer au printemps. C'est grâce à ce procédé qu'un seul pied de cymbalaire peut donner naissance à des pieds nombreux de la même plante : il n'est pas rare de voir des murs recouverts tout entiers par leur épais feuillage.

Fruit de la balsamine au moment où il s'ouvre brusquement en plusieurs valves, en projetant les graines à distance.

Le *trèfle souterrain* et l'*arachide* agissent à peu près de la même façon; mais, ici, c'est dans la terre que la plante fait pénétrer ses fruits.

L'*utriculaire,* plante aquatique, a des mœurs bien curieuses, et on l'a longtemps considérée comme une plante carnivore. A part ses fleurs qui viennent s'étaler à l'air, toute la plante est sous l'eau. Elle possède deux sortes de feuilles : les unes, en forme d'aiguilles, ne présentent rien de particulier; les autres ressemblent à de petites outres ventrues dont l'orifice serait garni de poils. Si un petit animal aquatique, un crustacé, par exemple, pénètre dans une de ces outres, par suite de la direction des poils, il lui est impossible d'en sortir. Il paraît qu'une fois pris au piège il est digéré ; mais il faut bien dire que c'est là un point qui est loin d'être établi. On tend aujourd'hui à considérer la capture des animaux par l'utriculaire comme accidentelle et n'étant d'aucun profit pour la plante. Les vésicules servent en effet à un autre usage, celui-là que personne ne met en doute. Au moment de la floraison, les outres se remplissent d'air et soulèvent la plante jusqu'à ce qu'elle vienne flotter à la surface de l'eau, de manière que les fleurs puissent s'épanouir à l'air. Lorsque le fruit commence à se former, l'air des vésicules est remplacé par un mucus abondant ; la plante, devenue plus pesante, redescend au fond de l'eau pour y mûrir tranquillement ses graines et les déposer dans la vase, seul endroit où elles puissent germer. La *mâcre* ou *châtaigne d'eau* se comporte à peu près de même ; elle est d'abord soulevée par l'air qui se forme dans les pétioles des feuilles supérieures ; la formation d'un mucus intérieur la fait ensuite redescendre.

Les amours de la *vallisnérie* ont été si souvent chantées par les poètes de la nature, qu'il est à peine besoin de s'y arrêter [1]. Rappelons cependant qu'il y a deux sortes de fleurs : les unes mâles, les autres femelles. Ces dernières allongent suffisamment leur pédoncule pour venir épanouir leur virginité dans les régions aériennes, à la surface de l'eau. Les fleurs mâles, au contraire, sont dépourvues de cette propriété, et pour aller rejoindre leurs compagnes elles sont obligées de se détacher de leur mère ; elles viennent ainsi flotter à la surface de l'onde et émettent leur pollen qui, doucement poussé par la brise, vient féconder les fleurs femelles, que maintenant les nécessités de la maternité vont obliger à rentrer dans leur

S, sommité fleurie d'un rameau de géranium (*Géranium Robertianum* L.). — R, fleur grossie dont on a enlevé le calice, la corolle et les étamines, pour montrer la structure du pistil. — T, fruit mûr ; les cinq carpelles se détachent de la base au sommet.

[1] Nous n'en voulons pour preuve que ce joli morceau, emprunté au poète Castel :

Le Rhône impétueux, sous son onde écumante,
Durant six mois entiers nous dérobe une plante
Dont la tige s'allonge en la saison d'amour,
Monte au-dessus des flots et brille aux yeux du jour.
Les mâles, dans le fond jusqu'alors immobiles,
De leurs liens trop courts brisent les nœuds débiles,
Voguent vers leur amante, et, libres dans leurs feux.
Lui forment sur le fleuve un cortège nombreux :
On dirait d'une fête où le dieu d'hyménée
Promène sur les flots sa pompe fortunée.
Mais, les temps de Vénus une fois accomplis,
La tige se retire en rapprochant ses plis,
Et va mûrir sous l'eau sa semence féconde.

domaine : c'en est fini pour elles de venir s'étaler à la lumière du soleil ; les pédoncules vont se contracter comme des ressorts à boudin et les ramener au fond de l'eau. Là, tout entières à leur rôle, elles vont mûrir leurs graines et les déposer dans la vase, et ainsi se trouve assurée leur postérité.

Une crucifère, l'*anastatica hierochuntica*, agit tout diffféremment : quelques-uns de nos lecteurs connaissent certainement cette plante sous le nom de *rose de Jéricho* ; on la vend, à cause de ses propriétés hygroscopiques, chez les marchands de curiosités. « C'est, disait Le Maout et Decaisne, une petite plante annuelle haute de huit à onze centimètres, qui croît dans les lieux sablonneux de l'Arabie, de l'Égypte et de la Syrie. Sa tige se ramifie dès la base et porte ses fleurs sessiles, qui deviennent des silicules arrondies. A la maturité de ces fruits, les feuilles tombent, les rameaux s'endurcissent, se dessèchent, se courbent en dedans, et se contractent en un peloton arrondi ; les vents d'automne déracinent bientôt la plante et l'emportent jusque sur les rivages de la mer. C'est de là qu'on l'apporte en Europe. Si l'on plonge dans l'eau l'extrémité de la racine, ou si même on

Vallisnérie. — A, plante portant les fleurs pistillées, *fp*. — B, plantes portant les fleurs staminées, *fst*. La fleur staminée s'est déjà détachée du pédoncule', comme le montre la double ligne ponctuée.

la place dans une atmosphère humide, ses silicules s'ouvrent, ses rameaux s'étendent, puis se resserrent de nouveau à mesure qu'ils se dessèchent. Cette particularité, jointe à l'origine de la plante, a donné lieu à des superstitions populaires : dans beaucoup de pays on croit que la plante s'épanouit tous les ans au jour de la naissance du Christ ; de là son nom de *rose de Jéricho*. Quelques femmes font tremper la plante dans l'eau dès que commencent pour elles certaines douleurs, espérant que son épanouissement sera le signal de leur délivrance. » L'hygroscopicité de l'anastatica est donc très avantageuse pour sa dissémination.

La déhiscence, et par suite la dissémination des graines, a le

plus souvent comme origine la dessiccation. Il est des plantes
cependant où elle se fait seulement grâce à l'humidité. C'est ainsi
que chez la *brunella vulgaris* le calice fructifère n'ouvre ses deux
lèvres que lorsqu'il pleut. Chez l'*iberis umbellata,* la dessiccation
fait étroitement rapprocher les pédicelles des fruits mûrs ; ils
s'écartent, au contraire, quand la pluie vient à les humecter. Ce
n'est donc que quand il pleut que la dissémination est possible,
et l'on voit que dans ces conditions l'ensemencement des graines
ne se produit que lorsque les circonstances
extérieures sont favorables à leur germi-
nation.

Plus souvent la dissémination des graines
n'est due ni à la déhiscence, ni à l'activité de
la plante elle-même : c'est le fruit qui, par
des dispositions spéciales, permet à diverses
forces extérieures d'agir sur lui et de l'entraîner au loin. Dans cette catégorie, la disposition la plus fréquente consiste en ce que
les fruits sont pourvus d'expansions plus ou
moins larges qui en augmentent la surface :

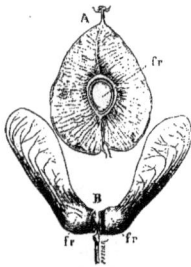

A, samare de l'orme; *fr,* région du fruit renfermant la
graine. — B, disamare de
l'érable; *fr,* région du fruit
renfermant la graine.

le vent peut alors agir sur eux et les transporter pour les disséminer (*fruits anémophiles*). C'est ainsi que le fruit de l'*orme* est
entouré de toutes parts d'une aile membraneuse très légère ; celui
de l'*érable* en possède une fort longue, seulement sur un de ses
côtés, et celui du *bouleau* en a deux latérales. Il ne semble pas
y avoir de doute, au vu de ces fruits, que leur appendice aliforme
n'ait pour but la dissémination par le vent. Il y a d'autres fruits
qui, pour des raisons inconnues d'ailleurs, n'ont pas eu la propriété
de se fabriquer une aile avec leur propre substance ; ils l'ont alors
empruntée à un organe voisin : ainsi a fait le *tilleul,* où l'organe
de dissémination est une bractée scarieuse, commune à l'inflores-
cence ; de même pour le *charme,* où il y a une large bractée à trois
lobes. Ces emprunts physiologiques ne sont pas rares. Et l'on peut
même dire que la nature, toujours fidèle à ses tendances écono-
miques, préfère souvent procéder à un emprunt physiologique
plutôt que de créer un organe nouveau.

Mais les exemples les plus curieux sont fournis par les plantes de l'immense famille des composées. Les fruits sont ici garnis à leur sommet de touffes de poils qui par leur réunion forment un petit parachute suffisant pour les maintenir pendant longtemps suspendus dans l'air ; tels sont, par exemple, le *chardon,* le *seneçon,* etc. Nous pouvons prendre comme type le pissenlit, que tout le monde connaît : ici, le fruit se prolonge à son extrémité supérieure par une longue épine qui se termine par un bouquet de poils blancs, soyeux, très allongés. Lorsque la ma-turité est arrivée, les poils s'écartent les uns des autres à la manière des baleines d'un parapluie que l'on ouvre ou d'un parachute qui se déploie. Et comme il y a un grand nombre de fruits dans chaque capitule, les poils, en s'étalant de la sorte, donnent à l'ensemble l'aspect d'une boule argen-tée : il n'est personne qui n'en ait vu dans les prés. Qui même, dans sa jeunesse, ne s'est amusé à souffler son haleine sur une de ses fragiles boules pour voir les légères aigrettes rester suspendues dans l'air et s'en aller

Le pissenlit. — M, capitule non épa-noui. — N, capitule épanoui, formé de fleurs toutes ligulées. — D, une feuille. — E, un akène isolé pourvu d'une aigrette pédicellée. — F, capitule mûr ; il porte encore trois akènes insérés sur le ré-ceptacle.

doucement au loin ? Dans les prés, les choses se passent de même : c'est l'air qui va entraîner cette pluie féconde vers des régions plus éloignées ; les poils étalés forment une sorte de para-chute lesté par le fruit. Et ce qui montre bien que le pissenlit a en quelque sorte conscience du rôle que doit jouer le vent dans la conservation de sa progéniture, c'est que le pédoncule est d'abord vertical pendant toute la durée de l'épanouissement du capitule, puis s'abaisse et se couche sur le sol pendant quatre ou cinq jours, pour laisser aux fruits le temps de mûrir, enfin se relève à nouveau afin de présenter ces derniers au vent qui doit les entraîner. Ce n'est pas encore tout : le pissenlit est une plante ter-restre ; que va-t-il arriver si les fruits, entraînés à l'aveuglette par le vent, tombent dans une rivière ou dans un lac ? S'ils vont au

fond de l'eau, ils ne tarderont pas à périr. Heureusement pour eux,
il ne va pas en être ainsi. Si, en effet, un fruit de pissenlit a le malheur de tomber à la surface de l'eau, les poils mouillés se rapprochent les uns des autres et en même temps emprisonnent une
bulle d'air qui, grâce à sa légèreté spécifique, sert de flotteur. Le
fruit, ainsi protégé, reste à la surface des ondes et ne tarde pas
à être poussé par le vent sur la rive, où il vient échouer et prendre
racine.

D'autres plantes arrivent au même but en utilisant les déplacements dont sont susceptibles les animaux. A cet effet, les parois
des fruits sont garnies de piquants, d'épines, de crochets, grâce
auxquels ils peuvent s'accrocher à la toison des animaux qui passent
en les frôlant. Ces fruits sont généralement désignés sous le nom
général de *zoophiles,* c'est-à-dire « qui aiment les animaux ». Ceux
qui sont adaptés à la dissémination par le vent sont dits *anémophiles.* Citons, dans la première catégorie, la *renoncule des prés,*
dont les fruits sont tout hérissés d'épines éminemment favorables
pour s'accrocher à la toison des moutons. Il est à remarquer à ce
propos que les autres renoncules n'ont pas de moyens de dissémination bien efficaces, mais compensent cette pénurie par la présence
d'un grand nombre de fruits. Il y en a une cinquantaine par chaque
fleur. Ici, au contraire, il n'y en a que quatre ou cinq. Évidemment,
la dissémination étant assurée, la plante n'a pas besoin d'une fécondité excessive pour se perpétuer. De même, le capitule de la *bar-
dane* est couvert de petits crochets recourbés à leur extrémité; ces
appendices s'accrochent énergiquement aux appendices pileux. Il
n'est enfin personne qui, en passant à côté d'un buisson, n'ait eu
ses vêtements couverts des fruits du caille-lait (*galium*) également
ment garnis de petits crochets.

On a remarqué que les plantes à fruits couverts d'épines et de
crochets sont toutes des plantes terrestres et dont la taille ne
dépasse pas un mètre vingt centimètres, c'est-à-dire précisément
la hauteur des animaux qui doivent faciliter la dissémination. Les
plantes aquatiques et les plantes terrestres de plus de un mètre
cinquante centimètres n'ont généralement pas de fruits épineux.

Dans les exemples qui précèdent, ce sont les *fruits* qui servent directement ou indirectement à la dissémination des *graines;* mais celles-ci peuvent être aussi pourvues d'organes spéciaux, destinés au même but. C'est ainsi que les graines des *saules* et des *peupliers* sont plongées dans des touffes de poils blancs et soyeux extrêmement légers, poils qui leur permettent d'être emportés par le vent à de grandes distances. En été, la chute de toutes ces graines se fait pendant un petit nombre de jours, et alors le sol et les objets voisins des peupliers sont littéralement couverts d'un linceul blanc comme de la neige.

La graine du *cotonnier* est aussi pourvue de longs poils ; ce sont ces filaments que l'homme recherche pour en fabriquer le coton.

D'autres graines sont garnies d'ailes : ces appendices servent sans aucun doute à donner prise au vent. En effet, Alphonse de Candolle a remarqué qu'on n'observe jamais de graines ailées dans les fruits qui ne s'ouvrent pas.

Les *erodium* méritent une mention spéciale. « Les graines, dit Lubbock, sont fusiformes, plus ou moins couvertes de poils, et se terminent par une sorte d'appendice, à base spiralée semblable à une moitié longitudinale de plume d'oiseau. Le nombre des spires dépend de l'état hygrométrique de l'atmosphère. Si l'on fixe ses graines verticalement, l'appendice s'enroule et se déroule suivant le degré d'humidité de l'air ; et on peut faire mouvoir l'extrémité de cet appendice sur un cadran gradué, absolument comme l'aiguille d'un hygromètre. La chaleur agit sur ces graines. Si maintenant on fixe l'extrémité supérieure de l'aigrette, la graine sera déplacée de haut en bas pendant le déroulement de la spirale, et, ainsi que l'a montré M. Roux, ce mouvement contribuera à enfoncer la graine dans le sol. Cette observation a été faite sur les graines de *l'erodium cicutarium,* qui sont d'une certaine grosseur. M. Roux a remarqué que si l'on place une de ces graines sur le sol, elle reste intacte tant que l'air reste sec ; mais si l'atmosphère devient humide, la partie effilée qui porte les poils de l'appendice se contracte, les poils de la graine se meuvent en éloignant leur extrémité de cette dernière, qui peu à peu est relevée verticalement, sa pointe demeurant fixée dans le sol. C'est alors que la base de l'aigrette

commence à se dérouler et à s'allonger ; si elle vient à rencontrer
quelque brin d'herbe ou quelque autre obstacle, son mouvement
de bas en haut sera entravé, grâce à la présence, à la disposition
de ses poils, et elle s'allongera alors en sens contraire, ce qui tendra
à dégager la graine du sol. Mais, comme l'a remarqué M. Roux,
l'aigrette, grâce à la disposition des poils, glissera facilement sur
l'obstacle, se raccourcira de haut en bas, et la graine proprement
dite ne sera pas déplacée. Quand l'atmosphère redeviendra humide,
la graine sera enfoncée un peu plus profondément dans le sol, grâce
au mécanisme que nous avons indiqué plus haut, et cela jusqu'à
ce qu'elle ait atteint une profondeur convenable pour son développement. »

Les erodium ne sont pas les seules plantes qui nous présentent
ces phénomènes. « Le *stipa pennata,* plante de l'Europe méridionale, ajoute le même auteur, nous offre un cas semblable. Cette
plante a été décrite par Vaucher, et plus récemment par Frank
Darwin. La graine est petite, munie de poils raides dirigés d'avant
en arrière, et son extrémité antérieure est effilée. Son extrémité
postérieure se prolonge en une longue partie spiralée, semblable
à un tire-bouchon, et se termine par un appendice ayant la forme
d'une longue plume d'oiseau. Le tout représente une longueur
supérieure à trente centimètres. Il est évident que l'appendice facilite la dissémination des graines par le vent. Lorsque ces dernières
tombent à la surface du sol, leur extrémité antérieure s'y fixe, et
elles restent dans cette situation si l'atmosphère n'est pas humide.
Mais s'il vient une ondée, ou s'il se produit un dépôt de rosée, la
spirale se déroule; et, comme dans le cas de l'erodium, l'extrémité
terminée sous une forme de plume rencontre ordinairement un brin
d'herbe ou un obstacle quelconque, qui l'empêche de se déplacer de
bas en haut. Puis, lorsque l'air perd de son humidité, les spires
deviennent plus serrées, et la graine est poussée peu à peu dans
le sol. »

Encore plus curieuses sont les graines de l'*oxalis.* Elles sont
enveloppées chacune d'une membrane élastique que, dans le langage descriptif, on nomme un *arillode.* Les graines tombent à
terre; mais, l'humidité les imprégnant, les arillodes gonflent et

finissent par être si bien distendus, qu'il se produit une rupture. C'est alors que les arillodes, se retournant brusquement, envoient comme avec un ressort les graines à deux ou trois mètres de là. On peut faire l'expérience en mettant des graines d'oxalis sur une feuille de papier et en projetant l'haleine dessus; on ne tardera pas à les voir toutes disparaître en sautant de toutes parts.

Beaucoup de graines possèdent une membrane très résistante, ne portant aucun appendice et servant cependant à leur dissémination. Voici comment : les oiseaux, les grives, les merles, les loriots, etc., sont très friands des fruits; ils dévorent, par exemple, ceux du *genévrier*, du *sorbier*, du *gui*, du *sureau*, du *lierre*, et de bien d'autres, qui contiennent une pulpe plus ou moins sucrée. Le fruit une fois avalé est digéré et absorbé; mais les graines qu'il contient, à cause de leur enveloppe protectrice, ne sont pas attaquées par les sucs digestifs. Elles traversent ainsi impunément le tube digestif de l'oiseau et

Gui, parasite sur une branche
de pommier.

sortent intactes avec les déjections, qui leur constituent un véritable engrais. Remarquons que ce mode de dissémination n'est pas un effet du hasard, et que la pulpe sucrée a été mise là dans le même but par la Providence. En effet, beaucoup de fruits, ceux surtout que l'on désigne sous le nom de *baies* (raisin) ou de *drupes* (cerise), accumulent dans leur péricarpe des quantités relativement considérables de matières de réserve, du sucre en particulier, et souvent aussi se recouvrent de brillantes couleurs (pêches).

Une remarque importante est à faire sur le même sujet : c'est que ce mode de propagation est indispensable pour certaines plantes, si nécessaire même que, presque seul entre tous, il permet à l'espèce de survivre. Ainsi, par exemple, le gui pousse, comme chacun sait, sur les branches des arbres. Si ses graines étaient confiées au vent, comme celles de tant d'autres plantes, il est évident qu'il faudrait un grand hasard pour qu'une graine de gui fût déposée sur une branche d'arbre et y restât. C'est là cependant une

condition *sine qua non* pour qu'elle puisse germer. Mais si une
grive avale une baie de gui, comme c'est l'habitude de cet oiseau,
il y a beaucoup de chances pour que les déjections de l'oiseau
soient déposées sur un arbre, avec les graines qu'elles renferment
et qui, grâce à la matière visqueuse qui les entoure, se collent sur
les écorces pour germer et donner un nouveau végétal. Et, à ce
propos, on peut aussi remarquer que si la grive rend de si bons
services à la plante, elle n'est pas payée de retour. En effet, l'oiseau
sert, sans le savoir, du reste, à la propagation de sa perte en semant
les graines du gui de tous côtés. Des graines naissent des pieds
nombreux portant des fruits en grande abondance. Or c'est avec
la pulpe visqueuse de ces fruits que l'on fabrique la *glu* utilisée
dans la chasse à la grive : Horace avait déjà mentionné cette coïncidence curieuse.

D'autres plantes parasites arrivent au même but par la simple
viscosité de leurs graines ; mais évidemment c'est un mode de dissémination qui est bien moins efficace que celui du gui. Et ce qui
le prouve bien, c'est que les plantes en question sont des raretés,
tandis que le gui est une plante vulgaire, trop vulgaire même.
L'*arceuthobium*, parasite du genévrier, lance ses graines à une
distance de plusieurs pieds ; la matière visqueuse qui les entoure les
fait adhérer aux écorces des arbres lorsqu'elles les rencontrent dans
leur projection.

Nous trouvons dans Lubbock deux exemples un peu analogues,
et si curieux, que nous tenons à donner tout entier le passage en
question. « Le docteur Watt a décrit une autre espèce, très
curieuse, qui appartient à la même famille (que le gui). Le fruit de
cette plante est encore formé par une pulpe visqueuse entourant
une seule graine. Lorsqu'il se détache de la plante, il adhère au
corps sur lequel il tombe. La graine germe, et la radicule, lorsqu'elle a atteint une longueur à peu près égale à vingt-cinq millimètres, élargit son extrémité en un disque aplati, puis se recourbe
jusqu'à ce que ce disque soit venu en contact avec quelque objet
voisin. Si les conditions sont favorables, la plante se développe ;
dans le cas contraire, la radicule se redresse, détache la baie visqueuse de l'endroit où elle s'était fixée et l'élève en l'air ; puis elle

se recourbe de nouveau et vient faire adhérer la baie avec un autre corps. C'est alors que le disque se détache à son tour de l'endroit où il était fixé, et est porté, grâce à la courbure de la radicule, à une autre place où il se fixe de nouveau. Le docteur Watt prétend avoir vu ce fait se produire plusieurs fois. Les jeunes plantes semblent choisir l'endroit où elles se développeront. Il arrive souvent qu'elles quittent les feuilles sur lesquelles les fruits étaient tombés et viennent se fixer sur l'écorce d'une branche. — Sir John Hooker a décrit un autre genre intéressant, appartenant toujours à la même famille, le *myzodendron,* parasite du hêtre. Le myzodendron croît à la Terre de Feu. Ses graines ne sont pas entourées d'une substance visqueuse; mais elles possèdent quatre prolongements aplatis et flexibles, grâce auxquels elles peuvent être transportées, par le vent, d'un arbre à l'autre. Dès qu'elles rencontrent un petit rameau, leurs appendices l'entourent, et elles se trouvent ainsi fixées. — Les graines d'un grand nombre de végétaux épiphytes sont très petites et très nombreuses. Grâce à cela, elles sont aisément transportées par le vent d'un arbre à l'autre, et comme le végétal auquel elles adhèrent leur fournit toute la nourriture nécessaire pour leur développement, il est inutile qu'elles possèdent leurs réserves alimentaires emmagasinées dans leur propre substance. De plus, la petitesse de ces graines leur est avantageuse, car elle leur permet de pénétrer dans les crevasses les plus étroites de l'écorce. » Ainsi se trouve rachetée en partie la disposition défectueuse des végétaux épiphytes, qui sont, c'est le cas de le dire, comme l'oiseau sur la branche, avec cette différence qu'ils ne peuvent pas se déplacer.

D'autres animaux que les oiseaux servent encore à la propagation des graines. Tel est l'écureuil, qui accumule dans des trous les graines de nombreuses plantes. Tels sont aussi le hamster et le mulot, qui agissent de même.

Mais c'est surtout l'homme qui contribue le plus à la dissémination des graines ; cela est une bonne fortune pour les plantes, mais non voulue par elles : l'homme est de date trop récente sur la terre pour que les plantes aient pu s'adapter spontanément à lui. Les bateaux amènent souvent dans nos pays des graines de plantes

exotiques, et lorsque celles-ci trouvent des conditions favorables
d'existence, elles se développent, se multiplient et finissent par
s'implanter dans le pays. C'est ainsi qu'il y a une centaine d'années
des graines d'une mauvaise herbe du Canada, l'*erigeron cana-
dense,* ont été apportées par un bateau en France, où cette plante
était complètement inconnue. Depuis cette époque cette mauvaise
herbe, considérablement multipliée, est devenue l'une des plantes
les plus communes de nos prés et de nos terres incultes. Les
chemins de fer et les divers moyens de transport sont aussi de
puissants agents de dissémination. Quant à la propagation *voulue*
par l'homme, elle est trop considérable et trop connue pour que
nous en parlions ici.

Un puissant moyen de dissémination nous est encore fourni par
l'élément aquatique ; mais il y a lieu de se demander s'il s'agit ici
d'un pur hasard ou si les fruits sont vraiment adaptés à l'élément
aquatique. Cependant on a signalé des cas où des cocos, ayant été
transportés par l'eau, avaient une structure plus spongieuse que
ceux de l'intérieur des terres, de même que d'autres fruits (fenouil)
avaient la forme de barques... Mais ce sont sans doute là des vues
de l'esprit. Contentons-nous de remarquer que très souvent les
graines sont transportées par l'eau. C'est ainsi que constamment
sur les côtes de Malabar, ainsi que sur celles des îles de la Malaisie,
viennent s'échouer d'énormes cocos de vingt-cinq kilogrammes.
On les a pris longtemps pour des fruits de plantes aquatiques. Il
n'en est rien : ce sont des fruits d'un palmier (*lodoicea*) qui croît
aux Seychelles. Ce sont les courants marins qui les amènent dans
les Indes. — De même, le savant botaniste Hooker a calculé qu'un
courant marin avait transporté cent quarante-quatre espèces de
plantes de l'isthme de Panama aux îles Galapagos. Si les graines
en question sont vraiment adaptées au transport par les courants
marins, elles doivent supporter sans dommages le contact de l'eau
de mer. Darwin et Martins se sont occupés de cette question. Le
premier de ces deux expérimentateurs mit quatre-vingt-sept
espèces de graines dans l'eau de mer ; vingt-huit jours après,
soixante-quatre avaient conservé leur pouvoir germinatif. La propriété de supporter l'eau de mer est variable avec la famille à

laquelle elles appartiennent : les légumineuses, les hydrophyl-
lacées et les polémoniacées résistent très mal. Les petites graines
tombent ordinairement au fond de l'eau ; quelques-unes cependant
surnagent après avoir été séchées. Mais ce sont surtout les gros
fruits qui peuvent flotter beaucoup plus longtemps que les petits.
Et ce fait est plein d'intérêt, puisque les plantes à grosses graines
ou à gros fruits ne peuvent guère être dispersées par d'autres
moyens. L'homme et les courants marins sont donc deux moyens
accidentels de dissémination. On peut citer dans le même ordre
d'idées les oiseaux qui emportent, attachées à leurs pattes, des
boulettes de terre où peuvent se trouver des graines. Les glaciers
peuvent agir de la même façon en transportant des graines comme
des blocs erratiques.

XIII

LES ENNEMIS DE L'HUITRE

Il serait difficile de trouver, de par la création, un animal aussi débonnaire et aussi bon enfant que l'huître. Fixée à son rocher, elle ne fait de mal à personne et se contente d'absorber les quelques particules organiques que le flot lui apporte. Malgré ces qualités, l'huître est en butte à une multitude d'ennemis qui ne songent qu'à sa perte et, de ce fait, causent de grands ennuis aux ostréiculteurs. Nous allons donner quelques renseignements sur ce sujet peu connu, et qui intéresseront sans doute au moment où ces délicieux mollusques sont servis sur nos tables, à la jubilation des gourmets. Je les ai récoltés au cours de visites à de nombreux parcs ostréicoles.

Le duel est surtout engagé entre l'huître et une sorte de colimaçon marin, le *bigorneau perceur,* qui a, hélas! tous les avantages de son côté. Rampant sur son ventre comme l'escargot, il se promène à la surface des bancs, *quærens quem devoret.* Quand il a rencontré une huître à sa convenance, il ne va pas commettre la faute de chercher à s'introduire entre les deux valves de l'huître. Celle-ci, en se contractant, aurait vite fait de le couper en deux. Il s'installe au beau milieu d'une valve, sort une trompe relativement longue et, grâce à la râpe qu'il y a au bout, se met en devoir de percer la coquille. Ce n'est pas là, on le comprend, une opération des plus faciles, mais qui va encore plus vite qu'on ne le croirait, étant données la dureté de l'objet à percer et la mollesse de l'instrument. L'huître de trois ans est percée par eux en huit heures, et il ne faut qu'une demi-heure à un bigorneau adulte pour percer la coquille d'une huître d'un mois. Le trou une fois achevé, le bigorneau introduit sa trompe par l'orifice et suce l'huître qui n'en peut mais.

Ce sont surtout les jeunes bigorneaux qui sont à redouter, car

Groupe d'huîtres.

ils s'attaquent aux toutes jeunes huîtres, au *naissin*, et, doués d'un appétit formidable, y causent des ravages énormes.

On a cherché un grand nombre de moyens pour détruire ces animaux, mais aucun d'eux n'a donné de bons résultats. Celui qui a le mieux réussi, et qui est seul pratiqué aujourd'hui, rappelle un peu le procédé qui consiste à attraper des oiseaux en leur déposant un grain de sel sur la queue. On ramasse les bigorneaux à la main, au moment de la basse mer, et, pour se venger d'eux, on les mange à la croque au sel, après les avoir fait cuire. C'est surtout en mars et en avril que l'on se livre à cette chasse ; c'est le moment où les

effluves printaniers tournent la tête aux bigorneaux et leur font
perdre toute prudence. En même temps qu'on récolte les adultes,
on détruit les pontes, qui se montrent à la surface des coquilles
sous forme de capsules jaunâtres ressemblant à de petites bou-
teilles.

Grâce à une attention incessante, on arrive à sauver des bancs
entiers qui, sans cette précaution, auraient été anéantis. C'est

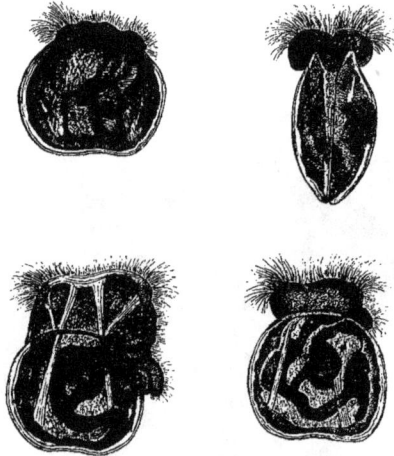

Naissain de l'huître vu de divers côtés.

ainsi que l'on a pu régénérer les parcs de la baie de Bourgneuf,
que les bigorneaux avaient complètement détruits.

Deux autres mollusques, le *courmailleau* et la *pourpre* agissent
comme les bigorneaux, mais sont, heureusement, moins prolifiques
qu'eux. On les détruit d'ailleurs en même temps et de la même
façon que ces derniers.

Les *étoiles de mer* constituent aussi un fléau redoutable.
A priori, on ne voit pas comment cet animal à cinq bras et dépourvu
de dents peut arriver à dévorer une huître enfermée dans ses valves
puissantes, qu'il nous est si difficile d'écarter même avec un couteau résistant. Mais la nature est fertile en ressources. Les étoiles
de mer, — du moins certaines espèces, — jouissent de la propriété
singulière de pouvoir renverser complètement leur estomac au

dehors sous forme d'une fine membrane, véritable filet qui englobe les animaux dont les astéries font leur nourriture. De ce nombre sont les huîtres. L'estomac s'infiltre entre les deux valves de la coquille et va digérer l'animal intérieur tout vivant. Avouez que vous n'auriez pas trouvé cela !

De même, les *crabes* font une chasse enragée aux huîtres. Doués de pinces d'une force remarquable, ils arrivent à briser le bord de la coquille, là où les deux valves s'appliquent l'une sur l'autre et sont relativement friables. Quand ils ont créé une petite brèche, ils y introduisent soit leurs pinces, soit leurs autres pattes, et arrivent à grignoter quelques parcelles de la bête. Bientôt l'huître finit par mourir, et les deux valves bâillent. C'est le moment qu'attend le crabe pour pénétrer dans la demeure et dévorer son contenu.

Astérie violette.

Certains crabes sont même assez habiles, paraît-il, pour attendre qu'une huître bâille d'elle-même pour se faufiler rapidement à l'intérieur et tuer l'animal. Mais comment se fait-il que le porte-cuirasse ne soit pas écrasé? Mystère et voracité !

Il n'y a pas jusqu'aux vers marins qui n'envahissent souvent les bancs d'huîtres et n'y causent des perturbations, soit en détournant une partie de leur nourriture, soit en pénétrant à l'intérieur des coquilles, — ainsi qu'il est souvent facile de le constater en les dégustant, — et en troublant ainsi leur existence. Heureusement ce sont là des cas plutôt accidentels, mais qui n'en sont pas moins meurtriers. C'est ainsi que des vers du nom de *hermelles* ont un beau jour envahi le banc de la Rage, dans la baie de Cancale, et l'ont si bien détruit qu'aujourd'hui il n'en reste plus trace, et que le service hydrographique a depuis donné à cette région le nom de *banc des Hermelles*.

Quant aux *moules* et aux *ascidies,* bien que n'y mettant aucune méchanceté, elles peuvent causer de grands dégâts dans les bancs où elles viennent s'établir, en répandant sur eux de la vase qui finit par les étouffer. Il y a incompatibilité d'existence entre les moules et les huîtres.

Ainsi que le dit M. Roché, inspecteur des pêches maritimes, dans son beau livre sur *la Culture des mers*, certaines plantes marines peuvent aussi constituer, par leur développement dans les parcs ou sur les bancs, des dégâts à l'industrie huîtrière. Certaines, telles que les ulves, se fixent et se développent sur les coquilles des huîtres. Indépendamment de ce que les touffes de ces algues, acci-

Crabe.

dentellement entraînées par les flots, peuvent faire perdre les huîtres sur lesquelles elles se sont attachées, elles ont encore l'inconvénient d'amener une précipitation des vases, en suspension dans l'eau, sur les mollusques qu'elles recouvrent. Elles s'opposent de plus à ce que les courants de marées débarrassent les huîtres de la vase organique qu'elles ont excrétée autour d'elles par leur fonction filtrante propre. Les conferves forment souvent dans les parcs et claies des couches assez touffues pour entraver l'industrie ostréicole. C'est ainsi que ces algues tapissent d'un léger duvet vert les

coquilles des huîtres parquées. Puis leurs filaments s'accroissent,
et, en s'enchevêtrant les uns les autres, finissent par former bientôt
des touffes auxquelles on a donné le nom de « matelas ». De même
que les ulves ou « choux verts », comme les pêcheurs les appellent,
entraînent avec elles des huîtres, quand les flots les emportent, de
même le matelas des conferves enlève dans le réseau inextricable
de ses filaments les mollusques sur lesquels il a poussé.

Pour détruire toutes ces algues, on met dans les parcs des

Moules.

mollusques des *littorines* qui les mangent,... et que l'on mange
ensuite quand elles sont bien engraissées.

Les huîtres sont encore en butte à d'autres ennemis qui, bien
que peu visibles au dehors, n'en sont pas moins redoutables. Je
veux parler de diverses maladies dont elles sont parfois atteintes.
L'une d'elles, la *maladie du pied*, se rencontre une fois sur douze
dans le golfe de Gascogne. D'après M. Giard, professeur à la Sor-
bonne, qui l'a étudiée à fond, elle est due à un champignon qui se
développe dans le muscle réunissant les deux valves, — cette partie
si agréable au goût. Il se forme là, au milieu des fibrilles musculaires, des sortes de stalactites de consistance cornée qui en gênent
singulièrement la contraction. Il en résulte que l'huître finit par
bâiller constamment, ce qui la met à la merci des ennemis dont
nous parlons plus haut. De plus, si on la transporte, l'eau intérieure s'écoule et elle se dessèche. A part cela, la maladie du pied

7

de l'huître ne nuit en aucune façon à sa salubrité; elle ne fait qu'entraver sa nutrition.

Cette maladie paraît relativement récente. Il n'en est pas de même du *typhus*, qui est connu depuis fort longtemps, ce qui n'empêche que sa véritable nature n'est pas encore bien déterminée. « C'est à la surface externe de la coquille, dit M. Roché, que se manifestent les premiers symptômes du typhus. La pousse ou l'accroissement, en largeur et en épaisseur, des valves s'arrête; en même temps, les lames calcaires déjà formées semblent se cliver. Elles deviennent ternes, d'une couleur jaunâtre, et s'effritent sous le contact du doigt. La surface interne des valves, qui est nacrée sur des animaux bien portants, prend une teinte d'abord bleu clair, puis noir bleuâtre. Le corps de l'animal, bien que conservant une couleur blanche, est amaigri, plus ou moins gélatineux, diaphane, et, au goût, il offre une saveur nauséeuse très prononcée. »

Si vous êtes amateur de choses à découvrir, je vais vous indiquer un petit problème à résoudre. Vous avez certainement remarqué qu'en mangeant des huîtres, il arrive parfois que le couteau perce la coquille et met à nu un liquide dégageant une odeur désagréable. Demandez à cent personnes à quoi cela est dû, quatre-vingt-dix-neuf vous répondront que « ce sont les water-closet de l'huître ». C'est évidemment absurde. En réalité, l'huître ainsi nauséabonde est atteinte de la maladie du *chambrage*, dont les causes et le mode d'apparition sont inconnus. Peut-être peut-on l'expliquer par un apport accidentel de vase que l'animal aurait recouvert d'une couche de nacre ?

Enfin, la dernière maladie à signaler porte le nom singulier de *pain d'épice*, en raison de l'apparence de la coquille, qui apparaît poreuse et tomenteuse. L'organisme à qui doit être imputé cet état pathologique est une éponge du doux nom de clione. En un rien de temps, elle se développe sur les coquilles et les perfore de manière à en faire une véritable bouillie.

Ah ! l'espèce humaine, quoi qu'elle en pense, n'est pas seule à avoir des ennuis !

XIV

CE QUE FONT LES ANIMAUX QUAND IL FAIT FROID

« Chauds les marrons ! » Voici l'hiver, le triste hiver, avec tout son cortège de froidure, de vents glacials, de neige et de mauvais temps ! Et pourtant, dans nos grandes villes, c'est comme un réveil de notre activité qui semble avoir disparu avec les grandes chaleurs et les fugues sur le littoral. Les lycées ont rouvert leurs portes, et les « potaches » remplissent les rues de leur gaieté exubérante. Les théâtres, les cafés-concerts attirent tous les soirs une foule de gens avides de plaisirs; les bals vont commencer à faire fureur, et bientôt va venir le temps de carnaval avec ses sauteries et ses débauches de mascarades et d'étourdissements. C'est certainement pour nous l'époque où l'activité est le plus intense, tant au point de vue du travail qu'à celui du plaisir.

Mais combien les choses changent lorsqu'on considère la nature « non civilisée » ! Ce n'est partout que désolation et misère. Que sont devenus les jolis oiseaux, qui tantôt égayaient les bois de leurs gazouillis et de leurs poursuites amoureuses? Et les myriades d'insectes, qui naguère encore bourdonnaient joyeusement dans l'air, sont-ils donc morts, disparus à jamais? L'arbre a-t-il péri avec la chute de ses feuilles? Les plantes basses sont-elles toutes détruites? Les rares animaux que l'on rencontre ont un air éploré et cherchent partout des victuailles qu'ils ne trouvent qu'avec peine. Et cependant, au premier printemps, tout reviendra comme l'année passée; l'hirondelle reparaîtra sur le toit hospitalier, le grillon fera retentir les champs de son cri-cri joyeux, et la marguerite et le coquelicot épanouiront encore leurs jolies fleurs avec lesquelles les amoureux feront des bouquets... Qu'est donc devenue la vie de tous ces êtres pendant l'hiver? Où se sont cachés les animaux? Où se trouvent les plantes?

Telles sont les questions que nous allons examiner.

Commençons par les grosses bêtes, les mammifères. Et avant d'examiner ce qui se passe dans nos parages, voyons d'abord les changements que l'hiver apporte dans les régions tout à fait septentrionales du globe, dans les régions polaires. Dans ces contrées, comme l'on sait, il y a pendant presque toute l'année des glaces et des neiges que les pâles rayons du soleil n'arrivent à fondre qu'en partie. Aussi l'hiver ne marque-t-il pas là, comme chez nous, un contraste très grand avec les conditions climatériques de l'été; la température devient un peu plus basse et les neiges sont plus abondantes, c'est tout ce que l'on observe. Au pôle, l'hiver n'amène donc pas de changements aussi considérables que dans nos pays. Mais ces modifications, quoique d'un autre ordre, n'en sont pas moins intéressantes à signaler.

Dans les régions polaires, les animaux de beaucoup les plus communs sont des grands mammifères, tels que les ours blancs, les rennes, les renards bleus, les phoques, les otaries, etc. Quand arrive la période des grands froids, ces bêtes ne s'engourdissent pas et continuent à vivre comme si de rien n'était; mais on peut observer dans leur pelage des changements très manifestes. Les poils qui les recouvrent augmentent beaucoup de longueur, tandis qu'entre eux en naissent d'autres plus petits, très nombreux, serrés les uns contre les autres. Il se fait ainsi une toison extrêmement fourrée, destinée à protéger l'animal contre le froid extérieur, et

surtout à empêcher la déperdition de la chaleur interne. Les Esquimaux, chasseurs pour la plupart, connaissent bien cette particularité, et savent que c'est à cette époque qu'ils récolteront les plus

Désert de glace.

belles fourrures, destinées à emmitoufler le minois de nos petites
Parisiennes.

Ces faits s'observent surtout chez les mammifères qui habitent
spécialement la terre ou plutôt la glace. Les phoques, qui vivent
presque constamment dans l'eau, se protègent contre la déperdi-

tion de chaleur par un autre procédé : ils mangent énormément, et cette nutrition surabondante a pour effet de développer, au-dessous de leur mince épiderme, une couche de graisse, matière qui, comme on sait, est très mauvaise conductrice de la chaleur. Cette graisse est, soit dit en passant, très utile aux Esquimaux, qui l'emploient à toutes sortes d'usages, soit pour se nourrir, soit pour s'éclairer.

Souvent aussi, en même temps qu'elle devient plus épaisse,

Phoque.

la toison change de couleur. Telle est, pour ne citer qu'un exemple, celle du renard bleu ou isatis, qui pendant l'été est grisâtre ou couleur de terre, tandis qu'en hiver elle devient blanche, ou plutôt bleuâtre comme la glace. C'est là évidemment un cas d'adaptation protectrice de la teinte au milieu.

Le froid peut agir aussi d'une autre façon, en augmentant l'instinct de sociabilité des espèces. C'est ainsi que les rennes sauvages, qui pendant l'été ne forment que des sociétés d'une trentaine de têtes, se réunissent en hiver en grand nombre, trois à quatre cents individus parfois. Tous ensemble ils se réfugient dans les forêts, et, paraît-il, entourent leur retraite de remparts de neige, qui en font une véritable forteresse. Nuit et jour des sentinelles veillent à l'approche des loups, qui au moindre signal sont repoussés à coups de cornes.

Chez nous les rongeurs, quoique souffrant du froid, trouvent plus facilement leur nourriture que les carnassiers. Le lièvre commun agrandit un peu son terrier, de manière à devenir presque invisible à la vue. En été, il tourne sa tête vers le sud, tandis qu'en

Otarie.

hiver il la tourne vers le nord. Il sort de son gîte, surtout la nuit, pour aller grignoter les quelques plantes qui restent encore sur la terre. Quand il neige beaucoup cependant, il se laisse bloquer, et ne sort que lorsque le mauvais temps a cessé.

Le lièvre variable, qui habite les Alpes, est intéressant à signaler, parce qu'il présente un changement de robe analogue à ceux que l'on observe dans les régions polaires. « Au mois de décembre, raconte Tschudi, lorsque toutes les Alpes sont ensevelies sous la neige, le lièvre des Alpes est aussi blanc que la neige qui l'entoure;

la pointe de ses oreilles est la seule partie de son corps qui reste noire. Le soleil du printemps apporte au mois de mai d'intéressants changements dans la couleur de son pelage. Son dos commence à devenir gris, et les poils gris deviennent de plus en plus abondants au milieu des poils blancs de ses flancs. Au mois d'avril, il est irrégulièrement tacheté. De jour en jour, le gris brun prend le dessus sur le blanc, et dès le mois de mai notre lièvre est devenu

Intérieur d'une hutte d'Esquimaux.

d'un gris brun uniforme. En automne, dès les premières neiges, des poils gris apparaissent parmi les bruns ; mais comme dans les Alpes l'hiver s'établit plus vite que le printemps, ce changement de couleur est plus tôt terminé et a lieu en quelques semaines, du commencement d'octobre jusqu'au milieu de novembre. Au moment où les chamois prennent un pelage plus foncé, leur compatriote, le lièvre, devient donc blanc. »

Les lièvres et les lapins, pour trouver de quoi vivre, sont obligés de sortir de leur terrier, et par suite d'être en butte à la rigueur du froid, à la dent du loup ou la balle du chasseur. D'autres rongeurs, plus prévoyants, se nourrissent de matériaux qu'ils ont eu

soin d'accumuler, pendant la belle saison, dans une cachette spéciale. Le gentil écureuil, par exemple, n'est pas en effet aussi fou et
aussi peu soucieux de l'avenir qu'on pourrait le croire, lorsqu'on
le voit sauter de branche en branche comme un petit écervelé. A
la fin de l'été, quand la nourriture est abondante, il récolte avec
soin les graines, les bourgeons, les cônes de pin, les baies, les
jeunes pousses, et les accumule dans diverses cavités naturelles,

Écureuils communs d'Europe.

telles que troncs d'arbres ou des creux de rochers; il prend la précaution de ne pas mettre tous les œufs dans le même panier, ce
qui est un instinct remarquable. Très sensible aux moindres changements de température, dès les premiers froids il se retire dans
son nid, en bouche soigneusement l'entrée et s'endort. Quelquefois les écureuils se réunissent à plusieurs, et chacun bénéficie de
la chaleur commune. Ils dorment; mais le vieil adage : *Qui dort
dîne,* n'est pas toujours exact, et l'écureuil ne tarde pas à souffrir
de la faim. C'est alors que le petit animal sort, va chercher avec
une sûreté remarquable les graines et les bourgeons amassés, s'en
nourrit et revient de nouveau dans son nid. Ce manège est très

peu pratique, et pour peu que l'hiver soit rigoureux et que la neige tombe beaucoup, la plupart des écureuils ne peuvent se rendre à leurs provisions et périssent en foule.

Les psammomys, eux, accumulent les provisions dans leur propre demeure. Ils récoltent les épis des céréales et en remplissent leur terrier souterrain. Le dommage qu'ils causent ainsi aux cultivateurs est très sensible. Il est vrai qu'ils sont utiles, sans le savoir d'ailleurs, aux pauvres gens qui en hiver trouvent dans leurs nids une abondante moisson. Dans un espace de moins de vingt pas, on peut parfois récolter plus d'un boisseau de graines.

Le hamster va nous montrer une sorte de passage entre les animaux qui vivent des récoltes faites avant la mauvaise saison et les animaux hibernants. Le hamster fait aussi provision de grains; mais il ne prend de l'épi que la partie comestible, et construit des greniers distincts de son logis. « Chacun d'eux, dit F. Houssaye, possède un terrier composé d'une chambre de repos, autour duquel il en creuse une ou deux autres, communiquant avec la première par des couloirs, et destinées à servir de greniers. Même les vieux, plus expérimentés, préparent quatre à cinq de ces magasins. La fin de l'été est leur saison de travail. Ils se répandent dans les champs d'orge et de blé, inclinent les tiges de céréales avec les pattes antérieures, puis coupent l'épi avec les dents. Cela fait, ils se mettent en devoir de battre leur blé, c'est-à-dire de séparer les grains d'avec la paille, en tournant et retournant l'épi avec leurs pattes. Les grains sortis, ils les empilent dans leurs joues, et les transportent ainsi dans une des chambres dont nous avons parlé plus haut, puis reviennent au champ qu'ils exploitent, et continuent ces divers travaux jusqu'à ce qu'ils aient terminé la réserve projetée pour l'hiver. » Cela fait, le hamster se fabrique un petit lit douillet, s'enroule sur lui-même et s'endort comme un bienheureux, après avoir eu soin de se gorger de nourriture. Il reste ainsi sans bouger pendant fort longtemps; mais il se réveille de temps à autre pour aller manger ses provisions, ou même, paraît-il, pour aller courir les champs, lorsque le temps le permet.

En hiver, les carnassiers ne présentent pas de modifications bien sensibles. Ils continuent à mener leur existence vagabonde, mais ils souffrent beaucoup. La nourriture devenant excessivement rare, ils deviennent d'une très grande férocité. Les loups, par exemple, qui vivent en temps ordinaire au fond des bois, et qui alors se contentent pour nourriture de petits mammifères, pendant l'hiver se rapprochent des habitations et s'attaquent à l'homme qu'ils rencontrent. L'expression : « La faim fait sortir le loup du bois, » est très connue. En général, l'été, les loups vivent isolés ; mais l'hiver ils se réunissent en bandes plus ou moins nombreuses, et, sachant que l'union fait la force, ils n'hésitent pas à parcourir les villages en portant partout la désolation et la mort.

Bien plus curieuse encore est la vie que mènent un très grand nombre de mammifères qui, en raison des particularités dont nous allons nous occuper, ont reçu le nom d'animaux hibernants. La grande majorité des insectivores, tels que les hérissons et les chauves-souris, ainsi que beaucoup de rongeurs, tels que les marmottes et les loirs, se cachent pendant l'hiver dans des retraites quelconques, et là dorment profondément durant toute la saison froide. Le phénomène si curieux de l'hibernation a été particulièrement étudié chez la marmotte. Cet animal vit dans les montagnes, à environ trois mille mètres d'altitude, et dans des régions froides, où l'hiver dure au moins sept mois et souvent plus. Il faut donc que, pendant les quatre ou cinq mois d'été, le rongeur fasse une ample provision de nourriture qui s'accumulera dans ses tissus sous forme de graisse, substance qu'il utilisera pendant l'hiver. A cet effet, la marmotte se met

Marmottes.

en quête d'herbes nourrissantes et en absorbe des quantités considérables. Le repas achevé, elle va boire un peu et faire sa sieste à l'abri d'un rocher ou d'un sapin. Elle ne tarde pas à se réveiller et à engloutir de nouveau un repas succulent de racines. On comprend facilement qu'à ce régime l'embonpoint devienne de plus en plus considérable : ce n'est plus un animal, c'est une vraie boule de graisse; on en a trouvé, paraît-il, qui pesaient jusqu'à dix kilogrammes. Vers le commencement de l'automne, elle fait des siestes de plus en plus prolongées, pour enfin s'endormir profondément dans un creux de rocher. Elle reste ainsi sans bouger; mais ce qu'il y a de curieux, c'est que tous les quinze jours environ elle s'agite légèrement, se soulève sur ses pattes, et, toujours endormie, va déposer ses déjections et son urine dans un coin de son repaire, toujours le même.

Pendant qu'elle reste ainsi immobile, la marmotte réabsorbe la graisse accumulée dans ses tissus. On la voit maigrir petit à petit, mais moins encore qu'on pourrait le croire, car elle ne perd pas plus de trois cents grammes de son poids pendant l'hibernation. Si la marmotte peut se contenter d'une aussi faible quantité de nourriture, c'est que sa force vitale est beaucoup diminuée. Le cœur bat beaucoup moins vite, et la chaleur devient très faible. En un mot, le mammifère est ramené à un état voisin de celui des animaux à sang froid, tels que les grenouilles et les serpents. Or l'on sait que ces animaux supportent très facilement un jeûne prolongé. En même temps, les marmottes présentent une insensibilité remarquable : c'est ainsi que l'on peut leur piquer la tête sans qu'elles manifestent la moindre douleur. L'engourdissement débute par le train de derrière, pour finir par la tête; au réveil, c'est l'inverse.

Les loirs agissent de la même façon. Qui ne connaît l'expression : « dormir comme un loir? »

Les chauves-souris se réunissent généralement en grand nombre dans des grottes ou dans des clochers, et se suspendent aux aspérités des parois par un ongle dont leur aile est pourvue.

Les taupes se cachent dans la terre et s'endorment profondément.

Parmi les carnassiers, on rencontre aussi quelques animaux présentant le sommeil hibernal. L'ours brun, par exemple, passe l'hiver endormi dans des trous qu'il a préalablement creusés dans la terre ou dans des creux d'arbres naturels. Il rembourre son gîte en amassant grossièrement des détritus de plantes, de la mousse, des branches, etc. Les chasseurs, dans l'Amérique du Nord, profitent de ce fait pour s'emparer facilement de ces ours, qui, plongés dans le sommeil, ne se défendent que faiblement. Le sommeil hibernal de l'ours n'est pas aussi profond que celui de la marmotte. Aussitôt que le froid diminue, les ours sortent de leur tanière et vont chasser. Ils y reviennent et s'endorment dès que la froidure reprend.

La plupart des reptiles de nos pays s'endorment aussi du sommeil hibernal. Les lézards sont très frileux. Dès la première brise fraîche, ils rentrent dans leur trou. Il paraît que les lézards âgés hibernent plus tôt que les jeunes. Ils dorment les yeux fermés et la bouche ouverte. Les serpents agissent de même; il est à noter cependant que les vipères se réunissent à plusieurs, jusqu'à trente quelquefois, pour hiberner dans un tronc d'arbre, enroulées les unes autour des autres comme un peloton de ficelle embrouillé. Leur sommeil n'est pas profond, et il faut en être prévenu; car, pour peu qu'on les excite, elles ne se font pas faute de mordre leur gêneur.

Les batraciens, qu'ils soient aquatiques ou terrestres, viennent déposer dans l'eau leurs immenses cordons glaireux d'œufs, puis pour la plupart meurent. Quelques-uns cependant hibernent enfouis dans le sol, sous la mousse ou dans des troncs d'arbres. Leur résistance au froid est considérable; on cite des grenouilles qui sont restées longtemps prises dans des blocs de glace, et qui se sont mises à sauter dès que la glace a été fondue.

Les poissons ne semblent pas se préoccuper beaucoup de l'hiver. Dans les eaux douces, quand la surface est gelée, ils descendent plus bas, où la température est plus clémente. Ils résistent très bien aux froids rigoureux, ainsi que M. Pictet l'a montré récemment. Certains poissons, si l'on en croit Gunther, hibernent, cessent de manger, se retirent dans des trous et s'endorment.

Les limaces s'enfoncent dans le sol, les escargots font de même, mais sécrètent une membrane protectrice calcaire, qui les protège du froid. Ils restent ainsi cachés dans le sol tout l'hiver, à une profondeur plus ou moins grande.

Sur le bord de la mer, la température de l'eau varie très peu, grâce à une agitation perpétuelle et aux courants qui viennent la renouveler. Aussi les animaux marins ne s'aperçoivent-ils presque pas de l'hiver. Leur vitalité est bien un peu affaiblie, leurs mouvements sont bien un peu plus lents; mais ce sont là des modifications peu importantes et d'ailleurs mal connues.

Les oiseaux se comportent d'une manière tout à fait spéciale.

Peu d'entre eux restent en hiver dans les régions qu'ils ont habitées en été; il en est cependant. Les uns, comme les pies, les corbeaux, les roitelets, les coqs de bruyère, se protègent de la perte de chaleur par une augmentation de nourriture; les autres descendent des montagnes sur les versants opposés au soleil, à l'exemple des pinsons et des grives; d'autres enfin, les rouges-gorges et les moineaux, par exemple, se réfugient dans les jardins, dans les fermes ou dans les villes.

Mais la grande majorité d'entre eux, au moment de l'hiver, s'éloignent des endroits où ils ont passé la saison chaude pour se rendre dans des régions plus méridionales. Qui n'a regardé d'un œil mélancolique le départ des hirondelles, nous faisant présager d'une manière certaine l'arrivée de l'hiver, à nous pauvres bipèdes, qui voudrions bien les suivre? Plus de la moitié de nos oiseaux d'Europe nous quittent au moment de l'automne; de ce nombre sont surtout les oiseaux chanteurs, dont la complexion trop faible ne peut supporter le froid, et les oiseaux aquatiques, que la glace force à émigrer. Quelques-uns, comme les bécasses, voyagent seuls ou par paires. Le plus grand nombre émigrent en troupes plus ou moins nombreuses.

Les cigognes, par exemple, à l'automne se réunissent sur le bord d'un marécage, claquent du bec et s'élèvent toutes ensemble à une grande hauteur, tournoient un instant, comme si elles quittaient leurs nids avec regret, et enfin s'en vont, tournées vers le sud. Elles se placent en coin, disposition éminemment pratique

pour fendre l'air. La cigogne qui est en avant, à l'extrémité du V,
effectue évidemment un travail beaucoup plus considérable que les
autres; aussi, dès qu'elle est fatiguée, elle se rend à la queue, remplacée de suite par une de ses sœurs.

Les hirondelles voyagent aussi en bandes nombreuses. Il est
remarquable qu'au printemps les hirondelles ne reviennent pas en

1. Martinet d'Europe.   2. Hirondelle de cheminée.

troupes. Elles voyagent seules ou par couples; on les voit arriver
petit à petit.

En France, ce sont les martinets qui partent les premiers, au
commencement d'août; ensuite viennent les coucous et les cailles.
En septembre, ce sont la plupart des oiseaux chanteurs qui nous
quittent. Puis c'est le tour des hirondelles, et enfin celui des
alouettes et des grives.

Où vont les oiseaux migrateurs? Nous l'ignorons pour beaucoup d'entre eux. Quelques-uns se rendent simplement dans le
midi de la France et de l'Europe. Beaucoup vont dans le nord de
l'Afrique ou au delà, jusque dans les zones tropicales. Certains
vont dans les Indes ou en Chine. Au printemps, tous ces oiseaux
reviennent dans leur pays natal, et se rendent en général à l'en-

droit exact d'où ils sont partis. En général, ceux qui sont partis les premiers reviennent les derniers, et réciproquement.

Citons comme curiosité seulement, car le cas est exceptionnel, un oiseau qui fait des provisions pour la mauvaise saison; c'est un habitant de l'Amérique du Nord, le *melanerpes formicivorus*. « Il se nourrit, comme son nom l'indique, dit M. F. Houssaye, d'insectes et surtout de fourmis. Tout l'été, il se livre à cette chasse; mais en même temps il recueille des glands auxquels il ne touche pas, tant qu'il trouve d'autres aliments. Voici de quelle ingénieuse façon il les amasse : il fait choix d'un arbre, creuse avec son bec dans le tronc une cavité juste capable de recevoir un gland à l'intérieur. Sa cachette préparée, il y porte un fruit et l'introduit de force dans le trou qu'il vient de faire. Ainsi enfoncé, le gland ne peut tomber ni devenir la proie d'un autre animal. On trouve dans le domaine de ces oiseaux des troncs d'arbres qui sont criblés comme une écumoire de trous, tous bouchés par un gland en guise de cheville. »

A l'automne, il vient dévorer les glands ainsi solidement fixés. Il est vraiment remarquable qu'il mette en réserve des graines et non des insectes, sa nourriture habituelle, sans doute parce qu'ils ne se conserveraient pas.

Enfin, à propos des oiseaux, il est un point encore très obscur et dont l'étude serait fort intéressante à entreprendre : c'est la question de l'hibernation de la gent emplumée. On a fréquemment trouvé en hiver, soit dans des remises, soit dans des troncs d'arbres ou des creux de rocher, des hirondelles engourdies, et qui revenaient à la vie quand on les plaçait dans un milieu chaud. On a aussi remarqué souvent que ces individus hibernants étaient d'une obésité remarquable, analogue à celle des marmottes. Est-ce bien là de l'hibernage? Y a-t-il d'autres espèces qui agissent de la même façon? Chez certaines même, l'hibernage n'est-il pas la règle? Autant de questions à élucider.

Il est remarquable que chez les insectes, dont certains sont éminemment bien organisés pour le vol, on n'observe pas de migrations automnales analogues à celles des oiseaux.

Beaucoup d'insectes meurent au commencement de l'hiver, et

ce sont leurs œufs qui passent la mauvaise saison. De ce nombre sont, par exemple, la grande majorité des papillons.

D'autres passent l'hiver à l'état de larves dans la terre; c'est le cas du hanneton.

Lorsque la femelle du hanneton (*melolontha vulgaris*) a mûri ses œufs, elle cherche un sol meuble au sein duquel elle puisse pénétrer. A l'aide de ses pattes, elle entre petit à petit dans la terre jusqu'à une profondeur de six centimètres environ, et là

Hannetons.

dépose une trentaine d'œufs réunis à plusieurs. Ce travail une fois accompli, le hanneton meurt, laissant à la terre le soin de nourrir sa progéniture. Les œufs, arrondis, blanchâtres, un peu plus gros que des graines de millet, éclosent cinq semaines après. Les jeunes larves, en sortant, se mettent de suite au travail; elles creusent des galeries dans le sol en dévorant toutes les petites racines qui tombent sous leurs dents. Elles arrivent ainsi jusqu'au mois de septembre, atteignant à cette époque une longueur de deux centimètres. Mais le froid arrive et va les engourdir; les larves le sentent bien, et par prévision elles s'enfoncent dans les profondeurs de la terre, des profondeurs diverses, à quarante ou soixante centimètres, et d'autant plus grandes que le froid est plus violent, pour hiberner, c'est-à-dire rester immobiles pendant toute la saison froide. Aux beaux jours, elles se réveillent et se rapprochent de la surface du sol. Extrêmement voraces, elles dévorent les racines, à la grande

8

désolation des cultivateurs, dont elles font mourir les plantes. Pendant tout l'été, elles font bombance pour hiverner une deuxième fois à l'automne suivant. Les mêmes faits se répètent encore pendant deux autres années. La quatrième année, elles atteignent une grande taille ; ce sont les *vers blancs,* comme les désignent les agriculteurs. Entre août et septembre, elles redeviennent encore immobiles pour se transformer en nymphes, d'où ne tardent pas à sortir des hannetons. Mais, comme nous sommes au début de l'hiver, ceux-ci vont bien se garder de se montrer au dehors ; ils restent tranquillement dans la terre qui leur tient bien chaud, et au printemps ils sortent pour aller voler dans les airs, à la grande joie des écoliers et à la consternation des jardiniers.

Larve de hanneton.

D'autres se cachent dans leurs nids et vivent des provisions qu'ils ont amassées pendant l'été. Il serait trop long de décrire ici tous les moyens mis en œuvre par les fourmis pour arriver à ce but. Rappelons seulement les fourmis moissonneuses, qui accumulent des graines ; les fourmis-parasols, qui cultivent des champignons ; les fourmis à pucerons, les fourmis à miel, etc.

Enfin, pour terminer cette énumération, il faut dire que beaucoup d'insectes hibernent en se réfugiant dans des endroits où ils se trouvent abrités contre les intempéries de la mauvaise saison. Le collectionneur d'insectes sait fort bien qu'en hiver il fera des récoltes abondantes en creusant la terre, en retournant les pierres, en décortiquant les arbres, en sondant le bois mort, en enlevant la mousse des troncs, en déracinant les jeunes plantes, etc. Partout il est presque sûr de rencontrer des insectes engourdis et attendant le réveil printanier.

Passons maintenant aux végétaux.

Les plantes annuelles disparaissent complètement ; ce sont leurs graines qui, répandues à la surface de la terre ou au fond des eaux, passent l'hiver à l'état de vie latente. Les graines résistent extrêmement bien au froid, et cela est dû, à n'en pas douter, au peu d'eau qu'elles renferment et aux diverses membranes protectrices qui les enveloppent. En outre, grâce à leur petite taille, elles se glissent entre les moindres aspérités des terrains, ou même s'enfoncent plus ou moins profondément. Elles sont ainsi protégées par les couches du sol et par la neige.

Les plantes herbacées vivaces, en outre des graines qu'elles peuvent donner, ne périssent pas tout entières. Les fleurs et les feuilles disparaissent généralement ; mais auparavant les feuilles ont utilisé les derniers rayons du soleil pour fabriquer diverses matières nutritives qui sont allées se mettre en réserve dans les parties souterraines. Ces réservoirs souterrains de nourriture se localisent dans des régions fort variables, et revêtent des aspects très divers : tels sont les tubercules des pommes de terre, la racine de la carotte, les bulbes des colchiques, le rhizôme du sceau de Salomon, etc. Tous ces organes sont en partie desséchés et à l'état de vie ralentie. Comme les insectes vivant non loin d'eux, ils sont à l'abri du froid, protégés qu'ils sont par la terre et par la neige, qui jouent tous deux le rôle de couverture et d'écran.

Les arbres, à l'automne, perdent pour la plupart leurs feuilles, qui jaunissent et tombent à terre, en laissant une cicatrice à leur base d'implantation. Il ne reste plus que les racines, les troncs et les branches, dont les extrémités les plus minces, celles qui ne dépassent pas un centimètre de diamètre, sont bourrées d'amidon. Dans certains arbres même, on observe déjà des bourgeons, mais presque desséchés et entourés par des écailles fort résistantes, dont l'intérieur est même souvent tapissé par des poils soyeux qui constituent un véritable maillot aux jeunes feuilles et aux jeunes fleurs. Toutes ces parties ont une vie extrêmement ralentie, et ne résistent au froid que grâce à leur desséchement relatif.

Enfin, pour terminer cet aperçu, il faut dire que quelques végétaux passent l'hiver sans subir de modifications bien sensibles. Parmi les plantes herbacées, citons la pâquerette, le perce-neige, la renoncule des neiges, quelques saxifrages, l'ellébore d'hiver, etc. Tout le monde connaît la teinte rouge sang que présente parfois la neige dans les Alpes. Cette couleur, qui a donné lieu à tant de légendes, est produite par une des rares algues d'hiver, l'hœmatocoque. Inutile de rappeler que les pins, les sapins, les mélèzes, etc., restent verts pendant toute la saison froide, et que grâce à eux on peut obtenir des parcs n'ayant pas l'aspect désolé en hiver. Mais ce sont surtout les mousses et les lichens, individus d'une grande simplicité organique, qui supportent les froids les plus intenses; c'est même à ce moment qu'ils se reproduisent.

XV

LES ASSOCIATIONS DE SECOURS MUTUEL CHEZ LES PLANTES

Il n'est pas rare, en se promenant dans les forêts et les bois, d'apercevoir, sur l'écorce des vieux arbres ou sur les rochers, de larges lames coriaces de différentes couleurs, bien connues sous le nom général de *lichens*. Ces lichens se montrent doués d'une vitalité étonnante. On les trouve jusqu'au sommet des plus hautes montagnes, en des endroits où aucune autre plante ne pourrait vivre. On les voit se développer sur le sol des volcans, et, seuls du règne végétal, ils affrontent les régions polaires. Au Groënland, par exemple, on trouve en abondance un lichen qui est presque la seule nourriture des rennes dans cette terre désolée. Sur les rochers les plus durs et les plus mal exposés, on peut voir les lichens installés et vivre comme dans l'abondance.

A quoi donc est due cette facilité de vie des lichens qui leur permet de prospérer dans les sols les plus ingrats? A l'association. Un lichen n'est pas, en effet, une plante provenant d'un autre lichen et dont la progéniture sera des lichens. Non, les lichens sont en réalité formés de deux plantes intimement unies, enchevêtrées l'une dans l'autre; ils proviennent de l'association d'un *champignon* et d'une *algue*. Celle-ci est en général formée de petites boules vertes plongées en grand nombre dans la masse du lichen. Le reste de celui-ci est constitué par de nombreux filaments blanchâtres entremêlés dans tous les sens, qui pénètrent plus ou moins dans le sol et forment autour des algues de petits crampons ramifiés.

On peut facilement isoler ces algues et les faire vivre à part en

les plaçant dans des milieux favorables. Cependant, si vous dépo-
sez ces algues dans des rochers exposés au vent et aux rayons du
soleil, elles ne tarderont pas à périr. Mais placez à côté le champignon, algues et champignons prospéreront et bientôt formeront un
véritable lichen.

L'algue a trouvé abri et protection dans le champignon.
D'autre part, les algues sont vertes et pourvues de chlorophylle.
Grâce à la présence de celle-ci, elles peuvent décomposer l'acide
carbonique de l'air, absorber le carbone et former avec lui de

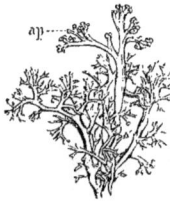

Fragment du lichen des rennes.   Lichen d'Islande.

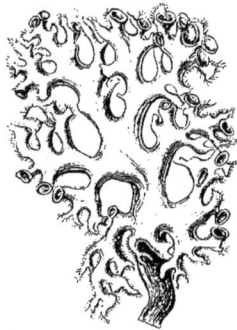

l'amidon, du sucre, etc. Le champignon, n'ayant pas de chlorophylle, est incapable de former ces corps indispensables à sa vie.
Il les emprunte à l'algue. Ainsi le bénéfice est réciproque : le
champignon se fait le protecteur de l'association, et l'algue le pour-
voyeur des vivres. C'est grâce à cette bonne entente qu'ils peuvent
vivre là où toute autre plante mourrait. On a donné, en botanique,
le nom de *symbiose* à ce phénomène d'association à *bénéfice réciproque*.

Les phénomènes de symbiose sont assez rares ; mais on en
trouve cependant des exemples ailleurs que chez les lichens.
Lorsque l'on déracine un bouleau et qu'on en examine avec soin
les racines, on voit celles-ci couvertes de longs filaments blanchâtres qui se montrent nettement comme étant des champignons.
Ces filaments plongent dans la racine et se répandent abondam-

ment dans tout le sol environnant. C'est là encore un cas de symbiose entre le bouleau et le champignon. Celui-ci trouve dans la
racine de nombreux principes nutritifs ; d'autre part, grâce à son
abondance dans le sol, elle puise partout l'eau chargée de sels
divers qu'elle cède au bouleau, lequel s'en nourrit.

On voit que les deux plantes trouvent un bénéfice à l'association : on a donné à celle-ci le nom de *mycorhize*, mot qui signifie
association d'un champignon (*myco*) et d'une racine (*rhize*).

XVI

LA COULEUR DES FLEURS

Au point de vue artistique et poétique, il y aurait beaucoup à dire sur la couleur des fleurs. C'est, en effet, dans les corolles que les couleurs revêtent leur plus grande délicatesse. Les teintes si répandues chez les animaux, voire même chez les papillons, sont grossières à côté d'elles, et souvent la palette du peintre reste impuissante à les imiter. En somme, les couleurs des fleurs peuvent parcourir toute la gamme du spectre solaire, et cela dans ses moindres détails. Quelques naturalistes se sont évertués à établir une classification de ces couleurs; leurs essais, — quoique non décisifs, et un peu artificiels comme toute classification, — sont bons à connaître. En voici une des plus ingénieuses :

		VERT.		
	Bleu verdâtre.	Jaune vert.	
	Bleu.	Jaune.	
Série cyanique.	Bleu violet.	Jaune orange.	Série xantique.
	Violet.	Orange.	
	Violet rouge.	Orange rouge.	
		ROUGE.		

La série cyanique a pour type le bleu, et la série xantique le jaune. On donne quelquefois à la première le nom de *série désoxydée,* et à la seconde celui de *série oxydée;* mais ces dénominations ne paraissent pas reposer sur des bases suffisamment solides pour être conservées. De Candolle, qui donne ce tableau dans sa belle

Physiologie végétale, le fait suivre de quelques remarques intéressantes.

On peut déjà remarquer, par la seule inspection de ce tableau, que presque toutes les fleurs susceptibles de changer de couleur ne le font en général qu'en s'élevant ou en s'abaissant dans la série à laquelle elles appartiennent. Ainsi, quant à la série xantique, les fleurs du *nyctago jalapa* peuvent être jaunes, jaune orange ou rouges; celles du *rosa eglantina,* jaune orange ou orange rouge. Celles des capucines varient du jaune à l'orange; celles du *ranunculus asiaticus* présentent toutes les teintes de la série du rouge jusqu'au vert; celles de l'*hieracium staticefolium,* et de quelques autres chicoracées jaunes, ou de quelques légumineuses telles que le lotus, passent vert jaunâtre en se desséchant, etc. Quant à la série cyanique, les fleurs d'un grand nombre de borraginées, notamment le *lithospermum purpureocæruleum,* varient du bleu au violet rouge; celles de l'hortensia, du rose au bleu. Les fleurs ligulées des asters varient du bleu au rouge ou au violet; celles des jacinthes, du bleu au rouge, etc.

Hâtons-nous cependant de signaler quelques exceptions ou réelles ou apparentes.

1° Quoique en général les jacinthes ne varient que dans les couleurs bleues, rouges ou blanches, on en trouve dans les jardins quelques variétés jaunâtres et même d'un jaune un peu citron qui semblent s'approcher de la série xantique.

2° La primevère auricule, qui est originairement jaune, passe au rouge brun, au vert et à une sorte de violet, mais n'atteint cependant jamais le bleu pur.

3° Quelques pétales semblent offrir les deux séries dans deux parties distinctes de leur surface.

On remarquera sans doute avec étonnement que la couleur blanche ne figure pas dans le tableau de de Candolle. C'est qu'en effet la couleur blanche absolument pure ne paraît pas exister dans la fleur. Pour s'en convaincre il suffit de mettre les fleurs réputées les plus blanches, telles que le lis, la rose de Noël, la campanule blanche, l'anémone des bois, etc.; sur une feuille de papier bien blanc. On se rend compte alors que la couleur blanche de la corolle est en réalité lavée de jaune, de bleu ou de rouge, suivant les cas. Si cette souillure n'apparaît pas très nettement, on fait les infusions des corolles dans l'alcool, infusions qui en montrent des tons franchement jaunes ou rouges, etc. Les fleurs blanches sont donc des fleurs dont les teintes rentrent dans les deux séries précédentes, mais sont atteintes d'albinisme, un peu comme si elles étaient *étiolées*. D'ailleurs, un certain nombre de fleurs naissent blanches et ne se colorent qu'un peu plus tard sous l'action de la lumière. C'est le cas du *cheiranthus chamæleo*, qui passe du blanc au jaune citron et au rouge un peu violet; de l'*œnothera tetraptera*, qui, d'abord blanc, devient rose, puis presque rouge; du *tamarindus indica*, dont les pétales sont blancs le premier jour et jaunes le second, et du *cobæa scandens*, qui a une corolle blanc verdâtre en s'épanouissant et violette le second jour. La plante la plus remarquable à cet égard est celle de l'*hibiscus mutabilis*, que Rumph appelait *flos horarius* parce qu'elle naît blanche, puis devient incarnate vers le milieu de la journée et finit par être rouge quand le soleil est couché.

Dans un très intéressant ouvrage récemment paru, M. Costantin[1] fait quelques remarques relatives à la précocité des diverses races et la teinte de leurs fleurs.

Hoffmann a fait pendant un certain nombre d'années des observations intéressantes sur ce point. Il a remarqué que le lilas vulgaire à fleurs blanches fleurit en moyenne six jours plutôt que la forme normale à fleurs violacées; ce résultat lui a été fourni par huit années d'observations. Ce pourrait être une anomalie curieuse et sans portée; mais plus on avance dans l'étude de la nature, plus on s'aperçoit que tous les phénomènes même les plus insignifiants méritent d'être examinés. Or il se trouve que des résultats semblables ont été observés par les variétés du radis (*raphanus raphanistrum*) et du safran (*crocus vernus*); pour la première, les formes blanches fleurissent en moyenne seize jours plutôt que les formes jaunes (douze années d'observation); pour la deuxième plante, la différence entre les deux époques est plus faible, de quatre jours seulement.

[1] J. Costantin, *les Végétaux et les milieux cosmiques;* Paris, 1889.

Ces changements de teintes paraissent souvent sous la dépendance de la chaleur. On sait que le lilas blanc est obtenu par les horticulteurs grâce à l'action d'une température de 30 à 35°. C'est en 1858 qu'apparurent pour la première fois, dans le commerce, les magnifiques inflorescences blanches de cette plante, dont le succès durable fut prodigieux dès l'origine.

On ne peut affirmer que les races spontanées à fleurs blanches ont la même origine que le lilas blanc horticole, car aucune recherche expérimentale n'a été faite sur cette question. Contentons-nous d'indiquer certains faits qui contribueront à guider ceux qui cherchent comment ces variétés colorées diversement peuvent prendre naissance. Le *papaver alpinum* a une variété à fleurs jaunes très stable, que l'on observe dans les régions circumpolaires (d'après Focke), tandis que les variétés blanches ont été signalées en Suisse. Les cultures faites à Giessen, en Allemagne, de cette même espèce, ont permis d'obtenir des individus à fleurs blanches par métamorphose d'individus à fleurs jaunes. Est-ce la chaleur qui produit ces changements dans ce cas? Nous n'osons répondre ni oui ni non. Les expériences de Schübeler et de M. Bonnier ont bien établi que dans les régions élevées, et au voisinage du pôle, la couleur des fleurs devient plus foncée, mais sans changement de teinte : seulement ce phénomène est dû à la lumière et non à la chaleur.

Quelle que soit d'ailleurs l'origine de ces formes blanches et coloriées, elles ont souvent une fixité très remarquable.

Dans le tableau de la classification des couleurs donné plus haut, on remarquera que le *noir* n'y figure pas. La couleur noire absolue n'existe, en effet, chez aucune fleur. Lorsqu'il y a des parties paraissant noires, cela tient seulement à ce que leur teinte est excessivement foncée : les noirs des pétales du *pelargonium triste* et de la fève ne sont que des jaunes, et ceux de l'*orchis nigra* rentrent dans la catégorie des bruns. Ces apparences noires sont d'ailleurs extrêmement rares.

Quant aux rouges, leur gamme est beaucoup plus variée que celle des autres couleurs. Les rouges de la série xantique ont en général une teinte plus vive, incarnat ou ponceau; ceux de la série cyanique offrent des teintes se rapprochant davantage du violet.

Ces deux rouges peuvent d'ailleurs donner des roses, mais avec un peu d'habitude on devine leur origine : le rose de l'hortensia tient en effet au bleu, tandis que celui de la rose tire plutôt sur le jaune.

Les couleurs bleues sont les plus changeantes; elles passent facilement au violet et au rouge, mais surtout au blanc.

Les fleurs jaunes sont celles dont la teinte est la plus tenace : c'est ainsi que les jaunes vifs et luisants des boutons d'or ne peuvent pour ainsi dire pas changer. Les jaunes plus pâles varient plus facilement, mais ne passent guère qu'au blanc (*nyctago jalapa*).

Quant aux fleurs vertes, comme elles ne se distinguent pas du feuillage ambiant, on les laisse passer sans y faire attention, et on les croit beaucoup plus rares qu'elles ne sont en réalité.

Par la culture, la sélection et l'hybridation, on sait que les horticulteurs font varier les couleurs des fleurs dans des proportions considérables. On connaît fort mal les lois de ces variations, surtout parce que les jardiniers qui pourraient renseigner les botanistes sur ce point intéressant n'ont pas suffisamment l'esprit scientifique. Nous nous contenterons d'indiquer ci-après les renseignements que donnent MM. Decaisne et Naudin[1], sur la variation du coloris des fleurs.

« L'altération se fait ici de deux manières : c'est tantôt une simple décoloration, qui ramène au blanc plus ou moins par les teintes rouges, jaunes ou bleues de la corolle; tantôt la substitution radicale d'une couleur à une autre. Les fleurs dont le rouge ou le bleu sont les teintes dominantes sont les plus sujettes à tourner au blanc; mais on observe aussi ce changement sur quelques fleurs naturellement jaunes, comme par exemple celles du disque de la reine-marguerite, du dahlia, des chrysanthèmes, etc., lorsque ces fleurs subissent la transformation ligulaire. Rien, au contraire, n'est plus commun dans nos jardins que les variétés blanches de l'œillet, des roses rouges, du lilas, du haricot d'Espagne, du pied d'alouette, de la digitale pourprée, des campanules, etc.,

[1] *Manuel de l'Amateur des jardins.*

en un mot de presque toutes les plantes à fleurs lilas, roses,
rouges, pourpres, bleues ou violacées. Il en est cependant aussi,
dans ces catégories, dont la coloration est très tenace et ne
faiblit jamais sensiblement, ainsi qu'on le voit dans le pétunia à
fleurs pourpres (*petunia violacea*), dont la teinte ne perd de sa
vivacité que lorsqu'il a été croisé avec une espèce voisine, le *petunia
nyctaginiflora*, à fleurs toutes blanches.

« La substitution radicale d'une couleur à une autre, soit sur
l'étendue de la corolle, soit seulement sur quelques-unes de ses
parties, sous forme de macules, de stries, de panachures, etc.,
est aussi un cas fréquent, et c'est là une des altérations dont l'hor-
ticulture ornementale a tiré le plus grand parti. Un nombre considérable de ces plantes dites de collection tirent presque toute leur
importance de la facilité avec laquelle les couleurs les plus vives
se remplacent les unes les autres, se nuancent et s'entremêlent de
mille manières et dans des proportions relatives qui n'ont rien de
fixe; aussi ne trouve-t-on pas dans ces collections, lorsqu'elles sont
bien choisies, deux plantes sur cent qui soient exactement semblables par le ton et la distribution des couleurs. Ces variétés mul-
ticolores, toutes nées de la culture, se conservent en général très
fidèlement par le bouturage, et très peu au contraire par le semis,
qui a, par compensation, le privilège de donner naissance à de
nouvelles combinaisons de couleurs. Il n'en est pas tout à fait de
même des variétés unicolores qui, à moins d'être croisées avec des
variétés différentes, tendent à se perpétuer dans cette voie. Par
exemple, les variétés jaune, pourpre et blanche de la belle-de-nuit,
lorsqu'elles sont pures, se reproduisent intégralement et avec une
grande constance; croisées les unes avec les autres, elles donnent
lieu à des coloris intermédiaires et, plus souvent, au mélange de
ces différentes couleurs sous forme de panachures. »

Lorsque des fleurs s'épanouissent hors de saison, il arrive que
leur couleur peut ne pas être la même qu'en temps ordinaire. C'est
ce qu'a noté M. Hughes Gibb, en 1898, où l'hiver a été particulièrement doux.

Les dahlias-cactus, rouges d'ordinaire, ont donné une floraison
presque orange, et les fleurettes extérieures étaient même parfois

presque jaunes. En outre, ces dahlias ont montré dans beaucoup
de cas une tendance marquée à revenir à la forme simple.

Une espèce de capucine, habituellement d'un rouge écarlate vif,
a de même donné, dans une serre froide, des fleurs tardives d'un
jaune clair, une bande rouge près du centre des pétales restant
comme seul vestige de la couleur normale.

Dans ces deux cas, le changement de coloration se produit
d'abord sur les bords des pétales.

Enfin la floraison des myosotis, normalement d'un bleu très vif,
est devenue presque rose clair sans la moindre trace de bleu; et un
phlox, d'un blanc pur, a montré une tendance vers le jaune verdâtre.

XVII

Les pays chauds ont une ressource commerciale à laquelle ils ne songent généralement pas : ce sont ces magnifiques insectes auxquels ils donnent asile et qui, convenablement apprêtés, peuvent donner lieu à de fort belles parures, au moins aussi jolies que les oiseaux empaillés. En France, les bijoux en insectes ne sont pas inconnus, loin de là; mais ils ne sont pas encore très employés. Il faut, je crois, chercher la cause de ce peu d'extension des parures entomologiques à ce que les bijoutiers ne leur font pas assez de réclame : il vaut mieux vendre un scarabée en rubis et en diamants que l'insecte lui-même, qui ne rapporte que la monture. L'esthétique y perd beaucoup d'ailleurs, car ces insectes en pierres sont absolument « mastocs », grossiers, et ne tirent leur valeur que des pierres qui les composent. Nous ferons exception cependant pour les mouches ordinaires, que l'on imite fort bien en boucles d'oreilles et en épingles de cravates.

Mais combien sont plus jolis encore les insectes naturels, surtout ceux des pays chauds, dont les couleurs, variées à l'infini, rendent souvent des points aux plus belles pierreries! Je possède dans ma collection plusieurs bijoux ainsi confectionnés, et toutes les personnes à qui je les montre en sont émerveillées.

La mode, si variée qu'elle paraisse au premier abord, n'en est pas moins d'une monotonie désespérante : en fait de parure, elle ne sort pas des chiffons, des perles, des fourrures, des plumes et des fleurs ou bijoux artificiels. On a essayé timidement de se servir aussi des fruits et des graines, mais la tentative n'a pas eu beaucoup de succès. Pourquoi n'essayerait-on pas des insectes? Les coléoptères possèdent des élytres très résistantes, qui se prêtent à des travaux multiples. Avec des plumes détachées et recollées, on fait des fleurs, des tours de cou, des manchons, des bordures de vêtement; tous ces colifichets pourraient aussi bien se faire en élytres.

Mais revenons aux bijoux proprement dits. Chez nous, on vend surtout le *curculio imperialis,* fort beau, mais un peu volumineux. On le monte généralement en boucles d'oreilles, en remplaçant le ventre et les pattes par de l'or : on ne voit plus alors que la tête, le corselet et les élytres. Ces dernières, d'un beau vert, portent des séries longitudinales de ponctuations en creux, au fond desquels brillent des poils et des écailles resplendissantes. Ces curculios sont extrêmement communs au Brésil : ils vivent sur les mimosas, dont, par leur abondance, ils font souvent craquer les branches. C'est dire que leur prix de revient n'est guère plus élevé que celui des hannetons chez nous.

Une autre espèce, dont on fait aussi des boucles d'oreilles, ressemble à la précédente; mais les points font défaut, et les élytres, d'un vert plus clair, sont rehaussées par des taches dorées irrégulières.

C'est surtout comme épingles de cravates que les insectes ont beaucoup de cachet. On se sert, à cet effet, de petits curculionides ou de petits buprestes. Je possède une de ces épingles avec une jolie espèce à couleurs bleue et verte, dont les dessins noirs, parfaitement réguliers, contrastent agréablement avec la teinte claire qui les entoure.

On utilise aussi divers coléoptères à orner des broches. Le plus employé est un coléoptère brésilien, voisin des *cassida,* aplati, vert métallique et couvert de points en creux qui lui donnent l'air d'un dé à ·coudre. Sa dureté permet de le travailler comme du métal.

Si l'on compte les insectes exotiques actuellement employés, on n'en trouve guère plus de six à huit. C'est là un tort; les bijoutiers ne varient pas assez leur marchandise. Nombreux sont cepen-

dant les coléoptères exotiques que l'on pourrait utiliser dans l'ornement; il suffit, pour s'en rendre compte, de parcourir les galeries
des musées d'histoire naturelle. Toutes les tailles, toutes les formes,
toutes les couleurs, tous les reflets y sont représentés. Les uns ont
des teintes mates, d'autres des teintes métalliques; ceux-ci des
reflets irisés, ceux-là des reflets polychromes. Il en est aux formes
élégantes, d'autres aux contours étranges : on n'a que l'embarras
du choix.

Ce ne sont pas seulement les insectes exotiques que l'on pourrait utiliser, mais aussi nombre d'insectes
indigènes. A l'heure actuelle, il n'y a guère
que les hoplies et les chrysomèles que
l'on fait servir à la décoration. Les hoplies sont superbes avec leur teinte bleue
azurée : collées sur des fleurs artificielles
ou des herbes naturelles desséchées, elles
leur donnent un aspect « nature » des plus
remarquables. Ces hoplies se récoltent en
grand dans le midi de la France, au bord
des eaux. Les hoplies n'ont qu'un défaut :
leurs élytres doivent leur jolie teinte à une

Bupreste.

poussière peu adhérente qui s'en va au moindre frottement; elles
ne peuvent donc servir ni pour les colliers ni pour les broches.
Les chrysomèles, aux reflets métalliques, sont utilisées de la même
façon. Nous rappelons ici, pour mémoire, qu'au bon vieux temps
les femmes rehaussaient la beauté de leurs cheveux avec des
cuisses de géotrupes. A ma connaissance, cette coutume n'existe
plus.

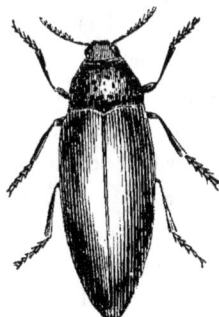

Il paraît qu'on emploie aussi des papillons pour la mode. « Ce
travail, dit M. G. Panis, demande une très grande légèreté de
main. Avoir soin, avant d'opérer, de faire ramollir les papillons
sur du sable humide pendant une journée. Prendre ensuite le
papillon, enduire les quatre ailes à l'envers de vernis blanc à
l'alcool, appliquer dessus une étoffe (satinette) de couleur appro-
priée à celle de l'insecte, appuyer avec un tampon, légèrement,
mais régulièrement, sur toute la surface; laisser sécher, découper

9

l'étoffe exactement de la grandeur du papillon, traverser de part en part le thorax en dessous des ailes avec du fil de fer, d'acier ou d'argent, et l'on aura une monture légère, gracieuse. Le papillon ainsi préparé, placé sur un chapeau, résistera longtemps aux intempéries; seuls, les chocs violents peuvent casser les ailes. Il existe, pour les coiffures de bal, une autre préparation, mais trop difficile à employer dans la pratique pour que je la décrive. Les papillons doublés peuvent être placés sur les fleurs artificielles; ils deviennent alors un gracieux motif d'ornement pour l'intérieur des habitations, surtout dans la saison où les fleurs naturelles sont absentes. » On employait jadis aussi les papillons à confectionner des broches : les ailes étaient alors recouvertes d'une rondelle de verre, comme une gravure ou un pastel dans un tableau.

Les hoplies, les chrysomèles, les papillons, c'est bien maigre. Pourquoi ne fait-on pas appel aussi aux cétoines, aux trichies, aux rhynchites, aux carabes, aux cryptocéphales, aux cantharides, aux rosalies, et à tant d'autres insectes communs qui se recommandent par leurs brillantes couleurs? En France, nous avons assez de goût pour pouvoir les arranger d'une manière élégante.

En Europe, les insectes n'ont pas, au point de vue de la parure, toutes les places qu'ils devraient occuper. Dans l'Amérique du Sud, il n'en va pas de même. C'est ainsi que les Indiens du Rio-Napo, séduits par l'éclat des chrysophores que la nature « a revêtus de cuirasses resplendissantes, devant lesquelles pâlirait tout le luxe de l'Asie au jour du triomphe d'un sultan », les utilisent pour la parure sous forme de pendeloques pour les chapeaux, en les mélangeant avec des os, des graines et des dents de singes... Les cuisses énormes de ces insectes, séparées du corps et enfilées comme des perles, forment des colliers. Quant aux Roucouyennes, elles préfèrent les élytres de buprestes attachées au bout d'une queue d'écureuil. Ces mêmes élytres servent aussi dans le Rio-Napo, où l'on a une affection toute spéciale pour le cliquetis qu'elles produisent en butant les unes contre les autres.

Ce ne sont pas seulement les insectes *morts* qui sont susceptibles de nous orner, mais encore les insectes *vivants*. Quels sont les enfants qui n'ont mis des vers luisants ou des lucioles dans

leurs cheveux? De même, à la Havane, les dames se parent avec
des pyrophores enfermées dans des sachets de gaze; quand leurs
« cocuyos », comme elles les appellent, ne brillent plus, elles les
excitent en les secouant. De retour du bal, elles font prendre un
bain à leurs insectes et, pour les réconforter, leur donnent à sucer
des morceaux de canne à sucre.

Il est piquant de remarquer, en terminant, qu'à une période
de notre histoire on a eu aussi le goût des insectes vivants, et
quels insectes!... des puces! Oui, les puces, que tant de personnes
ont en dégoût, et qui ont cependant excité la verve de divers
poètes :

> Pucelette noirelette,
> Noirelette pucelette,
> Plus mignonne mille fois
> Qu'un agnelet de deux mois,
> Et mille fois plus mignonne
> Que l'oisillon de Vérone,
> Comme pourra mon fredon
> Immortaliser ton nom !
>
> (COURTIN DE CISE.)

A la fin du XVIIe siècle, certaines femmes avaient pris la mode
d'élever une belle puce attachée à une chaîne d'or ou d'acier, d'une
finesse extrême : il paraît qu'un Anglais avait fabriqué une chaîne et
un cadenas, tous deux si petits, que la puce les soulevait en sautant.
Tous les goûts sont dans la nature.

XVIII

UN INSECTE FABRICANT DE POTERIES

L'histoire du pélopée tourneur n'est pas encore connue dans tous ses moindres détails ; mais, néanmoins, les matériaux que l'on possède sur elle constituent un ensemble déjà très important. C'est pour les entomologistes avides de découvrir des choses nouvelles que nous allons résumer le chemin parcouru dans cette voie et montrer en même temps ce qu'il reste à faire.

En France, l'hyménoptère connu sous le nom de pélopée tourneur (*pelopæus spirifex*, L.) se rencontre exclusivement dans le Midi. Extrêmement frileux, il recherche avant tout les endroits les plus chauds pour y construire le nid d'argile destiné à sa progéniture. Il nidifie sous les corniches, dans les hangars, les granges, mais surtout dans l'intérieur même des maisons des paysans. Là, tout lui est bon, les murailles, les plafonds, les fenêtres, les rideaux, et, sous ce rapport, il fait le désespoir des ménagères. Fabre, d'Avignon, raconte que pendant que des ouvriers étaient en train de déjeuner dans une auberge, des pélopées avaient fabriqué des nids dans l'intérieur des chapeaux et dans les plis des blouses. Mais l'endroit que préfèrent les pélopées est l'intérieur de ces grandes cheminées si patriarcales et si fréquentes dans les villages. Singulier choix ! pensera-t-on, et, de fait, on se demande comment les malheureux insectes, qui vont et viennent constamment, ne sont pas asphyxiés par la fumée ou grillés par le feu. Fabre a observé que lorsqu'on fait la lessive, les pélopées n'interrompent pas leur travail et traversent rapidement le rideau de vapeur chaude sans en être incommodés; il serait intéressant de savoir s'ils peuvent traverser une flamme de la même façon. L'observateur que nous venons de citer, et auquel nous empruntons la plupart de ces détails, a vu construire des nids au-dessus d'une chaudière, c'est-à-dire en un point où la température atteignait 49 degrés.

C'est à des époques très variables de l'année que le pélopée construit son nid. A cet effet, il se met en quête, dans la campagne, d'un terrain détrempé, boueux. Il est alors remarquable de voir les soins qu'il prend pour ne pas se salir.

« Les ailes vibrantes, dit Fabre, les pattes hautement dressées, l'abdomen noir bien relevé au bout de son pédicule jaune, ils ratissent de la pointe des mandibules, ils écrèment la luisante surface de limon. Ménagère accorte, soigneusement retroussée pour ne pas se salir, ne conduirait pas mieux besogne si contraire à la propreté du costume. Ces ramasseurs de fange n'ont pas un atome de souillure, tant ils prennent soin de se retrousser à leur manière, c'est-à-dire de tenir à distance tout le corps, moins l'extrémité des pattes et l'outil à récolte, la pointe des mandibules. »

Le pélopée cueille ainsi une boulette de terre humide de la grosseur d'un pois; la maintenant avec ses mandibules, il s'envole avec elle et va la déposer à l'endroit qu'il a choisi. Sans la mélanger de salive, il la façonne grossièrement, l'applique à grands coups de truelle sur l'ouvrage déjà en train. Il fabrique d'abord une cellule ovoïde, de trois centimètres environ de longueur, dont l'intérieur est creux : la paroi interne est lisse, fine, tandis que l'extérieur est irrégulier. A côté de cette première loge, le pélopée en fabrique une seconde, puis une troisième, et ainsi de suite, le tout étant sur un même plan. Souvent, sur celle-ci, une seconde série est construite, quelquefois même une troisième.

Maintenant que nous connaissons la maçonnerie du nid, voyons comment l'intérieur est garni de victuailles et où se trouve l'œuf. Quand on ouvre une loge, on rencontre une certaine quantité d'araignées de diverses espèces superposées les unes au-dessus des autres, mortes ou tout au moins paralysées. Comment le pélopée a-t-il pu faire un pareil approvisionnement? Tout ce qu'on sait à ce sujet se résume en ceci : le pélopée aperçoit une araignée à son goût, il se précipite sur elle, l'emporte immédiatement et va la déposer dans son nid. Voilà. Mais à quel moment le dard de l'hyménoptère s'enfonce-t-il dans sa victime? Où pénètre-t-il? L'araignée est-elle tuée ou simplement paralysée? Autant de choses que l'on ignore. Fabre pense que l'araignée est tuée; car si on l'extrait du nid, on la voit moisir au bout de quelques jours. Quoi qu'il en soit, le pélopée s'empare d'une araignée, ordinairement un épeire de petite taille, la porte dans une cellule et dépose un œuf sur l'abdomen charnu de sa victime; puis il va en capturer une seconde et la dépose sur la première, mais sans y pondre l'œuf. Quand la loge est remplie, l'hyménoptère la ferme et passe à une autre cellule. Peu de jours après la ponte, l'œuf éclôt, et la larve, se trouvant en contact avec une partie éminemment charnue, n'a aucune peine à la dévorer. Le festin terminé, la larve, déjà grande, passe successivement à chacune des pièces du gibier que la mère avait déposées. Quand il ne reste plus rien à manger, la larve, repue, se met à filer un cocon de soie, dont la trame intérieure est infiltrée d'une sécrétion spéciale, et s'y transforme en nymphe. Finalement, l'insecte parfait perce la partie supérieure mince de la cellule et s'envole. Il semble y avoir trois générations par an.

Les mœurs du pélopée tourneur ont été d'abord étudiées par M. H. Lucas, en 1869. M. Maurice Maindron fit, en 1878, de bonnes observations sur une espèce voisine, exotique. Enfin, récemment, leur étude fut reprise, comme nous l'avons dit plus haut, par M. Fabre. Cet illustre savant ne se contenta pas de la simple observation, il fit diverses expériences qui méritent d'être rapportées.

Quand la construction des cellules est achevée, le pélopée les recouvre d'un enduit grossier de boue qui fait ressembler le nid à une motte de glaise que l'on a projetée contre un mur. Fabre a eu l'ingénieuse idée d'enlever le nid avant son complet achèvement, pour voir ce que ferait l'insecte. L'édifice est enlevé, mis en poche; son ancien emplacement montre maintenant la couleur blanche de la muraille; il ne reste plus qu'un mince filet discontinu marquant le pourtour de la motte de boue.

« Arrive le pélopée avec sa charge de glaise. Sans hésitation que je puisse apprécier, il s'abat sur l'emplacement désert, où il dépose sa pilule en l'étalant un peu. Sur le nid lui-même, l'opération ne serait pas autrement conduite. D'après le zèle et le calme du travail, il est indubitable que l'insecte croit vraiment crépir sa demeure, alors qu'il n'en crépit que le support mis à nu. La nouvelle coloration des lieux, la surface plane remplaçant le relief de la motte disparue, ne l'avertissent pas de l'absence du nid. Et, ainsi trente ou quarante fois, il revient et recommence l'inutile travail. »

Autre expérience non moins curieuse, qui montre bien que l'instinct dont Dieu a pourvu tant d'animaux est immuable. La cellule vient d'être achevée; une araignée et un œuf y sont déposés; le pélopée va faire une nouvelle victime. Pendant son absence, Fabre enlève avec une pince la pièce de gibier et l'œuf. Le pélopée va-t-il comprendre que, le nid étant vide, il est inutile de le remplir? Non.

« Il apporte en effet, dit Fabre, une seconde araignée, qu'il met en magasin avec le même zèle allègre que si rien de fâcheux n'était survenu; il en apporte une troisième, une quatrième, d'autres encore que je soustrais à mesure en son absence, de façon qu'à chaque retour de chasse l'entrepôt est retrouvé vide. Pendant deux jours s'est maintenue l'opiniâtreté du pélopée à vouloir remplir le pot insatiable; pendant deux jours ma patience ne s'est pas démentie non plus pour vider la jarre à mesure qu'elle se garnissait. A la vingtième proie, conseillé peut-être par les fatigues d'expéditions répétées outre mesure, le chasseur a jugé que la bourriche était assez fournie; et très consciencieusement il s'est mis à clôturer la cellule ne contenant rien du tout. »

XIX

Les céphalopodes sont, on le sait, des mollusques marins dont la tête, bien distincte du reste du corps, est pourvue de deux gros yeux et d'une couronne de bras entourant la bouche, plus ou moins soudés entre eux à leur base et pourvus d'un grand nombre de ventouses sur leur face interne: c'est à cette classe qu'appartiennent les poulpes, les sèches, les nautiles, les clédones, que tout le monde connaît. Parmi les genres rares et peu connus des céphalopodes de nos côtes, il faut citer tout particulièrement celui des *histiotheutis,* dont nous allons nous occuper.

Dans son magnifique ouvrage sur *les Céphalopodes de la Méditerranée,* Vérany avait décrit plusieurs espèces d'*Histiotheutis* et ne tarissait pas d'éloges sur certaines taches abondantes qui couvrent leur peau et qui émettent une lueur phosphorescente. « Je fus appelé, raconte-t-il, par un pêcheur qui me montra un *H. bonelliana* cramponné au filet ; je le fis saisir et plonger dans un baquet d'eau. C'est dans ce moment que je jouis du spectacle étonnant des points brillants qui parent la peau de ce céphalopode, déjà si extraordinaire par ses formes : tantôt c'était l'éclair du saphir qui m'éblouissait ; tantôt c'était l'opalin des topazes qui le rendait plus remarquable ; d'autres fois, ces deux riches couleurs confondaient leurs magnifiques rayons. Pendant la nuit les points opalins projetaient un éclat phosphorescent, ce qui fait de ce mollusque une des plus brillantes productions de la nature. » Comme description, c'est très beau ; mais il faut bien avouer qu'après l'avoir lue, on n'a pas appris grand'chose : on connaît un animal lumineux de plus, et puis c'est tout ! Voyons maintenant notre animal aux prises avec l'histologie.

L'*histiotheutis Ruppellii*, étudié par M. Joubin, a été récolté à Nice, à environ huit cents mètres de profondeur dans la mer. Sa longueur totale, c'est-à-dire jusqu'à l'extrémité des bras, atteint presque un mètre. L'animal était mort et avait perdu sa phosphorescence.

Les taches, tantôt grandes, tantôt petites, suivant les régions, sont très régulièrement ovales et allongées dans le sens de la longueur du corps. Une des extrémités, toujours l'inférieure, de chaque tache porte une petite masse à peu près sphérique, noire et enfoncée profondément dans la peau: Vérany avait déjà décrit cette masse comme un point très brillant; le reste de la tache, d'après ses observations, était bleuâtre et légèrement irisé. On remarque, en outre, que le point brillant est situé sensiblement au foyer de la tache elliptique, laquelle, d'autre part, n'est pas plane, mais légèrement concave.

Faisons maintenant des coupes minces, et étudions de plus près la structure du miroir et l'appareil producteur de la lumière.

Le *miroir* est formé de lamelles superposées et très intimement soudées les unes aux autres. La couche la plus inférieure est constituée par un amas très compact de ces cellules pigmentées que l'on nomme des chromatophores : c'est un véritable écran noir.

L'*organe photogène* est plus compliqué. Il comprend d'abord, à la périphérie, une *couche noire,* très dense, analogue à celle du miroir ; elle est tapissée intérieurement par une couche épaisse de cellules extrêmement curieuses. Ces cellules, à noyau central, sont absolument transparentes et ressemblent chacune à un petit cristallin. De forme ovale et renflées vers leur milieu, elles ont sensiblement l'aspect de deux verres de montre appliqués l'un contre l'autre. « Sur les coupes, on les voit formées d'un très grand nombre de lamelles concentriques emboîtées et ne se continuant pas d'une face à l'autre. En effet, un plan non fibreux traverse la cellule et la partage exactement en deux parties égales. Pour avoir une idée nette de la structure de ces cellules, il faut se figurer une

série de verres de montre de plus en plus petits, s'emboîtant exactement les uns dans les autres. Une seconde série, semblable à la
première, s'applique sur elle de façon que la concavité des deux
séries se regarde et que le centre soit occupé par un noyau de densités différentes. » Enfin, elles sont toutes orientées de façon que
leur axe longitudinal soit parallèle à la surface de l'écran noir.

Plus en dedans vient la *couche photogène,* sur la structure com-
pliquée de laquelle nous ne nous arrêterons pas. Enfin l'appareil se
termine par une série de milieux transparents constitués de dedans
en dehors par 1° un *cône cristallin,* 2° une *lentille biconvexe,* et
3° une *lentille concavo-convexe.*

Que faut-il penser maintenant du fonctionnement de ce singulier
appareil ? Tout d'abord il est évident, d'après les observations de
Vérany, que c'est lui qui produit la phosphorescence de l'*histiotheutis.* De par le microscope, nous pouvons en outre localiser la
production de la lumière dans la couche photogène signalée plus
haut ; les rayons lumineux se réfléchissent sur l'écran noir et la
couche de cellules cristallines. Une partie de la lumière sort ainsi
directement de l'appareil, tandis que l'autre partie est concentrée
par le cône cristallin et les deux lentilles sur le miroir concave, qui
le réfléchit ensuite au dehors, après lui avoir fait subir dans son
épaisseur une série de réfractions successives, un peu comme dans
le jet de la fontaine de colladon.

En somme, ces points si curieux qui couvrent le corps de notre
céphalopode sont tout à fait comparables aux photophores de
M. Trouvé, dont nous nous servons journellement pour les dissec-
tions fines, photophores auxquels on aurait ajouté des miroirs
réflecteurs que l'on aurait recouverts d'une série de couches transparentes et d'inégales densités, dans le but de leur communiquer
des tons irisés. Voilà. Autrefois on n'admirait que les jeux de
lumière des points photogènes. Aujourd'hui, grâce aux progrès de
l'histologie, nous retrouvons dans un animal des appareils de physique, tels qu'un générateur de lumière, un condensateur lumineux,
un miroir concave et une fontaine lumineuse. Plus nous sondons
les mystères de la création, plus nous sommes amenés à les
admirer.

XX

LA MUSIQUE DU PARFUM DES FLEURS

La plupart des industries ont commencé par être basées sur des faits et des théories empiriques ; plus tard, nos connaissances scientifiques devenant plus précises, les modes opératoires se sont complétés, perfectionnés, pour le plus grand bien du fabricant et de l'acheteur. De ces industries anciennes, il en est une cependant qui est singulièrement restée à la première phase ; c'est celle des parfums, qui, malgré l'importance de la vente, est demeurée empreinte d'un empirisme extraordinaire. La chose se comprend d'ailleurs un peu, si l'on songe combien les parfums et les odeurs sont des choses impalpables, semblant échapper à toute analyse. Depuis un certain temps cependant, les chimistes et les physiologistes semblent vouloir s'occuper de ces questions si intéressantes.

La fabrication des parfums est, on peut le dire, une industrie toute française. Sauf en Angleterre, où l'on produit de grandes quantités d'essences de lavande et de menthe, toutes deux d'ailleurs très recommandables par leur grande finesse, et en Allemagne, où l'on traite les glaïeuls, la presque totalité des essences viennent du midi de la France : les grands cultivateurs de Grasse, de Nîmes, de Nice, de Montpellier, exportent annuellement plus de trente millions de fleurs. Dans la banlieue parisienne on produit également, dans le même but, des roses, de la violette, de l'héliotrope et surtout de la menthe, qui, dans la plaine de Gennevilliers, possède une finesse à rendre des points à la menthe anglaise. L'Algérie et la Tunisie fournissent encore de grandes quantités d'essence de géranium, qui, dans beaucoup de cas, remplace l'essence de rose venant de Turquie et d'Asie Mineure.

On voit, d'après ce tableau, combien est importante en France la culture des fleurs à parfums, et cette importance devient encore plus manifeste si l'on songe au prix très élevé qu'atteignent les produits obtenus, et cela malgré la grande facilité de l'extraction. Quelques détails généraux, rappelés sur ce point, ne seront peut-être pas superflus.

Le procédé d'extraction le plus simple consiste à distiller les fleurs avec une grande quantité d'eau. Une partie du parfum se distille avec la vapeur et se sépare de celle-ci dans le réfrigérant. C'est ainsi que l'on obtient l'essence de rose, de néroli, de menthe, de lavande. L'opération est surtout avantageuse, non pas par la faible quantité de l'essence que l'on obtient et qui, malgré son prix élevé, ne suffirait pas à couvrir les frais, mais surtout par les eaux qui ont servi à la distillation et que l'on vend sous les noms d'eau de rose, d'eau de fleurs d'oranger, etc. C'est ainsi, par exemple, qu'avec cent mille kilogrammes de pétales de roses, on obtient une vingtaine d'hectolitres d'eau et seulement un kilogramme d'essence.

Quand la distillation altère la finesse des parfums, il faut avoir recours à des procédés spéciaux. On fait généralement appel à la propriété que possède la graisse d'absorber les odeurs et de les céder ensuite sans perte notable à l'alcool fort. Les graisses parfumées s'appellent des *pommades;* on désigne sous le nom d'*extrait* l'alcool chargé du parfum emprunté aux pommades. Pour rendre le contact le plus intime possible avec la graisse, on pratique l'opération connue sous le nom d'*enfleurage :* elle consiste à placer les pétales sur de la graisse et à en ajouter chaque jour de nouveaux fraîchement cueillis. Cette opération est très coûteuse, mais donne des parfums d'une grande finesse; on traite ainsi la violette, le réséda, la tubéreuse, le jasmin. On se sert aussi de divers dissolvants, tels que l'éther de pétrole et le sulfure de carbone : on obtient ainsi des rendements supérieurs à ceux des autres méthodes, mais les produits sont peut-être moins recherchés.

Ces diverses industries sont une source de richesse pour les régions privilégiées où elles peuvent se développer, et ce n'est pas trop de dire que les trois quarts de la population rurale des environs de Nice, de Cannes et de Grasse, sont employés à la culture ou au traitement des fleurs à parfums. Cependant cette branche si prospère de notre industrie horticole a vu naître récemment une industrie rivale qui menace de l'étouffer, je veux parler de l'obtention des parfums par synthèse. Par les procédés ordinaires de la chimie, on est arrivé, en effet, à produire artificiellement des parfums qui remplacent fort bien les parfums naturels et dont le prix de revient est beaucoup moindre. Il se passe à ce sujet ce qui a lieu pour la garance : le jour où l'on a obtenu synthétiquement l'alizarine, les champs de garance ont été ruinés de fond en comble. La même chose, si l'on n'y prend garde, ne va sans doute pas tarder à arriver pour la culture des fleurs à parfums. Déjà la fabrication du musc artificiel a détruit les grandes cultures de géranium de l'Algérie et de la Tunisie, et nombre de maisons n'arrivent plus à écouler leurs produits.

Que faire en cette occurrence? abandonner la culture des fleurs et laisser à tous les chimistes de l'Europe la fabrication des parfums? Mais alors, à quoi utiliserons-nous notre beau soleil de Provence et le climat privilégié dont jouit la France dans le Midi ? Non, il vaut mieux réagir, non pas en cherchant à obtenir des produits aussi bon marché que ceux de la chimie, ce qui serait tout à fait chimérique, mais en faisant mieux, c'est-à-dire en produisant des parfums fins, délicats, susceptibles par conséquent de lutter avec les produits toujours assez grossiers obtenus par synthèse. Pour arriver à ce résultat, il est nécessaire de déterminer d'une manière précise les modes de formation et de localisation des parfums dans les fleurs, de voir leurs variations dans la vie d'une même plante, de se rendre compte des conditions de culture qui donnent des rendements maxima, de créer des méthodes rationnelles d'extraction et de classer les parfums. C'est à ces divers problèmes que s'est attelé M. E. Mesnard, et il les a en partie résolus. Nous ne nous occuperons guère ici que de ses recherches sur la mesure de l'intensité des parfums, qui sont de nature à intéresser le grand public.

Il ne faudrait pas croire, en effet, que pour exciter agréablement notre nerf olfactif, il suffise de mélanger dans des proportions quelconques et d'une manière quelconque des odeurs qui, isolées, sont agréables à respirer, pas plus qu'en tapotant au hasard sur un piano on ne joue un air harmonieux. Il y a, dit M. Piesse dans son traité sur les parfums, une octave d'odeurs, comme il y a une octave de notes ; certains parfums se marient comme les sons d'un instrument. Ainsi l'amande, l'héliotrope, la vanille, la clématite s'allient très bien, chacune d'elles produisant à peu près la même impression, à un degré différent. D'autre part, nous avons le limon, l'écorce d'orange, la verveine, qui forment une octave d'odeurs plus élevée, et qui s'associent pareillement : l'analogie se complète par ce que nous appelons demi-odeurs, telles que la rose avec le géranium-rosat pour demi-ton; le petit grain, le néroli suivi de la fleur d'oranger. Puis viennent le patchouli, le bois de santal et le vétiver, et plusieurs autres qui rentrent l'un dans l'autre.

Il est curieux de noter qu'en mélangeant dans des proportions déterminées un petit nombre de parfums, on peut obtenir la plupart des odeurs des fleurs à l'exception de celle du jasmin, qui est seule et unique dans son genre. Avec une grande habitude on parvient, si j'ose m'exprimer ainsi, à faire l'éducation de son nez, et l'on devient compositeur de parfums comme les musiciens deviennent compositeurs de musique : certains parfumeurs arrivent à distinguer plus de quatre cents odeurs et à les marier sans difficulté d'une manière convenable. Mais ce sont là des exceptions; aussi M. Piesse, pour aider à la confection des parfums, a-t-il eu l'ingénieuse idée de choisir les odeurs qui sont plus spécialement employées dans la parfumerie, et de placer dans une gamme le nom de chaque odeur, dans la position correspondant à son effet sur le sens olfactif.

Do. — Rose.
Si. — Cannelle.
La. — Tolu.
Sol. — Pois de senteur.
Fa. — Musc.
Mi. — Iris.
Ré. — Héliotrope.
Do. — Géranium.
Si. — Œillet.
La. — Baume du Pérou.
Sol. — Pergulaire.
Fa. — Castoréum.
Mi. — Rotang.
Ré. — Clématite.
Do. — Santal.
Si. — Girofle.
La. — Storax.
Sol. — Frangipane.
Fa. — Benjoin.
Mi. — Giroflée.
Ré. — Vanille.
Do. — Patchouli.

Fa. — Civette.
Mi. — Verveine.
Ré. — Citronnelle.
Do. — Ananas.
Si. — Menthe poivrée.
La. — Lavande.
Sol. — Magnolia.
Fa. — Ambre gris.
Mi. — Cédrat.
Ré. — Bergamotte.
Do. — Jasmin.
Si. — Menthe.
La. — Fève Tonka.
Sol. — Seringa.
Fa. — Jonquille.
Mi. — Portugal.
Ré. — Amande.
Do. — Camphre.
Si. — Aurore.
La. — Foin frais.
Sol. — Fleur d'oranger.
Fa. — Tubéreuse.
Mi. — Acacia (Cassie).
Ré. — Violette.

GAMME DES ODEURS, basse ou clef de « fa ».   GAMME DES ODEURS, dessus ou clef de « sol ».
(D'après Piesse.)

Les odeurs non désignées dans les tableaux en question s'intercalent sans difficulté entre celles qui sont ici inscrites. Certaines n'admettent ni dièzes ni bémols ; d'autres, grâce à leurs diverses variétés, pourraient former une gamme à elles seules. « Lorsqu'un parfumeur veut faire un bouquet d'odeurs primitives, il doit prendre les odeurs qui s'accordent ensemble ; le parfum alors sera harmonieux. En jetant les yeux sur la gamme, on verra ce que c'est qu'harmonie et discorde en fait d'odeurs. Comme un peintre fond ses couleurs, de même un parfumeur doit fondre les aromes. Quand on fait un bouquet de plusieurs parfums, il faut les mélanger, pour que, rapprochés, ils fassent contraste. » (PIESSE.)

Voici quelques exemples qui montrent la manière de composer des parfums selon les lois de l'harmonie.

BASSE
Sol. Pergulaire . . . . . . ⎫
Sol. Pois de senteur. . . . ⎪
Ré. Violette. . . . . . . ⎬ Bouquet accord de sol.
Fa. Tubéreuse . . . . . . ⎪
Sol. Fleur d'oranger. . . . ⎪
Si. Aurore . . . . ⎭
      Dessus.

BASSE

Do.	Santal. . . . .
Do.	Géranium. . . . . .
Si.	Acacia . . . .
Sol.	Fleur d'oranger. . . .
Do.	Camphre . . . .
	Dessus.

Bouquet accord de *do.*

BASSE

Fa.	Musc . . . .
Do.	Rose . . . .
Fa.	Tubéreuse . . . . . .
La.	Fève Tonka. . . . . .
Do.	Camphre . . . .
Fa.	Jonquille . . . . . .

Bouquet accord de *fa.*

Cette méthode des gammes est ingénieuse et rend de très grands services ; mais on ne peut nier qu'elle soit artificielle, scientifiquement parlant. C'est ce qui a engagé M. Mesnard à mesurer l'intensité des parfums d'une manière plus précise. La chose est extrêmement délicate à tous les points de vue ; il est intéressant de voir la méthode détournée par laquelle M. Mesnard y est arrivé. Cette méthode consiste essentiellement à faire venir, dans un récipient donné, de l'air chargé d'un parfum connu et de l'air ayant passé sur une essence spéciale, facile à se procurer, de l'essence de térébenthine. Si l'odorat n'est pas capable, comme on peut le supposer *à priori,* d'évaluer l'intensité d'une odeur en mesure absolue, il peut être un comparateur merveilleux. On peut donc réaliser un mélange pour lequel l'odorat arrive à ne percevoir qu'une odeur neutre, c'est-à-dire une odeur telle qu'il suffirait de faire varier un peu la proportion des essences dans un sens ou dans l'autre, pour sentir, soit le parfum, soit l'essence de térébenthine. A ce moment on peut admettre que les deux odeurs s'équivalent. Il ne reste plus maintenant qu'à déterminer la quantité d'essence employée : on se base pour cela sur la propriété curieuse que possède l'essence de térébenthine d'éteindre la phosphorescence du phosphore. On calcule aisément la dose d'essence, en remarquant que, pour empêcher le phosphore de briller dans un espace donné, il faut y amener un volume d'air d'autant plus grand qu'il est chargé d'un poids moindre de vapeurs d'essence de térébenthine. L'intensité du parfum est évidemment d'autant plus forte qu'il a fallu, pour la neutraliser, employer une quantité d'essence plus considérable.

Dans ces expériences, il est bon de brasser les vapeurs odorantes pour obtenir, condition très importante, des mélanges bien homogènes.

Dans le dernier modèle et non le moins curieux imaginé par M. Mesnard, le nez de l'observateur communique avec la cavité de l'appareil, cavité dans laquelle on fait arriver le parfum et l'essence à l'aide de deux fils qu'ils imprègnent. On commence par faire venir une longueur déterminée de fil à parfum, puis on amène de la même façon une certaine longueur de fil à essence jusqu'à ce que les odeurs se neutralisent. On peut alors exprimer l'intensité du parfum en longueur de fil. Mesurer un parfum à la chaîne d'arpenteur, voilà une chose à laquelle on ne se serait pas attendu !

En ce qui concerne la localisation des parfums dans les fleurs, M. Mesnard a montré que les huiles essentielles qui produisent les parfums sont un produit de transformation de la matière verte des végétaux, de la chlorophylle ; elles se trouvent généralement à la face interne des pétales et des sépales. La lumière, d'ailleurs, favorise la formation de l'odeur; mais, si elle devient trop forte, elle exerce une action destructive. Au bout de quelques heures, une botte de roses placée à l'obscurité dégage une odeur d'une intensité à peu près double de celle d'une botte placée à la lumière. Il convient donc de cultiver les fleurs à parfums dans des conditions telles que la radiation lumineuse soit un peu atténuée. C'est ainsi que les violettes que l'on cultive sous les arbres à Toggia sont plus odoriférantes que celles qui croissent en plein soleil. Tout le monde sait que le muguet, le chèvrefeuille, donnent leurs parfums les plus exquis à l'ombre des grands bois.

En terminant ce chapitre, j'émettrai un vœu, c'est que les dames qui se parfument des pieds à la tête, trop souvent avec excès, se convainquent bien de l'harmonie des odeurs: qu'elles ne s'imaginent pas que plus elles s'aspergeront d'ylang-ylang, de peau d'Espagne ou de musc, plus elles fleureront bon. Qu'elles soient bien convaincues qu'en mélangeant des parfums disparates, elles risquent fort de créer une cacophonie d'odeurs qui amènerait le contraire du but qu'elles poursuivent.

Qu'elles n'oublient pas non plus que les parfums ont une influence pernicieuse sur la santé en général et sur la voix en particulier. Divers médecins, et notamment le docteur Joal, se sont livrés sous ce rapport à une enquête démonstrative. Sans remonter très haut dans l'histoire, on trouve de nombreux exemples de ces troubles, qui d'ailleurs ne paraissent se montrer que chez certains individus nerveux, névropathiques. Le peintre Vincent ne pouvait respirer une rose sans se trouver mal, et Mlle Contat s'évanouissait à l'odeur du musc. Nombre de personnes ne peuvent respirer le lilas ou le mimosa sans être suffoquées, au moins passagèrement. Mais ce que l'on a constaté maintes fois, c'est que les parfums peuvent rendre aphones ceux qui les respirent. C'est ainsi que Mme Marie Sass fut un jour dans l'impossibilité de chanter pour avoir respiré l'odeur d'un superbe bouquet de violettes; Mme Richard, de l'Opéra, défend expressément à ses élèves d'apporter aux leçons le plus petit bouquet de violettes; Mme Isaac proscrit toutes les fleurs, sauf la rose. Cette aphonie n'est pas seulement nerveuse, elle se manifeste encore sur les muqueuses nasale et laryngée, par des troubles visibles au laryngoscope.

Mais il n'en est pas toujours ainsi; le cas rapporté par le docteur Rolland Mackensie, de Baltimore, le prouve : une femme prétendait ne pouvoir sentir une rose sans éternuer et tousser immédiatement. Un jour, le docteur Mackensie lui présenta une magnifique rose; la jeune femme éternue aussitôt, elle manque de se trouver mal... La rose était artificielle.

XXI

Les oiseaux de proie sont de véritables bandits qui nous causent en général de très grands dommages, ravageant les chasses et les basses-cours. Aussi croyons-nous devoir donner ici quelques renseignements sur la manière de les détruire : c'est là d'ailleurs un sport très attrayant et ayant une utilité pratique, ce qui ne gâte rien. Ces détails seront aussi utiles pour les collectionneurs d'oiseaux.

Buses. — Les buses sont très sauvages; néanmoins, à la hutte, on peut en tuer beaucoup en les attirant avec un grand-duc. Mais ce procédé ne peut guère être employé que dans les pays où les buses sont communes.

Il est préférable d'employer un piège à planchette que l'on tend dans les champs et les bois, au milieu d'un grand vide. Pour ne pas permettre aux lièvres et aux chevreuils de venir s'y prendre, on l'entoure d'un cercle de soixante-dix centimètres de diamètre, formé de petites baguettes de cinquante à soixante centimètres, fichées dans le sol et un peu inclinées en dehors. Quand le piège est posé, on le dissimule en le recouvrant de plumes, et on l'amorce avec des intestins de volailles.

Souvent on met à profit l'amour immodéré que manifestent les buses pour les œufs. Au pied d'un arbre, on creuse un petit creux, et l'on y place deux œufs de poule. A l'aide de bâtonnets on limite une petite allée conduisant à ce nid artificiel, et, au milieu de la coulée, on place un piège à palette de manière que le ressort soit

perpendiculaire au chemin. La buse, qui vient pour manger les
œufs, s'engage dans le goulet et se fait prendre.

On peut répandre dans les bois des œufs de poule, à l'intérieur desquels on a introduit un peu de strychnine par un petit
orifice latéral que l'on rebouche avec un peu de plâtre. Les buses
les mangent et s'empoisonnent.

« Quand on tend le piège dans une pelouse, on le recouvre simplement de balles d'avoine,
et l'on place *à côté*, non
dessus, un morceau de lapin ou d'oiseau quelconque
maintenu par une petite
fourche en bois placée à
une extrémité, le cou d'un
petit poulet crevé, par
exemple; on a soin de ré-
pandre tout autour une
certaine quantité soit de
plumes, soit de poils, selon
l'animal qui sert d'appât.
Lorsque la buse vient pour
prendre l'appât et l'emporter, elle ne peut y parvenir
et, tournant tout autour,
finit invariablement par se
prendre bien mieux que
lorsque l'appât se trouve sur le piège. Dans ce dernier cas, il
empêche souvent celui-ci de se refermer et nécessite une ficelle
ou fil de fer qui inquiète la buse. » (*L'Éleveur.*)

Buse.

« Mais, dit M. de la Rue, à qui nous empruntons les détails qui
suivent, de tous les procédés employés à la destruction des oiseaux
de proie, le plus meurtrier et le meilleur consiste à tuer les mères
au moment où elles couvent le plus chaudement. Le succès dépend
du zèle des gardes, dont la tâche se borne à connaître, au printemps, tous les nids qui existent dans leur garderie : tâche facile
pour un garde intelligent. La tournée des nids, dans les forêts de

la couronne, se faisait avec tous les gardes, auxquels ne dédaignaient pas de se joindre quelques invités, enchantés d'avoir l'occasion, en temps de fermeture, de brûler quelques cartouches sur les oiseaux de proie de la forêt. Un déjeuner de chasseurs sous les futaies ne laissait pas, du reste, d'ajouter du charme à ces sorties matinales et de les rendre fort agréables. Le personnel indispensable à une pareille expédition se compose des gardes, qui indiquent les nids, d'un homme avec des griffes aux pieds pour monter sur les arbres, et d'une demi-douzaine de bons fusils. C'est durant la fraîcheur du matin que les oiseaux de proie qui couvent tiennent mieux le nid. Mais tous ne couvent pas à la même époque : il y en a de précoces, comme les oiseaux de nuit, il y en a de tardifs. Le garde sur la garderie duquel on opère prend la tête du cortège, qu'il conduit, dans le plus grand silence, à une certaine distance du premier nid, qu'il montre à tout le monde. Les tireurs alors, les uns prenant à gauche, les autres par la droite, s'en vont, sans faire de bruit, se ranger en cercle autour de l'arbre. Lorsque tous ont le fusil à l'épaule, l'homme aux griffes frappe du pied le tronc de l'arbre et fait partir la couveuse, qui tombe sous une grêle de plomb. Le mouteur grimpe avec la facilité d'un chat jusqu'au nid, qu'il jette à terre : le garde-chef inscrit sur son calepin le nombre d'œufs qu'il contient, pour en faire payer la prime au garde du canton. On procède de la même manière avec les autres nids ; deux ou trois tournées semblables ne sont pas de trop. Il est important de ne pas attendre l'éclosion des petits; car, à ce moment, les père et mère, pour les nourrir, font beaucoup de tort au gibier.

BUSARDS. — Les busards-harpayes font leur nid au commencement de mai dans les roseaux, sur une hutte de terre. A ce moment il est facile de les surprendre et de les tuer au fusil. On peut aussi employer des pièges à poteau, que l'on tend au milieu des marais. Ces pièges sont placés sur des sortes de poteaux télégraphiques qui servent de perchoir aux oiseaux de proie, lesquels y viennent soit pour se reposer, soit pour dévorer une proie tout à leur aise. Il y a plusieurs modèles de pièges à poteau. Voici ce que dit M. H.-Alphonse Blanchon à leur sujet dans un livre sur les animaux nuisibles :

« On emploie généralement un piège à palette d'un modèle particulier, portant des tenons qui permettent de le clouer au sommet d'une forte perche de trois mètres cinquante environ, isolée dans la plaine et pouvant se déplacer à volonté ou bien encore sur un vieil arbre. Le piège Salmon est à palette en bois, plate, fixée sur déclanchement automatique. Dès que l'oiseau s'y pose, la palette se dérobe sous son poids, et il est pris ; le ressort est situé en dessous de la palette, ce qui en réduit beaucoup le volume sans que la dimension des cercles et leur force se trouvent diminuées d'autant. Sa dimension doit être calculée de manière que la distance entre la palette et le point culminant des cercles fermés soit égale à la hauteur de la cuisse de l'oiseau, car c'est la cuisse qui doit être prise entre les dents du cercle et non le torse, comme il arrive souvent. C'est une erreur d'amorcer le piège ; c'est simplement un perchoir offert à l'oiseau, et il s'y prend en se posant dessus ; on se contente, une fois qu'il est tendu, de dissimuler autant que possible la palette et les cercles avec de la mousse. La perche ou poteau qui supporte le piège doit avoir trois mètres de hauteur au moins ; avec ces dimensions, une échelle est nécessaire pour enlever l'oiseau qui s'est fait prendre ou pour retendre le piège. On peut se passer d'échelle en garnissant le poteau lui-même d'échelons ou en l'établissant en deux parties assemblées par deux boulons : en enlevant un boulon, on fait faire charnière à la partie supérieure ou l'inférieure ; on peut aussi la baisser à volonté. Le piège à poteau doit être placé à une certaine distance de toute espèce d'arbre, dans une plaine. Les oiseaux de proie auront ainsi plus de tendance à aller s'y poser ; ils auront là un observatoire tout fait, d'où ils pourront explorer la plaine à leur aise et se précipiter sur lièvres ou perdrix qui sont leur pâture. »

Le busard Saint-Martin peut se prendre au piège à planchette. Mais le plus simple est de guetter le chemin que prennent les parents pour rapporter de la nourriture à leurs petits. Comme ce trajet est toujours le même, il est facile de se poster et de les tirer au filet ; ils sont d'ailleurs peu sauvages.

Milans. — Les milans se chassent très bien à la hutte ; en Allemagne, c'est même un sport très goûté. On peut d'ailleurs les approcher lorsqu'ils se posent sur les arbres et les tuer avec du plomb n° 2 ou 3. On peut aussi les chasser à l'affût en les attirant avec une charogne.

Les milans se prennent également au piège à poteau, mais surtout au piège à palette, que l'on amorce avec des grives, des étourneaux ou des alouettes.

Épervier commun.   Faucon d'Islande.   Milan noir.

En mettant à leur portée des animaux morts contenant une pincée de strychnine, on a des chances de les voir mourir empoisonnés.

FAUCON. — Le faucon est un des oiseaux de proie les plus difficiles à détruire. Il ne faut pas songer à le tuer au fusil, parce qu'il ne se laisse pas approcher. Les pièges sont aussi presque impossibles à utiliser, parce que les faucons ne se jettent que sur le gibier bien vivant.

Le meilleur moyen de s'emparer de ces animaux consiste à

employer des filets, procédé qui permet en même temps de se procurer des oiseaux pour la fauconnerie. Voici les intéressants détails
qu'a donnés sur cette chasse en Hollande le *Bulletin de la Société
d'acclimatation* :

Si vous jetez les yeux sur une carte de l'Europe où les montagnes soient indiquées en relief, vous remarquerez une longue
bande de plaines ou de dépression qui s'étend du Nord au Midi.
On suit ainsi les bords de la Baltique, les côtes de Suède et de
Russie ; on traverse le Danemark, le Hanovre, la Belgique, le plateau du Vexin, la Touraine, les Landes, pour finir en Espagne.
Eh bien, dans ce long corridor il se produit deux fois par an, au
printemps et à l'automne, un va-et-vient, une oscillation ou fluc-
tuation migratoire des oiseaux qui, ayant niché dans le Nord, descendent vers le Midi pour y chercher des climats plus doux, ou
remontent vers les contrées sauvages qui les ont vus naître pour
se multiplier à leur tour. C'est ce long corridor que descendent et
remontent annuellement les faucons, et la configuration du sol
qui se resserre les accumule d'une façon toute spéciale, à une certaine époque, dans le Brabant. Les fauconniers hollandais les y
attendent pour les détrousser au passage, comme jadis les condot-
tieri du moyen âge dans leurs castels fortifiés, qui dominaient les
défilés et les grandes routes et attendaient les voyageurs de commerce pour prélever sur eux un péage.

Voici le plan de l'attirail hollandais pour le piégeage. Seulement
le castel fortifié des fauconniers hollandais n'est qu'une simple hutte
enfoncée en terre et recouverte d'un dôme de mottes de bruyères,
de branchages et de gazon. Extérieurement, cela a l'air d'une taupinière, d'une forte taupinière. A l'intérieur, où l'on descend par
un passage en pente, des bancs de bois ou des tabourets plus ou
moins boiteux, un ratelier pour la pipe et une petite table ou une
étagère pour les verres et l'inévitable bouteille de schiedam, la
compagne indispensable du veilleur solitaire qui doit y passer ses
journées. Sur la façade de cette hutte, une fenêtre un peu basse et
longue, presque au ras du sol, permet de surveiller la campagne ; puis quelques chattières ou œils-de-bœuf facilitant les
moyens d'observation, et par où passent les cordes et filières avec

lesquelles on agit sur l'attirail disposé à une trentaine de mètres
en avant de la fenêtre. Cet attirail se compose de deux poteaux de
cinq mètres de haut, du sommet desquels partent des filières qui
aboutissent à la hutte et qui, lorsqu'on tire dessus, font monter en
l'air, l'un un pigeon vivant que j'appellerai *pigeon d'appel*, l'autre
un vieux faucon hors d'usage ou un balai de plumes noires à l'aspect féroce, parce qu'il doit jouer le rôle d'un faucon, comme vous
allez le voir. A droite et à gauche sont de petits abris en mottes

Hobereau.

de gazon où sont enfermés d'autres pigeons que je désignerai sous
le nom de *pigeons de leurre*, et que l'on peut tirer dehors au moyen
de la filière et faire passer dans la circonférence de filets circulaires
soigneusement repliés et dissimulés, mais prêts à se rabattre et à
se détendre.

L'installation ainsi disposée, on se met dans la hutte et l'on
attend le faucon. Mais le faucon ne veut pas du tout se faire
prendre, il n'y a jamais songé, et il passe souvent le matin, très
loin, très haut, et si haut même, que les fauconniers ne pourraient
pas le voir. Comment faire? Eh bien, le fauconnier s'est fait aider
par des oiseaux. Ces oiseaux sont des pies-grièches.

Les pies-grièches ont l'œil encore plus perçant que le fauconnier. On en attache deux à droite et deux à gauche de la hutte, sur de petits tertres artificiels qui forment observatoire. Rien ne passe en l'air sans éveiller leur attention, et vous apprenez vite à estimer, d'après leurs attitudes, de la nature de l'oiseau qui excite leur méfiance. Si c'est un vrai faucon que la pie-grièche a découvert, son agitation est de plus en plus intense à mesure que l'ennemi se rapproche. Elle cesse de manger, elle bat des ailes et pousse de petits cris. Nous voilà donc assurés qu'il passe un faucon quelque part : nous ne savons pas où, nous ne le voyons pas, mais nous en sommes sûrs.

Il faut attirer ce faucon. Alors on agit sur les filières des poteaux; on fait voler le pigeon d'appel, on fait voler le faucon ou le plumeau terrible, de façon à simuler un combat. L'oiseau passager a aperçu la manœuvre; il y a là un camarade qui chasse, il y a donc quelque chose à manger. Si nous y allions voir? se dit-il; et il suspend son voyage et se rapproche. C'est bien cela, il ne s'est pas trompé; il y a du pigeon dans l'air. Dix minutes d'arrêt, buffet; il se rapproche toujours davantage. Le voilà presque à portée. L'agitation de la pie-grièche est intense; elle pousse des cris de terreur et se précipite au fond d'un petit réduit qu'on lui a ménagé et où elle se cache. Alors vous laissez retomber les filières des poteaux; le pigeon d'appel, pas plus rassuré que la pie-grièche, s'empresse de se mettre à l'abri, et vous faites sortir le pigeon de leurre. Avec la rapidité de l'éclair, le faucon passager a fondu sur lui et l'a lié; ils tombent à terre, et alors, tirant doucement sur votre pigeon, vous l'entraînez, lui et le faucon qui le tient et qui ne veut pas le lâcher, dans l'aire de développement du filet circulaire, que vous fermez et que vous rabattez sur les deux oiseaux. Le faucon est pris.

Hobereau. — Le hobereau peut, comme le faucon, se capturer au filet, mais à la condition de remplacer le pigeon par un petit oiseau, une alouette, par exemple.

On le prend aussi facilement à la hutte en l'attirant à l'aide d'un grand-duc, auquel il « donne » avec ardeur. Pour ce faire, le chasseur se cache dans une hutte légèrement proéminente et dissimulée avec des branchages. En avant d'elle, à trente pas environ, on met un perchoir mobile supportant un grand-duc et, à plus de distance,

quelques arbres morts. Quand le chasseur aperçoit un oiseau de
proie, il tire à l'aide d'une corde sur le grand-duc qui bat des ailes.
L'oiseau de proie l'aperçoit et arrive de toute la vitesse de ses
ailes pour se poser sur les arbres morts placés à côté de l'animal
pour qui il a une si grande antipathie. C'est ce moment qu'on
choisit pour lui envoyer un coup de fusil. « Que mes confrères qui
doivent manier un grand-duc prennent garde à ses serres. J'ai
connu un élève forestier ayant reçu un coup de serre peu dange-

Émerillon.

reux à première vue, et qui deux jours plus tard mourait d'héma-
toxie. C'est donc précisément à cause du maniement difficile du
grand-duc et de la peine et des soins que demande sa conservation,
que quelques chasseurs préfèrent se servir d'un grand-duc empaillé
muni d'un mécanisme intérieur qui, par une simple traction sur
la ficelle conduisant à la hutte, fait agiter les ailes et la tête de
l'oiseau comme s'il était vivant. J'ai personnellement déjà essayé
l'affût à la hutte avec un oiseau empaillé, et je puis constater que
les oiseaux de rapine le haïssent aussi bien que l'espèce vivante, si
toutefois la journée est bonne; car il ne faut pas s'imaginer que
cette chasse réussit tous les jours. J'ai aussi employé un singe

empaillé au lieu du grand-duc, et j'ai tué sur lui maintes fois des
oiseaux de proie. » (*Le Chasseur français.*)

Le hobereau est très méfiant ; néanmoins on peut parfois l'approcher lorsqu'il se perche sur un arbre.

ÉMERILLON. — L'émerillon se chasse de la même façon que le
hobereau.

AUTOUR. — L'autour se chasse facilement à la hutte, car il

Autour.

donne au grand-duc avec acharnement. On emploie du plomb
nos 2 et 3.

On peut encore l'attirer avec un pigeon blanc attaché avec une
ficelle et en se cachant bien.

Le piège à palette tendu sur le sol donne aussi de bons résultats. On l'amorce avec un animal vivant, un pigeon ou un lapin.
Cet animal est attaché à un piquet par un fil de laiton, et de telle
façon qu'en se déplaçant il ne puisse venir toucher le piège et, par
suite, le déclancher. On tend surtout sous bois, dans les endroits
couverts.

Quelques chasseurs préfèrent employer des filets appelés
éreignes, lesquels donnent surtout de bons résultats à la fin d'octobre. On tend ces filets avec un piquet ; l'autour fond sur lui avec

une telle rapidité, qu'il s'empêtre les pattes dans les mailles et se fait prendre. Voici, d'après M. Cerbon (*l'Éleveur*), comment on tend ce filet :

Piquez trois perches droites de coudrier ou de houx sans être pelées, hautes de deux mètres environ, disposées en triangle et de toute leur longueur. Le long de chaque perche il faut faire, et en dedans, des crans de haut en bas tous les vingt centimètres environ. Vous tendez ensuite un filet, teint en couleur cachou, de mailles larges de quatre centimètres environ. Ce filet mesurera un mètre quatre-vingts de hauteur et aura six mètres de largeur. Il sera fixé en dedans des perches et maintenu par les crans qui retiendront les mailles. Au milieu du piège on mettra un pigeon vivant et bien remuant, auquel on attachera aux pieds de petits jets en cuir avec touret et un crochet fiché à un pieu bien enfoncé en terre, de façon que le pigeon puisse tourner en tous sens sans tordre ses entraves. A un autre on essayera un lapereau attaché par la patte. Enfin, si on veut réussir, il faudra tendre dès l'aurore et détendre au crépuscule, car les *passagers* (cette chasse s'adresse surtout aux oiseaux de passage) sont rares, méfiants, et ne se laissent prendre que par des piégeurs habiles et patients. Il faudra donc s'éloigner de ces pièges et surtout se cacher en faisant un abri de deux cents mètres environ de l'éreigne du milieu, le faire couvrir de vieux fagots, en laissant trois ou quatre meurtrières pour surveiller à son aise.

Quand on a eu la bonne fortune de pouvoir capturer des jeunes au nid, il n'est pas difficile de s'emparer des parents. Pour cela on met les jeunes dans une cage spéciale surmontée d'un piège. Les parents viennent se poser sur celui-ci et se font prendre.

ÉPERVIER. — L'épervier se tire avec du plomb n° 6.

On le chasse à la hutte avec un grand-duc ou mieux un hibou.

On peut employer les pièges à palettes tendus le long des haies, en amorçant avec de petits oiseaux vivants.

XXII

Si nous écoutions notre sentiment, il est probable que nous ne ferions attention aux cousins que pour les écraser du revers de la main. Mais, comme le dit Réaumur, « ce sont des ennemis bons à connaître ; pour peu que nous leur donnions d'attention, nous nous trouverons forcés de les admirer et d'admirer même l'instrument avec lequel ils nous blessent ; il n'est besoin pour cela que d'examiner sa structure. »

Le cousin est un animal à grandes pattes, à corps allongé et maigre, ayant l'air un peu bossu, à cause de son corselet proéminent. Il est un insecte avec lequel, au premier coup d'œil, on le confond invariablement : c'est la tipule. Mais, pour reconnaître ces deux espèces, il suffit d'examiner la bouche qui, chez le cousin seul, est armée d'une longue trompe. La tipule est un animal absolument inoffensif, qui, malgré son aspect, est incapable de nous piquer.

L'abdomen allongé comprend huit anneaux. Les balanciers sont très développés. Le cousin, comme la mouche, est un diptère, c'est-à-dire qu'il ne possède que deux ailes, rabattues sur le dos, à l'état de repos. Fait extrêmement rare dans le groupe des mouches, on peut distinguer à la loupe, sur les ailes des cousins, des écailles disposées le long des nervures et tout à fait comparables à celles que l'on rencontre sur l'aile des papillons. On trouve aussi des écailles analogues sur le corselet et l'abdomen. Les antennes, fort élégantes, se montrent sous l'aspect d'un panache, très fourni chez le mâle, plus réduit chez la femelle. Les yeux, très développés, occupent une grande partie de la tête ; ils sont verts avec des reflets rougeâtres sous une certaine incidence.

La trompe, organe très complexe, mérite une attention spéciale. Quand on l'examine à l'état du repos, on ne voit qu'une gaine cylindrique, laissant quelquefois passer en avant une petite pointe aiguë. Lorsqu'on tient un cousin par les deux ailes et qu'on le tourmente avec un objet quelconque, on voit la gaine se fendre en deux valves et laisser voir en son centre un faisceau de filaments allongés. Comment toutes ces parties agissent-elles quand le cousin opère sa piqûre? Ah! pour s'en rendre compte, il ne faut pas être douillet et se faire piquer de parti pris ! Pour donner du courage à ceux qui voudront se livrer à cette opération, nous ne pouvons faire autrement que de citer le délicieux passage suivant emprunté aux œuvres de Réaumur, l'ardent et illustre naturaliste.

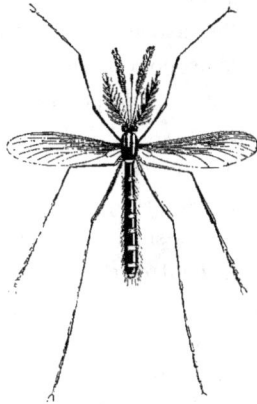

Cousin commun.

« Après tout, dit-il, sans un fort grand courage et sans un amour excessif pour l'histoire naturelle, on peut être capable de soutenir patiemment leurs piqûres. Loin de tâcher de tuer le cousin qui me piquait ou qui cherchait à me piquer, il m'est arrivé plus d'une fois de n'avoir d'autre crainte que de le troubler dans son opération. Plus d'une fois je les ai invités à venir sur le dessus d'une de mes mains ; plus d'une fois je l'ai offerte à ceux qui étaient en l'air, en l'approchant d'eux doucement, et cela pendant que je tenais de l'autre main une loupe, pour m'aider dans la suite à mieux voir le jeu de leur trompe. On croit bien que j'ai réussi à me faire piquer ; je n'ai pourtant pas été piqué toujours autant de fois que je l'eusse voulu et quand je l'eusse voulu. Lorsqu'on a eu une fois le plaisir de voir le cousin dans l'action, on oublie le petit mal qu'il nous fait en nous blessant et les suites de la blessure qui, sur la main, ne sauraient être ni dangereuses ni de longue durée.

Après qu'un cousin m'avait fait la grâce de se venir poser sur la main que je lui avais offerte, je voyais qu'il faisait sortir du front de sa trompe une pointe très fine, qu'il tâtait avec le bout de cette pointe successivement quatre ou cinq endroits de ma peau. »

Et plus loin, Réaumur ajoute :

« Mlle X, qui fait des portraits si ressemblants et si finis de la plupart des insectes que nous avons fait graver, ne se plaît pas seulement à faire leurs portraits, elle aime à connaître le génie et l'industrie de ces petits animaux. Pendant qu'elle étudiait les cousins pour faire les dessins, elle leur offrait volontiers une de ses mains ; ils paraissaient se connaître en peau, ils préféraient la mienne. »

Ce tableau est si plein de bonhomie et d'amour scientifique, qu'il est presque touchant. Le problème de la piqûre du cousin n'est pas si simple qu'il en a l'air au premier abord. Nous devrions cependant dire à *priori* que le fourreau, à cause de son diamètre, ne peut pénétrer dans la peau et que ce sont les filaments qu'il contient qui seul traversent l'épiderme. Or ces filaments ne sont pas extensibles, ils ne peuvent augmenter de longueur. Comment donc vont-ils s'y prendre pour opérer, gênés qu'ils sont par la gaine ? La chose est facile à élucider en se faisant piquer par un cousin. L'extrémité libre des stylets s'enfonce dans la peau, tandis que la gaine vient buter à la surface. L'insecte pousse son instrument plus fort ; alors la gaine, qui est flexible, se recourbe en arrière : à ce moment elle constitue un arc de cercle dont la corde est constituée par les filaments devenus extérieurs. Les stylets s'enfoncent ainsi jusqu'à leur base, et la gaine, se courbant de plus en plus en arrière, finit par former un angle et enfin par se plier sur elle-même. Quand l'opération est terminée, le cousin retire ses stylets, et la gaine, grâce à sa grande élasticité, reprend sa forme primitive pour les abriter. Quand on ne dérange pas le cousin, il reste cinq à six minutes au même point et aspire le sang de manière à s'en remplir complètement le tube digestif, que l'on voit même se vider en partie par l'anus.

En même temps que la trompe pénètre dans l'épiderme, elle sécrète un liquide destiné peut-être à délayer le sang absorbé, mais qui en tous cas produit chez nous une assez violente inflammation, d'où production d'un gros bouton et de démangeaisons désagréables assez vives.

Quand les cousins se posent soit sur une plante, soit sur une vitre ou sur des rideaux, ils se montrent agités d'une trémulation fort curieuse et dont l'utilité n'est pas encore établie. Les pattes agissent comme des ressorts ; leurs extrémités ne bougent pas, mais le corps est abaissé et soulevé successivement avec une grande rapidité.

Chez nous, on est en somme assez rarement piqué par les moustiques. D'ailleurs, les plaies qu'ils causent sont rapidement abolies par une goutte d'ammoniaque diluée dans l'eau. Mais, dans certains pays chauds, le Brésil, par exemple, les cousins par leur nombre immense sont un véritable fléau. On en est réduit à se réfugier sous des moustiquaires, c'est-à-dire des tentes de gaze. On peut aussi les éloigner des maisons, en brûlant tout autour des herbes humides, donnant beaucoup de fumée. Il paraît qu'en se frottant le corps avec de l'essence de girofle, on est à l'abri des morsures des moustiques.

Les cousins femelles vont pondre dans l'eau trois cents œufs en moyenne.

XXIII

LES BOUSIERS

Me promenant un jour dans un pré avec un jeune entomologiste qui m'avait demandé de l'initier aux mystères de la chasse aux insectes, je lui exprimais ces deux principes : 1° qu'on trouve des coléoptères partout et 2° que, lorsqu'on sait s'y prendre, il n'y a pas besoin d'appareils spéciaux pour capturer la plupart d'entre eux. Voyant mon partenaire des plus sceptiques, je lui dis :

« Eh bien, voulez-vous que dans ce pré, avec une simple pince ou même sans, je vous fasse faire une récolte aussi abondante que vous n'en ferez jamais une, même lorsque vous serez passé maître ès captures d'insectes ?

— Ma foi, dit-il, je vous en serais bien obligé. »

Son sourire était malicieux, et je crois bien qu'il pensa me prendre en flagrant délit de gasconnade (nous étions dans le Midi).

« Voyez-vous, lui dis-je, cette grosse bouse de vache dont le dépôt remonte environ à un jour ; c'est là que nous allons faire une chasse sans pareille.

— Eh quoi! me dit-il, c'est là-dedans qu'il faut fouiller? C'est trop répugnant, et jamais je n'oserai y toucher, même avec une pince. Au reste, je vais vous laisser faire.

— Qu'à cela ne tienne, » repris-je.

Et, ce disant, j'enlevai d'un coup de la pince un lambeau de la croûte extérieure de la bouse.

A peine ceci fut-il fait, que nous vîmes grouiller tout un monde

de bestioles qui couraient effarées et cherchaient à rentrer dans
l'intérieur de la fiente. Les saisir rapidement avec la pince et les
jeter dans la bouteille de chasse fut l'affaire d'un instant.

« Tenez, dis-je à mon jeune sceptique, regardez ce joli petit
coléoptère aux élytres rougeâtres, c'est l'*aphodius fœtens;* il est
d'un luisant très remarquable. Celui-ci, tout noir comme du jais,
est l'*aphodius fossor,* ainsi nommé parce que souvent il creuse la
terre. Cet autre est l'*onthophagus taurus;* vous remarquez sur sa
tête deux grandes cornes d'un aspect singulier. Quant à ce gros
coléoptère massif, le *geotrupes stercorarius,* son ventre est du plus
beau violet métallique, couleur qu'on ne s'attendrait guère à rencontrer ici. »

Tout en causant je continuais ma récolte, et le flacon s'emplis-
sait rapidement. Mon compagnon était d'abord resté debout, les
deux mains dans les poches. Mais quand il vit toutes les richesses
entomologiques que je lui montrais, il s'accroupit pour mieux
observer. Quand un coléoptère tentait de s'échapper, il me l'indi-
quait rapidement du doigt. Bientôt, à son insu, il s'enhardit et rat-
trapa lui-même les fuyards avec les pinces que j'avais en double
et que je lui avais prêtées. Puis, petit à petit, il en vint à chercher
des insectes lui-même dans la bouse, fourrageant dans tous les
sens et poussant de petits cris de joie à chaque trouvaille nouvelle.

Quand le « placer » fut complètement mis à sec, il s'arrêta, tout
essoufflé, et ce fut à mon tour de le regarder d'un air goguenard :

« Eh bien ! lui dis-je, qu'est devenue votre répugnance de tout
à l'heure ? Je pensais bien que vous arriveriez facilement à vous en
séparer ; votre ardeur me prouve que vous êtes un vrai naturaliste,
et, par-devant maître Aphodius et maître Onthophague, je vous
sacre entomologiste ! »

Je cite cette petite anecdote dans l'espoir qu'elle engagera les
débutants à surmonter leur répugnance à fouiller dans les bouses
de vache et le crottin de cheval. Ce n'est que le premier pas qui
coûte. Quand ils auront chassé *une seule fois,* qu'ils auront récolté
une quantité prodigieuse d'insectes, tous plus intéressants les uns
que les autres, ils seront, j'en suis sûr, tout de suite enthousiasmés ;

et, quand ils apercevront une « belle bouse », ils se précipiteront dessus avec un entrain sans pareil.

Parmi les bousiers, il n'en est certainement pas de plus curieux que les *ateuchus*, désignés souvent sous le nom vulgaire de *scarabées*. Prenons pour exemple l'*ateuchus sacer* ou *scarabée sacré*, ainsi nommé parce qu'il était autrefois adoré par les Égyptiens, comme nous aurons l'occasion de le dire plus loin. Abondant en Afrique, on ne le rencontre en France que dans le Midi, au-dessous de la latitude de Bordeaux. Sur les bords de la Méditerranée, et surtout aux environs de Marseille, c'est une espèce commune. Tout de noir habillé, son corps est large, aplati, avec des élytres cannelées en longueur. Deux points sont particulièrement à noter. La tête est fort large, aplatie, crénelée sur les bords : c'est, par sa forme et ses fonctions, une pelle et un râteau. Les deux paires de pattes postérieures, comme celles de tous les insectes, sont terminées par une file de quelques petits articles minces et délicats, dont l'ensemble s'appelle le *tarse*. Or, chose curieuse, les deux pattes antérieures sont dépourvues de tarses. Le scarabée serait-il donc construit sur un type différent de celui des autres insectes ? Il est bien probable que non. Mais alors comment expliquer l'absence des tarses ? Des discussions nombreuses se sont élevées à ce sujet entre les naturalistes. Les uns, — les anciens, — soutenaient que, l'animal se servant constamment de ses pattes pour creuser le sol, il n'était pas étonnant que les *tarses*, organes fragiles avant tout, se soient cassés ; si donc on ne les trouvait pas chez l'adulte, c'est que les animaux récoltés étaient trop vieux. Les autres, — les nouveaux, — soutiennent une théorie bien plus vraisemblable. Les ateuchus, disent-ils, selon toute probabilité, creusent la terre et les bouses depuis fort longtemps ; leurs tarses originels, organes inutiles et même gênants, ont subi la régression habituelle des appareils tombés en désuétude ; de génération en génération, et sans doute par voie de sélection, ils ont disparu pour le plus grand bien de la gent scarabée.

Mais ce sont là des théories : arrivons aux faits.

Une bouse est déposée sur le sol ; le vent emporte le fumet à des distances énormes. Un scarabée est là sur un monticule, se demandant comment il va satisfaire la faim qui le dévore. Mais voilà que la bonne nouvelle arrive par ce qu'on pourrait appeler le télégraphe aérien. Il dresse ses antennes, flaire et part. Oh! n'allez pas croire qu'il va se tromper de chemin. Le voilà qui s'en va cahin-caha, marchant d'un air gauche, ayant l'air de boiter. Mais bast! il s'agit bien de se dandiner.

Mon Dieu, pense-t-il, pourvu que j'arrive à temps et qu'il reste encore une bonne pitance!

Et il marche, et il trotte, et il culbute. Enfin, après maints efforts, le voilà arrivé à l'objet de ses désirs. Évidemment, la première idée qui vient à l'esprit, c'est qu'il va tout de suite se mettre à table, manger comme un glouton, « se caler les joues, » pour employer une expression un peu faubourienne. Oh! que vous connaissez mal l'esprit pratique du scarabée! Manger? oh! que non. De la bouse, dans quelques heures, il ne restera bientôt plus rien: ils sont là des milliers d'insectes qui, moins avisés que lui, dévorent le gâteau à belles dents; mais dans une heure, sans avoir eu le temps de déguster, ils vont se retrouver l'estomac bien garni, mais en somme « gros Jean comme devant ». S'il n'y a plus de bouses dans les environs, ils vont donc rester des jours et peut-être des semaines dans la noire abstinence, si même ils ne meurent pas d'une indigestion. L'ateuchus est bien plus malin. A l'aide de sa tête, pelle et râteau, nous l'avons dit, il fait un triage rapide des meilleurs matériaux. Les jambes antérieures, très dentées également, jouent le même rôle; elles rejettent au loin « le menu fretin » et ne gardent que les mets de choix. Ceci fait, les mêmes pattes ramassent les futurs aliments par brassées et les communiquent aux deux paires de pattes postérieures.

Fabre, l'illustre naturaliste d'Avignon, a étudié avec une grande sagacité les mœurs des scarabées. Voici comment il décrit la fin de l'opération en question. « Les jambes postérieures sont conformées pour le métier de tourneur. Leurs jambes, surtout celles de la dernière paire, sont longues et fluettes, légèrement courbées en arc et terminées par une griffe très aiguë. Il suffit de les voir pour reconnaître en elles un compas sphérique, qui, dans ses branches courbes, enlace un corps globuleux pour en vérifier, en corriger la forme.

Leur rôle est en effet de façonner la boule. Brassées par brassées, la matière s'amasse sous le ventre, entre les quatre jambes, qui, par une simple pression, lui communiquent leur propre courbure et lui donnent une première façon. Puis, par moments, la pilule dégrossie est mise en branle entre les quatre branches du double compas sphérique; elle tourne sous le ventre du bousier et se perfectionne par la rotation. Si la couche superficielle manque de plasticité et menace de s'écailler, si quelque point trop filandreux n'obéit pas à l'action du tour, les pattes antérieures retouchent les endroits défectueux ; à petits coups de leurs larges battoirs, elles tapent la pillule pour faire prendre corps à la couche nouvelle et empâter dans la masse les brins récalcitrants. Par un soleil vif, quand l'ouvrage presse, on est émerveillé de la fébrile prestesse du tourneur. Aussi la besogne marche-t-elle vite : c'était tantôt une maigre pilule, c'est maintenant une bille de la grosseur d'une noix, ce sera tout à l'heure une boule de la grosseur d'une pomme. J'ai vu des goulus en confectionner de la grosseur du poing. »

Mais ce n'est pas tout que d'approvisionner, il faut mettre en lieu sûr. Comment le scarabée va-t-il s'y prendre pour empêcher les autres bousiers de venir manger sa boule de concert avec lui ? Oh! d'une façon bien curieuse. Quand la boule de fiente est achevée, relevant son abdomen et se plaçant la tête en bas, l'insecte l'embrasse de ses longues pattes postérieures, qui s'y implantent en deux points seulement. De cette façon la pilule peut tourner autour de cet axe virtuel, comme le fait la roue d'une brouette autour de son pivot. S'arc-boutant alors sur ses pattes intermédiaires, il fait mouvoir ses pattes antérieures de manière à marcher *à reculons,* c'est-à-dire à pousser la boule en arrière de lui. D'abord râteau, puis pelle, voilà notre ateuchus devenu brouette ! Il s'en va ainsi par monts et par vaux, toujours poussant la boule. De temps à autre il change ses griffes postérieures de place, de manière à déplacer l'axe de rotation. Sans cette intelligente précaution, la boule deviendrait bientôt un cylindre. Un fait également curieux, c'est que le scarabée, pour des raisons à lui seul connues, aime à grimper le long des talus au lieu de suivre, ce qui serait bien plus simple, les régions basses. Aussi, nombreuses sont les culbutes qui s'effectuent pendant le voyage. La boule vient-elle à rencontrer un petit caillou, un fragment de racine, l'insecte s'incline-t-il légèrement, patatras! tout dégringole, boule et scarabée. Celui-ci ne se décourage pas pour si peu ; il se remet en position et remonte le talus dangereux. Souvent le même accident se produit dix, quinze, vingt fois même, et presque toujours l'insecte s'entête dans son entreprise jusqu'à ce qu'il ait vaincu la difficulté.

Quand on se promène dans un pré, dans le Midi, bien entendu, il n'est pas rare de rencontrer attelés à une même boule deux scarabées. Est-ce le mâle et la femelle qui reviennent ainsi du marché, « toi devant et moi derrière, nous pousserons le tonneau, » comme dit la chanson? Une pareille hypothèse est bien tentante à faire. Eh bien! non. Fabre a disséqué maintes fois les deux partenaires, et presque toujours il les a trouvés du même sexe. Est-ce alors deux co-associés qui emportent le « magot » commun, pour le dévorer ensuite tout à leur aise ? Jamais on n'observe de travail en commun autour de la bouse.

On a cru longtemps que lorsqu'un scarabée trouve le fardeau trop fort pour lui, il va chercher un collègue qui, de bonne grâce d'ailleurs, lui donnerait un coup d'épaule. Ce n'est pas l'avis de Fabre. « C'est tout simplement, dit-il, tentative de rapt. L'empressé confrère, sous le fallacieux prétexte de lui donner un coup de main, nourrit le projet de détourner la boule à la première occasion. Faire sa pilule au tas demande fatigue et patience ; la piller quand elle est faite, ou du moins s'imposer comme convive, est bien plus commode. Si la vigilance du propriétaire fait défaut, on prendra la fuite avec le trésor ; si l'on est surveillé de trop près, on s'attable à deux, alléguant les services rendus. Tout est profit en pareille tactique ; aussi le pillage est-il exercé comme une industrie des plus fructueuses. Les uns s'y prennent sournoisement, comme je viens de le dire ; ils accourent en aide à un confrère qui nullement n'a besoin d'eux, et, sous les apparences d'un charitable concours, dissimule de très indélicates convoitises. D'autres, plus hardis peut-être, plus confiants dans leur force, vont droit au but et détroussent brutalement. Dans ce cas le voleur arrive, culbute le légitime propriétaire, et se campe sur le haut de la boule. Remis de son émoi, l'exproprié

fait alors le siège de son propre bien ; il culbute l'assaillant, tous
deux se prennent corps à corps, jusqu'à ce que l'un d'eux, se sentant
plus faible, abandonne la place. D'autres fois l'intrus arrive tranquillement et s'attelle à la boule dans la position inverse du propriétaire, c'est-à-dire que la tête en haut, les bras dentés sur la boule,
les pattes postérieures sur le sol, il attire le fardeau à lui. Il semble
donc animé des meilleures intentions. Mais bientôt sa bonne
volonté semble l'abandonner ; il ramène ses jambes sous le ventre,
s'incruste autant qu'il le peut dans la boule, et ne bouge plus. Et
toujours le malheureux propriétaire pousse, roulant ainsi non seulement la pilule, mais encore le voleur qui demeure coi. De temps
à autre cependant, l'acolyte se réveille : quand la pente est trop
raide à gravir, il sort de sa léthargie et se met à tirer la pelote en
avant, tandis que l'autre la pousse de toutes ses forces en arrière.
Puis, quand l'obstacle est franchi, il reprend sa posture de paresseux
et se fait carrosser. Tout ceci prouve, on le voit, que l'ateuchus qui
survient n'est qu'un voleur, et non, comme on le croyait, un aide.

Pour élucider la question d'une manière encore plus frappante,
Fabre a soumis les scarabées à des expériences variées, pour voir
si, lorsqu'ils sont embarrassés, ils vont réclamer aide et assistance
à un camarade. Pendant qu'un ateuchus voyage avec un intrus
incrusté dans sa boule, on fixe celle-ci en terre par une épingle,
de telle façon que la tête en soit complètement cachée. La pilule
s'arrête ; le scarabée, n'y comprenant rien, quitte son attelage, en
fait le tour, grimpe dessus, redescend, inspecte les environs d'un
air très perplexe. Ce serait là certainement pour lui le moment de
dire à son camarade de venir l'aider à trouver le nœud de la
question. Mais non, il ne lui fait aucun signe et le laisse bien
tranquille.

Ce n'est qu'au bout d'un certain temps que l'acolyte, étonné par
l'immobilité de la voiture, se réveille et se met à son tour à ins-
pecter les environs. A force de chercher, l'un d'eux essaye de se
glisser sous la boule et rencontre l'épingle. L'obstacle est maintenant connu, il s'agit de le surmonter. Mais comment faire ? Oh !
bien simplement. Le ou les scarabées s'insinuent sous la pilule,
et, s'élevant peu à peu sur leurs pattes, ils la soulèvent lentement.

Il arrive cependant qu'à force de « faire le gros dos », la plus grande
hauteur qu'ils peuvent atteindre est atteinte. Dès lors ils soulèvent
la boule soit en s'élevant sur leurs pattes postérieures, soit en
s'arc-boutant sur leurs pattes antérieures à la manière des clowns.
Enfin la boule tombe à terre, et la promenade recommence. Au lieu
d'employer une épingle courte, servons-nous d'une fort longue, dépas-
sant de beaucoup la boule. Dans le cas où, malgré tous les efforts
des ateuchus, la boule ne peut pas être débrochée, ils y arrivent
cependant, si on a soin de leur fournir, au fur et à mesure qu'ils
s'élèvent, de petites pierres plates, servant de piédestals sur lesquels
ils s'exhaussent. Mais si on ne leur vient pas en aide de cette façon,
voyant finalement que leurs efforts ne servent à rien, ils s'envolent
et ne reviennent plus : jamais ils ne vont chercher des camarades
pour leur faire « la courte échelle ».

Nous avons maintenant assez tracassé ces pauvres insectes qui
n'en peuvent mais; laissons-les un peu tranquilles, et voyons ce
qu'ils vont faire. L'ateuchus, après avoir parcouru un certain espace
de terrain, trouve enfin un lieu à sa convenance. Il s'arrête, se
détèle; n'oublions pas que souvent, sur la boule, il y a un acolyte
qui fait le mort au moins pendant quelque temps ; nous le verrons
reparaître sur la scène tout à l'heure. Le scarabée donc cherche
dans le sable voisin un endroit bien propice, et là se met à creuser
le sol à l'aide de ses deux pattes antérieures et de sa tête, qui
reprennent leurs fonctions de pelle et de râteau. Le creux grandit
rapidement ; de temps à autre le bousier en sort pour rejeter les
déblais et voir si sa boule est toujours en place. « Cependant,
raconte Faure, la salle souterraine s'élargit et s'approfondit ; le
fouisseur fait de plus rares apparitions, retenu qu'il est par l'ampleur de ses travaux. Le moment est bon. L'endormi se réveille,
l'astucieux acolyte décampe, chassant derrière lui la boule avec
la prestesse d'un larron qui ne veut pas être pris sur le fait. Le
voleur est déjà à quelques mètres de distance. Le volé sort du
terrier, regarde et ne trouve plus rien. Coutumier du fait lui-même,
sans doute, il sait ce que cela veut dire. Du flair et du regard la
piste est bientôt trouvée. A la hâte, le bousier rejoint le ravisseur;
mais celui-ci, roué compère, dès qu'il se sent talonné de près,

change de mode d'attelage, se met sur les jambes postérieures et enlace la boule avec ses bras dentés, comme il le fait en ses fonctions d'aide. » Le propriétaire légitime, qui décidément est tout ce qu'il y a de plus « bon enfant », ramène débonnairement la boule près du trou et recommence à creuser. Quand la cavité intérieure est suffisamment spacieuse, il y amène la boule (si le voleur ne s'est pas enfui avec) et la laisse tomber au fond, toujours avec son compagnon, bien entendu. Ceci fait, il bouche la porte d'entrée et disparaît aux regards. Si on ouvre la chambre quelques jours plus tard, on trouve le ou les scarabées le dos à la paroi et le ventre à table, mangeant, dégustant la boule sans trêve ni repos, comme le prouve le cordon ininterrompu qui se montre à la partie postérieure du corps de l'animal, et dont la nature se devine aisément. Pendant dix, quinze jours, il mange sa provision si péniblement amassée. Quand elle est épuisée, il sort de son repaire, va faire une nouvelle boule, et la même histoire recommence.

Tout ce que nous venons de dire s'observe surtout au printemps et au commencement de l'été. Pendant les fortes chaleurs du mois d'août et de celui de juillet, les scarabées restent dans leurs trous et n'en sortent qu'aux premiers jours de l'automne, où la même existence recommence, mais avec beaucoup moins d'entrain. Mais, ici, une nouvelle question se pose : Comment le scarabée se reproduit-il ? Les anciens pensaient que l'insecte dépose son œuf dans la boule de fiente, et que c'est pour cela qu'il la voiture au loin avec tant de soin. Nous venons de dire qu'il n'en est pas ainsi : Fabre a ouvert des centaines de pelotes cueillies sur la route ou déjà enfoncées en terre, et jamais il n'a rencontré ni œuf ni jeune larve. Pour élucider la question, il éleva des ateuchus dans une grande volière ; mais, malgré le soin avec lequel il les nourrissait, les insectes se laissaient mourir sans livrer leur secret. Il mit alors en campagne tout un bataillon de bambins et promit une pièce blanche à celui qui rapporterait une boule habitée : le résultat fut complètement négatif. Alors ?

Nous verrons dans un autre chapitre comment la question a été résolue.

En France, nous possédons trois espèces de scarabées : d'abord

l'*ateuchus sacer*, dont nous venons de parler et que l'on ne trouve
guère qu'en Provence ; ensuite l'*ateuchus semipunctatus*, plus
petit, à élytres lisses et à corselet marqué de gros points, qui
s'éloigne peu des bords méditerranéens; enfin l'*ateuchus laticollis*,
à élytres marquées de six sillons et à corselet faiblement ponctué,
qui a une aire de répartition beaucoup plus étendue que les
espèces précédentes, puisqu'on le rencontre jusqu'aux environs
de Lyon.

Les scarabées n'intéressent pas seulement le naturaliste, mais
encore l'historien et l'archéologue. Au temps des Pharaons, en
effet, les bousiers sacrés étaient adorés comme des dieux. Dans
nombre de monuments égyptiens, on trouve des dessins assez
exacts d'ateuchus. Parfois même on les représentait seuls, sur
un socle, avec des dimensions gigantesques. Prévenons toutefois
que, lorsqu'on va en Égypte, des marchands vendent comme souvenirs, aux voyageurs, des scarabées en pierre soi-disant authentiques. Quatre-vingt-dix-neuf fois sur cent, nous dirons presque
cent fois sur cent, ces objets vénérables sont faux et de fabrication
toute récente,... peut-être même parisienne. Souvent le scarabée
est gravé au bas des statues des héros, pour exprimer la vertu
guerrière.

A quoi pouvait bien tenir cette adoration mystique des Égyptiens ? « Messagers du printemps, dit Latreille, annonçant par
leur reproduction le renouvellement de la nature ; singuliers par
cet instinct qui leur apprend à réunir des molécules excrémen-
tielles en manière de corps sphériques; occupés sans cesse, comme
le Sisyphe de la Fable, à faire rouler ces corps; distingués des autres
insectes par quelques formes particulières, ces scarabées parurent
aux prêtres égyptiens offrir l'emblème des travaux d'Osiris ou du
Soleil. » Les Égyptiens croyaient aussi que les ateuchus naissaient
spontanément, et par leurs boules ils étaient l'image du monde.
On retrouve souvent, sur les monuments égyptiens, des scarabées
dont chacune des pattes sont terminées par cinq doigts : cela fait
en tout trente doigts, c'est-à-dire autant de jours que le soleil met
à parcourir chaque signe du zodiaque.

A la même époque, les mages et les empiriques, qui employaient la magie comme moyen de thérapeutique, ordonnaient les scarabées contre les fièvres intermittentes.

La plupart des sculptures égyptiennes représentent le scarabée sacré. Quelquefois cependant on rencontre l'image du scarabée à large cou. « Enfin, dit Maurice Girard, il est bien probable qu'une troisième espèce recevait les hommages des Égyptiens, et se rattache d'une façon curieuse à leur antique histoire. Hor-Apollon, dans ses récits confus et erronés, dit que le scarabée sacré lance des rayons analogues à ceux du soleil. Latreille avait d'abord supposé que les six dentelures du chaperon représentaient les rayons de l'astre ; mais une intéressante découverte amena une hypothèse plus vraisemblable, et qui nous fait comprendre pourquoi les images de ces insectes nous présentent souvent des traces d'une ancienne dorure. »

En 1819, M. Caillaud, de Nantes, dans un voyage au Senaar, découvrit à Méroé, sur le Nil-Blanc, un autre rouleur de boules retrouvé depuis dans les mêmes pays par M. Botta, ressemblant beaucoup par la forme aux précédents, mais, au lieu de leur robe obscure, orné d'une éclatante couleur verte, prenant sur certaines parties une teinte dorée, analogue en conséquence par ses reflets aux rayons de l'astre du jour. Comme on le voit, les scarabées avaient de nombreuses raisons pour être adorés.

Comme aspect, les *gymnopleures* s'éloignent notablement des scarabées ; mais, par leurs mœurs, ils s'en rapprochent beaucoup. Il y en a quatre espèces en France ; la plus commune est le *gymnopleurus pilularius*. Cet insecte, dont la taille atteint à peine un centimètre, se reconnaît facilement à ses longues pattes. Très abondant dans le centre de la France notamment, on le rencontre souvent en grand nombre à la surface des bouses de vaches ou de chevaux. Pour les capturer, il faut une certaine habileté et surtout une grande rapidité de mouvement ; car aussitôt que l'on approche de la bouse, ils s'envolent à tire-d'ailes. Comme les ateuchus, les gymnopleures, pendant l'été, fabriquent de grossières petites boulettes de fiente, les emportent et vont les dévorer tout à l'aise au sein de la terre. Mais, chez eux, on a pu étudier avec soin la manière dont la subsistance de la progéniture est assurée. Le

gymnopleure donc, sentant un beau jour le besoin de procréer,
creuse en terre une chambre spacieuse ne communiquant avec le
dehors que par un étroit goulot. Il se rend à la bouse la plus
voisine, rassemble grossièrement des matériaux en une boulette,
qu'il rapporte dare-dare au nid. Il va en chercher une seconde, puis
une troisième, jusqu'à ce que la chambre en soit complètement
remplie. Dès lors il bouche l'ouverture extérieure, et se met au
travail. « Ce ne sont encore là, dit Fabre, que des matériaux bruts,
amalgamés au hasard. Un triage minutieux est tout d'abord à faire :
ceci, le plus fin, pour les couches internes dont la larve doit se
nourrir ; cela, le plus grossier, pour les couches externes non destinées à l'alimentation et faisant seulement office de coque protectrice. Puis, autour d'une niche centrale qui reçoit l'œuf, il faut dis-
poser les matériaux assise par assise, d'après l'ordre décroissant de
leur finesse et de leur valeur nutritive ; il faut donner consistance
aux couches, les faire adhérer l'une à l'autre, enfin feutrer les brins
filamenteux des dernières, qui doivent protéger le tout. » La couche
la plus interne, celle qui tapisse la niche ovulaire où se trouve l'œuf,
est même très probablement mastiquée au préalable par le coléoptère. De ce travail véritablement intelligent résulte une grosse
boule ayant l'œuf au centre. Celui-ci éclôt et donne naissance à une
petite larve frêle, délicate, qui, à peine mise au monde, trouve
à côté d'elle des matériaux de nutrition bien fins, très délicats,
réconfortants, faciles à digérer. Puis, déjà plus forte, elle mange la
bouillie pâteuse qui fait suite à cette espèce de lait. Et ainsi de suite,
à mesure qu'elle grandit, elle dévore les couches successives, de
plus en plus denses, pour arriver enfin à la coque extérieure des-
séchée qu'elle respecte. Alors, parvenue à son maximum de croissance, la larve devient nymphe, puis insecte parfait, et sort de terre
pour s'envoler.

Les *sisyphes,* ainsi nommés par analogie avec le fils d'Éole, qui
fut condamné après sa mort à rouler dans les enfers une grosse
pierre au sommet d'une montagne, d'où elle retombait sans cesse ;
les sisyphes, dis-je, se reconnaissent facilement à leur corps très
bombé, ovoïde, un peu pointu en arrière. Leurs pattes sont d'une
longueur remarquable, ce qui les faisait désigner par Geoffroy sous

le nom de *bousiers-araignées*. Toute sa vie, le sisyphe fabrique
des boules et les roule sans cesse : ce paraît être, pour lui, un grand
plaisir. Parfois, pour ne pas se donner la peine de fabriquer des
pilules, il prend tout simplement des excréments de chèvre, dont
la forme en boule est bien connue. Mulsant, un de nos entomologistes les plus distingués, raconte à propos de notre coléoptère une
histoire bien curieuse : « J'avais placé des sisyphes dans un vase
recouvert d'une cloche de toile métallique ; je leur avais fourni les
matériaux nécessaires pour leur travail, mais ils avaient beau
façonner des pilules, ils ne pouvaient les conduire bien loin. L'un
d'eux finit par grimper sur le treillis, emportant avec ses pieds postérieurs et son globule et la femelle qui lui aidait précédemment
à le faire reculer. Il parvint ainsi, avec plus ou moins de peine,
jusqu'au dôme de cette espèce de voûte : là sa petite boule lui
échappa ; il se laissa tomber aussitôt pour la rejoindre. Plusieurs
fois le même fait s'est renouvelé sous mes yeux avec les mêmes circonstances. » Comme on le voit, le nom de sisyphe lui a été bien
donné. En France, il n'y a qu'une seule espèce, le *sisyphus Schœ-
feri ;* elle se rencontre dans le Centre et le Midi.

Les coléoptères que nous avons examinés jusqu'ici avaient une
couleur terne ; il n'en est pas de même des *copris,* qui, quoique
complètement noirs, brillent comme du jais. Ce sont de beaux
insectes, abondants surtout dans le Midi. Ils vivent dans les bouses
de vaches et creusent au-dessous d'elles, dans la terre, de longs
trous cylindriques de la grosseur du doigt. Quand on chasse dans la
bouse, ils s'y réfugient ; aussi, pour les capturer, faut-il creuser la
terre avec un piochon solide. Pour ne pas perdre la piste ni écraser
les insectes d'un coup de pioche maladroit, il est bon d'introduire
dans chaque trou une tige de plante, un fétu de paille particulièrement, qui sert de fil conducteur. Contrairement à ce qui a lieu pour
les genres précédents, le mâle se reconnaît aisément de la femelle.
Le premier possède sur la tête une longue corne qui dans l'autre
sexe fait défaut. Les copris fabriquent des boules de fiente, mais ils
ne les emportent pas au loin ; ils se contentent de les enfoncer dans
leurs trous, sous la bouse. Les pilules destinées aux larves présentent
la même composition nutritive que celles des gymnopleures.

Les *onthophagues* comprennent de nombreuses espèces. On les trouve toujours abondamment, se promenant dans la bouse, ou creusant de petits trous dans la terre sous-jacente. Leur couleur est assez sombre, les élytres quelquefois fauves, le corselet parfois verdâtre. Certaines espèces, du moins chez les mâles, présentent des cornes paires, l'une à droite, l'autre à gauche, qui les font ressembler à des taureaux (*onthophagus taurus,* par exemple). L'*onthophagus Schreberi* se fait remarquer par son aspect brillant et les deux taches rouges de ses élytres. Tous déposent des sortes de petits paquets de fiente au fond de leur terrier. Une exception bien curieuse à signaler est celle de l'*onthophagus Maki,* qui s'introduit furtivement dans les boules des ateuchus, se fait voiturer tranquillement et plus tard dévore la pilule dans l'intérieur, tandis que le scarabée la dévore par l'extérieur. Tout de même, je voudrais bien voir la figure des deux coléoptères quand ils se rencontrent nez à nez !

Les *oniticellus* ressemblent beaucoup aux onthophagues; mais leur corps est un peu plus étroit, surtout en arrière, à élytres plus molles et plus fauves.

Les *aphodius* sont certainement les coléoptères les plus abondants dans les bouses : c'est par centaines d'individus qu'on peut les récolter. On les reconnaît facilement à leur corps un peu allongé, à élytres bombées, souvent striées. Quand on veut les saisir, ils simulent la mort. La couleur des élytres varie beaucoup d'une espèce à l'autre; elle est d'un brun rougeâtre (*aphodius fimetarius*), livide ou jaunâtre (*aphodius merdarius*), ou noire (*aphodius fossor*).

Les *géotrupes* se rencontrent partout en France. Ce sont les plus gros de nos bousiers, après les ateuchus. Ils creusent des trous sous la bouse. Les espèces, fort nombreuses, sont difficiles à reconnaître les unes des autres. La partie dorsale du corps est sombre ; au contraire, le ventre est métallique avec des reflets violets, rouges, bleus, fort jolis. Les pattes sont aussi très brillantes. Latreille raconte que, de son temps, les femmes mettaient dans leurs cheveux des cuisses de géotrupes en guise d'ornements. Presque toujours ils sont envahis par de gros parasites brunâtres qui pullulent entre leurs poils. Pendant la journée ou le

soir, les géotrupes volent fréquemment. Parmi les espèces les plus
communes, citons le *geotrupes stercorarius* des bouses de vaches
et le *geotrupes typhæus* des bouses de moutons et de cerfs, remarquable par les trois épines de son corselet.

Nous reviendrons plus loin sur les mœurs des onthophagues et
des Géotrupes.

Les *sphæridium* se reconnaissent de suite à leur corps hémisphérique comme celui d'une coccinelle. C'est un hydrophilien qui
ne vit pas, comme ses frères, dans l'eau ; il est vrai « qu'il nage »
réellement dans les bouses à consistance molle.

Par ce rapide aperçu, nous voyons combien est variée et intéressante la faune des bouses. Mais elle le devient encore plus, si
l'on remarque leur rôle utilitaire au premier chef. Sans les
bousiers, les excréments des animaux resteraient sur le sol, souil-
leraient l'air et deviendraient une source de maladies. Par leurs
mœurs, leur intelligence, leur activité et leurs services, les bousiers
ont droit à notre respect, ou tout au moins à notre bienveillante
attention.

XXIV

UN PERCEUR DE PIERRES

Aux bains de mer, les animaux qui excitent le plus la curiosité des baigneurs sont certainement les pholades, par leur habitat singulier au milieu des roches les plus dures et par la singulière propriété qu'ils possèdent de briller dans l'obscurité. Ces intéressants mollusques ont d'ailleurs été, dans ces derniers temps, le sujet de nombreux travaux que nous allons résumer dans leurs grandes lignes.

Sur nos côtes, les pholades les plus communes sont au nombre de deux : l'une grosse, la *pholade dactyle*; l'autre plus petite, la *pholade candide*. Toutes deux vivent dans des rochers ou dans l'argile; elles habitent un trou vertical plus ou moins profond, suivant la taille du sujet. Le trou a la forme d'une bouteille dont l'ouverture affleure à la surface du rocher; c'est dans la partie renflée que se tient l'animal. Quand on le laisse s'épanouir, on lui voit émettre une sorte de longue trompe, un long *siphon,* comme on l'appelle, qui occupe exactement le volume du goulot et vient jusqu'à l'orifice, qu'il ne dépasse pas. Si l'on vient à toucher ce siphon, on le voit se rétracter brusquement en lançant au loin un jet, une véritable trombe d'eau.

Les pholades sont des mollusques de la classe des acéphales. Sur plusieurs points de nos côtes, dans la Charente-Inférieure notamment, leur chair est un mets très recherché : on a soin au préalable d'enlever la coquille et de couper les siphons, qui sont

trop durs. On mange les pholades à la manière des huîtres, sous
le nom de *daills* ou de *dayls*.

Les deux valves de la coquille, dans la partie qui se trouve en
contact avec le fond du trou, sont couvertes d'aspérités pointues
qui la font ressembler à une râpe. C'est aussi à ce niveau, dans
l'entre-bâillement de la coquille, que l'on voit une masse charnue,
musculaire, blanche, aplatie : *le pied*. Comment la pholade creuse-
t-elle son trou? Ainsi que Caillaud l'a démontré, cette perforation
est due à un mouvement de va-et-vient de l'animal, qui, prenant
un point d'appui à l'aide de son siphon, fait pivoter la coquille

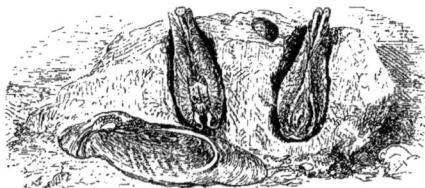

Pholades dans une pierre.

alternativement dans un sens et dans un autre, en « râpant » ainsi
les parois de sa roche.

C'est un fait bien connu que la pholade luit dans l'obscurité.
Pline avait déjà remarqué ce fait et avait noté que les personnes
qui en mangent ont la bouche phosphorescente. Quand on met
une pholade dans de l'eau de mer et que l'on agite la cuvette qui
la contient, on voit le mucus se répandre dans le liquide, qui
s'illumine comme par enchantement. La substance lumineuse n'est
pas sécrétée par toute la surface du corps, mais seulement par
certains organes photogènes contenus à l'intérieur du corps de
l'animal.

Pour voir ceux-ci, il suffit de couper longitudinalement le siphon
et le manteau et d'y faire couler un mince filet d'eau. Le courant
entraîne tout le mucus, et, dans l'obscurité, on n'aperçoit plus
de lumineux que cinq taches, d'ailleurs très nettes. Si l'on cesse de
faire couler le filet d'eau, ces taches se mettent à sécréter un mucus
lumineux qui se répand sur tout le corps et le fait paraître phosphorescent dans sa totalité. La luminosité persiste assez longtemps

après la mort, même sur les animaux putréfiés; elle cesse au bout d'une heure quand on suspend la pholade dans une cloche remplie d'acide carbonique.

Ainsi que M. Raphaël Dubois l'a montré, la luminosité apparaît sous l'action d'un phénomène réflexe dont le centre est situé dans les ganglions viscéraux. Le phénomène photogène n'exige, pour s'accomplir, ni l'intégrité de l'organe ni celle des éléments anatomiques qui constituent les éléments de l'organe. Le milieu où s'accomplit la production de la lumière doit présenter trois conditions fondamentales : contenir de l'eau, être oxygéné et posséder une réaction légèrement alcaline. Toutes les causes qui suspendent ou suppriment la vitalité des ferments solubles ou figurés, ou, d'une manière plus générale, l'activité du protoplasme, suspendent ou détruisent le pouvoir photogène de la substance extraite du siphon.

La pholade nous offre encore à considérer un phénomène fort curieux et fort important. Quand on en arrache une de sa demeure et qu'on la place dans une cuvette avec de l'eau de mer, on voit le siphon s'étaler et prendre des dimensions démesurées. Si alors avec la main on intercepte brusquement les rayons lumineux qui l'éclairent, on voit le siphon se rétracter brusquement. Un nuage de fumée qui passe, une allumette qui éclate dans l'obscurité, suffisent à produire le même phénomène.

On pourrait croire, d'après ces expériences, que le mollusque est pourvu d'yeux et que c'est grâce à eux qu'il perçoit la lumière. En réalité, il n'en est rien; le siphon est absolument dépourvu d'organes visuels; c'est par sa peau seule qu'il voit. M. Raphaël Dubois, qui a fort bien étudié cette propriété curieuse du tégument, lui a donné le nom de *fonction dermatoptique*. Il est facile de démontrer que, dans un rayon lumineux, c'est la lumière seule qui agit sur le siphon et non la chaleur. En effet, en approchant de l'animal un ballon rempli d'eau bouillante, mais noirci à sa surface, il n'y a aucune contraction.

Ajoutons pour terminer que la pholade apprécie aussi nettement les couleurs, car le siphon se contracte différemment, suivant la couleur du rayon lumineux qui l'excite. Creuser des roches dures, briller dans l'obscurité, voir sans yeux, quel singulier animal !

XXV

LE POULPE ET LE MIMÉTISME

Il y a peu d'animaux marins qui inspirent autant de répugnance que le poulpe. Son aspect sournois, ses ventouses nombreuses, son toucher visqueux, tout cela est bien fait pour produire du dégoût et même de la crainte. Ses mœurs et sa biologie sont cependant fort intéressantes, comme nous allons le voir par la suite.

On peut se procurer des poulpes en explorant le dessous des rochers encore cachés par l'eau à marée basse, ou en plongeant dans la mer des crochets de fer sur lesquels sont embrochés des crabes, et en relevant l'appât de temps à autre. Le mieux est encore d'accompagner les marins qui vont pêcher à peu de distance des côtes ; quand vous les entendrez pousser des jurons, vous pourrez être sûr qu'ils ont pris involontairement un poulpe ou une seiche qui ont noirci le filet, nous verrons comment tout à l'heure.

Le poulpe vit dans les creux des rochers complètement submergés ; de temps à autre il va se promener dans la mer, et c'est ce qui explique qu'on le trouve souvent pris dans les filets des pêcheurs. Son corps charnu, de forme ovale (pouah ! la vilaine bête !), porte une grosse tête assez rigide, munie de deux gros yeux ressemblant étonnamment à ceux des poissons ou des chats. Plus haut, la tête se termine par huit grands bras s'effilant jusqu'à leur extrémité et garnis, à leur face interne, de nombreuses ventouses servant à l'animal pour s'emparer de sa proie. C'est au centre de la couronne des bras qu'est placée la bouche, armée d'un bec corné qu'on ne peut mieux comparé qu'à celui d'un perroquet. Leur taille est assez considérable : un ou deux mètres de longueur sont assez communs. On doit faire cependant table rase des récits fantaisistes des marins. Ceux-ci, qui, sans doute par habitude du métier, ne cherchent qu'à vous « monter des bateaux », vous racontent, le plus sérieusement du monde, qu'ils ont vu des poulpes atteignant

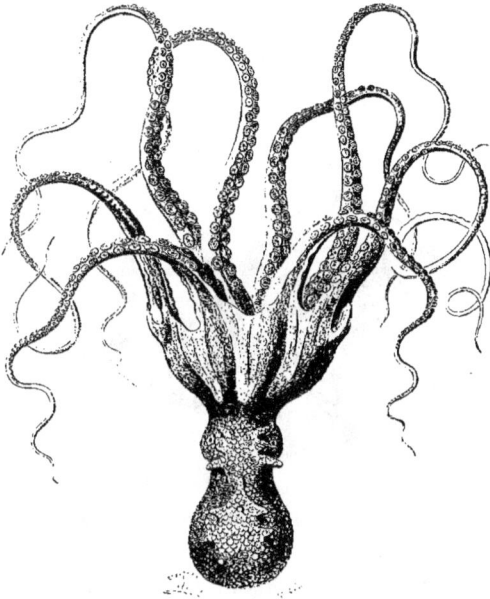

Poulpe commun.

la grosseur d'un cuirassé, et que d'autres ont avalé une barque devant eux. Ce sont là des histoires à dormir debout, comme celle du serpent de mer que tout mathurin qui se respecte a vu... de loin.

Quand il est dans son rocher, le poulpe est placé de telle sorte que ses bras touchent le fond par leurs ventouses tout en se recourbant en arrière, et que le sac, infléchi d'avant en arrière, décrit un arc à concavité inférieure : il a l'air de marcher sur la pointe des bras à peine recourbés.

Comme nombre de plantes et d'animaux marins dont le corps

est généralement mou, le poulpe est très disgracieux quand on le
place à sec sur un rocher ou sur le sable. Mis dans l'eau, au contraire, ses formes s'épanouissent, et il devient très élégant, surtout
quand il nage, comme il le fait, avec aisance. Il progresse ainsi
presque toujours en arrière et par soubresauts. Il peut aussi nager
en avant; mais les bras, réunis en deux faisceaux symétriques,
sont alors rabattus d'avant en arrière par la résistance de l'eau.

La voracité du poulpe ou de la pieuvre, comme l'appellent les
matelots, est extrême. On peut le nourrir avec ces coquillages que

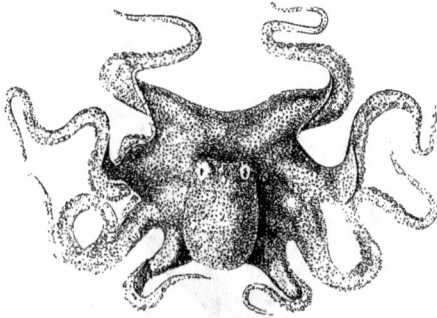

Poulpe rampant.

l'on mange sous le nom de cardiums, de palourdes, de coques, etc.
Malgré les deux valves qui sont rabattues très fortement l'une sur
l'autre, il trouve moyen, à l'aide de son bec, de manger l'animal
intérieur. Une jeune dame, Jeannette (le joli nom!) Power, qui,
contrairement à son sexe, s'intéressait à l'histoire naturelle, raconte
qu'elle a vu un poulpe transporter un fragment de pierre entre les
valves d'une grande coquille qui bayait aux corneilles et qui fut
ainsi dans l'impossibilité de les refermer; il put, par suite, dévorer
sa proie facilement. Mais les crabes paraissent être son aliment
préféré.

« Dès que le poulpe, raconte M. P. Fischer, voit un de ces
crustacés s'approcher de sa retraite, il se précipite sur lui, le couvre
de ses bras étendus; les bras se replient autour de sa victime, qui,
saisie de toutes parts par un corps qui s'attache et se moule à ses
téguments, ne peut plus exécuter de mouvements défensifs. Pen-

dant une minute, le malheureux crustacé agite faiblement ses
membres maintenus dans la flexion, puis les laisse tomber inertes.
Alors le poulpe emporte la proie dans son abri. Là il fait prendre
au corps du crabe différentes positions dont on peut juger par la
forme des saillies de la membrane interbrachiale; mais il ne l'abandonne jamais, et une heure après en rejette les débris. Plusieurs
fois j'ai fait lâcher prise aux poulpes qui avaient saisi des crabes

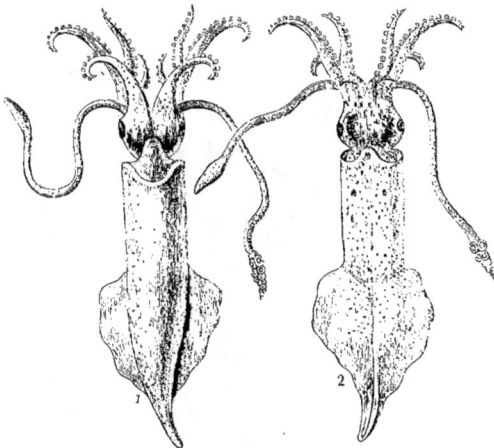

Calmar subulé.

depuis une ou deux minutes; mais ceux-ci étaient déjà morts sans
présenter à l'extérieur aucune lésion apparente. »

Le poulpe est assez intelligent. Il a soin de protéger l'entrée du
creux de son rocher avec les résidus de ses copieux festins, soit
surtout des coquilles ou des carapaces de crustacés; il va même
chercher au loin des petits cailloux et en barricade sa porte. Lorsqu'un ennemi cherche à le saisir dans sa tanière, il présente sa
bouche avec son bec entouré par la couronne étalée des bras couverts de ventouses, en même temps que sa peau devient très foncée
et se couvre de papilles hérissées. Son aspect est alors véritablement terrifiant.

Le poulpe est employé à la pêche comme appât. Dans le midi
de la France, et particulièrement en Espagne, on le mange conjoin-

tement avec la seiche, la sépiole, l'élédone; on l'assaisonne de
différentes façons, et l'on y ajoute habituellement du safran. Son
goût tient le milieu entre celui du poisson et de la moule cuite; en
général il plaît peu aux palais parisiens. Il paraît que sur la côte
méditerranéenne les pêcheurs mangent les poulpes sans les faire
cuire, à la manière des huîtres.

Le poulpe nous offre un bel exemple d'un phénomène très
curieux et très répandu, le *mimétisme.*

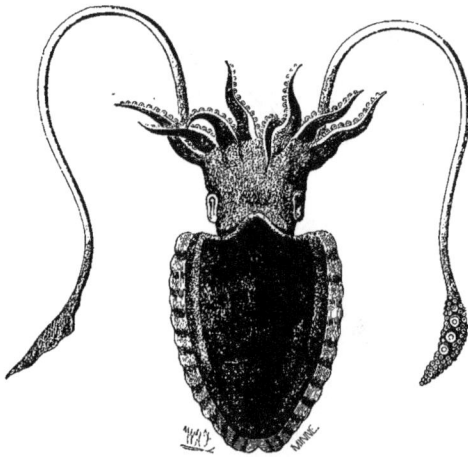

Seiche.

L'animal au repos présente une couleur jaune pâle analogue à
celle du sable; mais cette couleur n'est pas fixe. Quand l'animal se
transporte d'un point à un autre où le fond n'a pas la même teinte,
on la voit se modifier et faire place à la couleur du nouveau milieu
qui se propage à la surface de l'animal en formant des ondulations
marbrées. En quelque point qu'il se trouve, l'animal se confond
avec les objets environnants.

A cette faculté de changer constamment de couleur, utile pour
échapper à la vue, le poulpe joint celle de pouvoir troubler l'eau
autour de lui lorsqu'il est attaqué par un ennemi. Il possède à cet
effet une assez grosse glande, la *poche du noir* ou *poche à encre,*
contenant un liquide noirâtre. Lorsqu'on veut s'emparer d'un

poulpe, celui-ci contracte brusquement sa glande, et aussitôt un
nuage noir très obscur se répand autour de lui. En même temps
sa peau, naguère claire, devient très foncée, de telle sorte que

Poulpe dans son rocher. — Seiche émettant son « noir ». — Calmar cherchant une proie. — Sépiole nageant. — Œufs de seiche.

nuage et poulpe se confondent à tel point; qu'il est impossible
aux plus clairvoyants de dire où l'animal est passé.

Celui-ci profite du moment de stupeur de son ennemi pour
s'échapper au plus vite à reculons ou pour s'enfoncer non moins
rapidement dans le sable en se couvrant de granulations difficiles
à distinguer des grains de sable. C'est avec le contenu de la

poche du noir que l'on fabriquait autrefois la sépia, employée en peinture.

Ces changements de coloration sont produits par de petits organes disséminés dans la peau et qui, à cause de leur propriété, ont reçu le nom de *chromatophores*. Ce sont de tout petits corps d'une forme vaguement arrondie et renfermant de nombreuses granulations de différentes couleurs. Tout autour d'eux s'attachent de petits fibres musculaires qui, en se contractant, les font augmenter de volume. C'est à ces contractions plus ou moins puissantes que sont dus les changements de couleur. En effet, à l'état ordinaire, les chromatophores forment des taches à peine visibles; mais s'ils s'étalent, ils prennent une coloration de plus en plus intense. Comme l'a fait remarquer M. Pouchet, le défunt professeur du Muséum de Paris, on peut comparer le phénomène au fait suivant : qu'on imagine une feuille de papier blanc placée à quinze ou vingt mètres; on n'y distinguera pas une gouttelette d'encre grosse comme une tête d'épingle; mais qu'on vienne à étaler cette gouttelette sur le papier, on aura une tache parfaitement visible sans que la quantité d'encre ait varié.

Les phénomènes que nous venons de décrire peuvent s'observer non seulement chez le poulpe, mais encore chez les autres céphalopodes que l'on a souvent l'occasion de capturer sur le bord de la mer, à savoir les seiches, les calmars, les élédones et les sépioles.

Les *seiches* se trouvent fréquemment dans les filets des pêcheurs. En outre des huit bras ordinaires, elles possèdent deux très longs tentacules terminés par des ventouses qu'elles dardent au loin sur les animaux qu'elles veulent capturer. C'est leur coquille interne que l'on donne aux oiseaux pour aiguiser leur bec, sous le nom d'os de seiche; ces prétendus os sont souvent rejetés par le flot sur la plage. Elles pondent de gros œufs noirs réunis en paquets sur les plantes aquatiques; les pêcheurs les appellent des *raisins de mer*.

En ouvrant les œufs déjà mûrs, on en fait sortir de toutes petites seiches qui se mettent à nager quand on les met dans un peu d'eau. J'ai vu même un de ces avortons me jeter du noir parce que je le tracassais de trop. Il n'y a plus d'enfants !

Les *calmars* ont le corps plus allongé ; ils possèdent aussi deux longs bras tentaculaires. Les *élédones* sont de petits poulpes à une seule rangée de ventouses sur les bras. Elles dégagent une odeur musquée qui n'a rien d'agréable. Les *sépioles,* pourvues de deux petites nageoires latérales arrondies, vivent dans les flaques d'eau ; leur corps, d'environ quatre ou cinq centimètres de long, présente des reflets irisés produisant un effet charmant. On ne peut se lasser de les admirer.

XXVI

LES MŒURS DES ONTHOPHAGES ET DES GÉOTRUPES

Les onthophages habitent les bouses et nidifient au-dessous de celle qui leur sert de nourriture. Ils creusent dans le sol une sorte de dé à coudre de quatorze millimètres de longueur et de sept millimètres de large, et le comblent en partie avec les éléments de la bouse descendus pêle-mêle et tassés. La face supérieure du gâteau est un peu concave. La loge de l'œuf est en haut, à une petite distance de la surface, le germe fixé par une de ses extrémités et verticalement dressé.

Le plus grand danger qui menace la larve à ce moment est la dessiccation : si elle devient trop forte, l'amas nutritif durcit, et la faible bestiole ne peut plus l'entamer. On peut étudier leur développement en mettant les amas dans des tubes de verre et en pratiquant une ouverture sur le flanc de la loge pour voir ce qui se passe à son intérieur. On met à l'ombre et on bouche le tube avec un tampon de coton. Celui-ci cependant est insuffisant pour empêcher la dessiccation ; on voit les affamés, impuissants à mordre le croûton, se rider et se ratatiner. Si à ce moment on remplace le coton sec par du coton mouillé, les outres s'imbibent lentement, et les mourants reviennent à la vie.

C'est là un curieux fait de reviviscence qui n'avait pas encore été signalé. M. Fabre a vu des larves d'onthophages reprendre appétit, embonpoint et vigueur, sur le coton humide après trois semaines d'un jeûne qui les avait réduites à un globule ridé. C'est là, pour les larves, une propriété excellente qui leur permet d'at-

tendre les quelques gouttes de pluie, si rares au mois d'août. Elles
sont d'ailleurs en partie protégées contre l'ardeur du soleil par
l'amas de déjections au-dessous desquelles sont creusés les nids.
D'autre part, le péril n'est pas de très longue durée, car l'œuf donne
un ver en moins d'une semaine, et la larve acquiert tout son développement en une douzaine de jours.

La larve est remarquable par une bosse énorme qui garnit son
dos. Cette vaste gibbosité est occupée en partie par l'intestin rempli
de matière fécale, avec laquelle la larve bouche les trous de sa
demeure lorsqu'il vient à s'en produire, et renforce l'épaisseur de
la muraille de son nid quand elle a tout dévoré à l'intérieur. La
coque de l'onthophage-taureau est particulièrement jolie ; le ciment
y est déposé par gouttes, ce qui produit une mosaïque d'écailles.
On dirait l'élégant cône du vergne.

Les géotrupes, comme les onthophages, sont grands mangeurs
de bouses. Fabre a essayé d'évaluer la quantité qu'ils peuvent faire
disparaître. Vers le coucher du soleil, il sert à douze géotrupes
captifs la valeur d'un panier de crottin de mulet. Le lendemain
matin, le tas a disparu sous terre. En supposant que chacun ait
pris une part égale, chaque géotrupe a mis en magasin bien près
d'un centimètre cube de matière. Le soir du même jour, ces géotrupes enfouirent encore une quantité égale de nourriture, et ainsi
de suite tous les jours, lorsque les nuits restent belles. Le géotrupe est né enfouisseur. Il cache sous la terre les bouses qu'il
rencontre, mais ne prélève de son butin qu'une petite quantité de
nourriture ; il abandonne le reste. Ce gaspillage nous est utile indirectement, puisqu'il donne de l'engrais aux plantes et détruit des
immondices.

Dans les campagnes, on dit généralement que lorsque les géotrupes, — les fouille-m...., — comme on les appelle, volent, le soir,
très affairés, cela indique un lendemain ensoleillé. Fabre a voulu
savoir ce qu'il y avait de vrai dans cette croyance, et il a noté les
faits et gestes de ses pensionnaires et leurs rapports avec le ther-
momètre, le baromètre et ses propres sensations. Il résume en
trois cas généraux les détails de son carnet de notes. Mais laissons
la parole à Fabre.

« Premier cas. — Soirée superbe; les géotrupes s'agitent dans les cages, impatients d'accourir à leur corvée vespérale. Le lendemain, temps magnifique. Le pronostic n'a rien que de très simple : le beau temps d'aujourd'hui est la continuation du beau temps de la veille.

« Second cas. — Belle soirée encore; mon expérience croit reconnaître dans l'état du ciel l'annonce d'un beau lendemain. Les géotrupes sont d'un autre avis : ils ne sortent pas. Qui des deux aura raison? l'homme ou le bousier? C'est le bousier qui, par la subtilité de ses impressions, a pressenti, flairé l'averse. Voici qu'en effet la pluie survient pendant la nuit et se prolonge une partie de la journée.

« Troisième cas. — Le ciel est couvert; le vent du midi, amonceleur de nuages, nous amènerait-il la pluie? Je le crois, tant les apparences semblent l'affirmer. Cependant les géotrupes volent et bourdonnent dans leurs cages. Leur pronostic dit juste, et moi je me trompe. Les menaces de pluie se dissipent, et le soleil du lendemain se lève radieux.

« La tension électrique de l'atmosphère paraît surtout les influencer. Dans les soirées chaudes et lourdes couvant l'orage, je les vois s'agiter encore plus que de coutume. Le lendemain éclatent de violents coups de tonnerre.

« Ainsi se résument mes observations, continuées pendant trois mois. Quel que soit l'état du ciel, clair ou nuageux, les géotrupes signalent le beau temps ou l'orage par leur agitation affairée au crépuscule du soir. Ce sont des baromètres vivants, plus dignes de foi peut-être, en semblable occurrence, que ne l'est le baromètre des physiciens. Les exquises impressionnabilités de la vie l'emportent sur le poids brutal d'une colonne de mercure.

« Je termine en citant un fait très digne de nouvelles observations lorsque les circonstances le permettront. Les 12, 13 et 14 novembre 1894, les géotrupes de mes volières sont dans une agitation extraordinaire. Je n'avais pas encore vu, et je n'ai plus revu pareille animation. Ils grimpent comme éperdus au grillage; à tout instant ils prennent l'essor, aussitôt culbutés par un choc contre les parois. Ils s'attardent, dans leurs inquiètes allées et venues, jusqu'à des heures avancées, en complet désaccord avec leurs habitudes. Au dehors, quelques voisins, libres, accourent et complètent le tumulte devant la porte de mon habitation. Que se passe-t-il donc pour amener ces étrangers, et surtout pour mettre mes volières en pareil émoi?

« Après quelques journées de chaleur, fort exceptionnelles en cette saison, règne le vent du midi avec imminence de pluie. Le 14 au soir, d'interminables nuages fragmentés courent devant la face de la lune. Le spectacle est magnifique. Quelques heures avant, les géotrupes se démènent, affolés. Dans la nuit du 14 au 15, le calme se fait. Aucun souffle d'air; ciel gris uniforme. La pluie tombe d'aplomb, monotone, continue, désespérante. Elle semble ne devoir jamais finir. Elle ne cesse en effet que le 18.

« Les géotrupes, si affairés dès le 12, pressentaient-ils ce déluge? Apparemment oui. Mais, aux approches de la pluie, ils ne quittent plus habituellement leurs terriers; il doit y avoir

Géotrupe phalangiste.

des événements très extraordinaires pour les émouvoir de la sorte.

« Les journaux m'apportèrent le mot de l'énigme. Le 15, une bourrasque d'une violence inouïe éclatait sur le nord de la France. La forte dépression barométrique cause de la tempête avait son écho dans ma région, et les géotrupes signalaient ce trouble profond par d'exceptionnelles inquiétudes. Avant le journal ils me parlaient de l'ouragan, si j'avais pu les comprendre. Est-ce là simplement coïncidence fortuite? est-ce relation de cause à effet? Faute de documents assez nombreux, terminons sur ce point d'interrogation. »

C'est en septembre et octobre que les géotrupes songent à pondre et à nidifier. Tandis qu'en temps ordinaire ils creusent des puits de plus d'un mètre de longueur, au moment de la reproduction ils ne percent que des trous de sonde de trois décimètres environ. Le terrier est creusé sous le monceau exploité. C'est un trou cylindrique de la grosseur du col d'une bouteille droit ou irrégulier, rempli, sur une longueur de deux décimètres, par une sorte de boudin qui s'y roule exactement. La face supérieure est un peu concave. Cette masse se débite en couches superposées qui la font ressembler à une pile de verres de montre. Une telle struc-

ture est due au mode de fabrication. Chaque verre de montre est produit par une brassée de matière descendue dans le puits et étalée pendant une cinquantaine de voyages.

C'est au bout inférieur du saucisson, bout toujours arrondi, que se trouve la chambre d'éclosion, de la grosseur d'une médiocre noisette. L'œuf y repose sans aucune adhérence. Il est blanc et mesure de sept à huit millimètres de longueur sur quatre de plus grande largeur, chez le géotrupe stercoraire.

Fait unique dans toute l'entomologie, le mâle prête main-forte à la mère. Le premier s'occupe à tasser les matériaux que la femelle lui descend au fur et à mesure. Celle-ci, en outre, enduit les parois du cylindre d'une couche de ciment hydrofuge.

La larve éclôt au bout d'une à deux semaines. Elle dévore la partie du saucisson placée au-dessous d'elle, mais en respectant tout autour une paroi d'épaisseur considérable que le ver tapisse en outre de ses déjections, lui constituant une alcôve douillette et imperméable. Il festoie pendant cinq à six semaines. Lorsqu'arrivent les froids, il redescend, se creuse une niche dans ses propres déjections et s'endort du sommeil hivernal. Ses pattes postérieures sont atrophiées.

Les larves se réveillent aux premiers jours d'avril. Elles se nourrissent encore quelque temps, puis arrive la nymphose.

XXVII

LES ANIMAUX ÉLECTRIQUES

On s'imagine généralement que l'électricité ne peut provenir que de deux sources : l'atmosphère, dont l'électricité accumulée dans les nuages orageux produit la foudre, et les différentes machines donnant soit de l'électricité statique, soit de l'électricité dynamique. Il existe cependant une autre source d'électricité que peu de personnes connaissent, il est vrai, mais qui n'en est pas moins intéressante à étudier : j'ai nommé les animaux électriques.

Sur nos côtes de l'Océan, surtout dans la Méditerranée, il n'est pas rare de rencontrer un poisson assez semblable par sa forme à une raie, et auquel on a donné le nom de *torpille*. Il se tient au fond de l'eau, plaqué sur le sol. Son corps, plat et arrondi, se prolonge en arrière en une queue charnue portant des nageoires.

Lorsqu'on saisit dans l'eau avec la main une torpille vivante, on éprouve immédiatement une commotion douloureuse, analogue à celle produite par une machine électrique, ce qui s'explique par ce fait que la commotion est due à une véritable décharge électrique. Le ventre et le dos de la torpille sont chargés d'électricité de noms contraires; la main établit une communication entre les deux surfaces, et c'est à son intérieur qu'a lieu la reconstitution de l'électricité neutre.

Dans le corps de l'animal, sous la peau du dos, on trouve deux grosses masses en forme de croissant, situées à droite et à gauche : ce sont les *organes électriques*. A leur surface, ces masses portent un dessin très régulier de petits polygones, serrés les uns contre

13

les autres, figurant une sorte de marquetterie. Chaque polygone correspond à la partie supérieure d'une des colonnettes, dont l'ensemble constitue l'organe électrique. Chacune de ces colonnettes, prise en particulier, est composée de nombreuses lamelles électrogènes, alternant avec des lamelles gélatineuses. On le voit, l'appareil ainsi constitué peut être comparé à la pile de Volta, la lame électrique représentant le couple de cuivre et de zinc, et la lame gélatineuse la rondelle de drap humide interposée entre les couples. On a calculé que les organes électriques de la torpille étaient composés chacun de deux millions trois cent mille piles semblables. De plus, ils reçoivent de nombreux nerfs qui activent plus ou moins, selon les nécessités, la production de l'électricité. Si l'on réunit par un fil métallique les deux extrémités d'une de ces colonnettes, on peut y constater la présence d'un courant électrique; vient-on, par exemple, à couper le fil, on obtient une étincelle électrique petite, mais très nette.

A l'aide d'instruments spéciaux de son invention, M. d'Arsonval est arrivé à faire inscrire par la torpille elle-même tous les phénomènes qui accompagnent sa décharge électrique.

L'intensité du courant que l'animal émet *volontairement* est, d'après ces expériences, beaucoup plus grande qu'on ne pouvait le penser.

Une raie-torpille de taille moyenne (trente centimètres de diamètres) donne un courant variant entre deux et dix ampères, avec une force électro-motrice de quinze à vingt volts.

M. d'Arsonval met en évidence cette production d'électricité d'une manière frappante. Une lampe électrique à incandescence de dix bougies environ est mise en rapport métallique avec l'organe électrique de la torpille. Si l'on vient alors à irriter la bête en lui pinçant légèrement la peau, elle envoie sa décharge, et la lampe aussitôt brille d'un vif éclat. M. d'Arsonval a montré à l'Académie une lampe qui a été brûlée par la décharge d'une torpille un peu trop vigoureusement excitée.

Ce même courant, actionnant une bobine de Ruhmkorf, illumine très vivement des tubes de Geissler, ces tubes de colorations diverses, bien connus des jeunes gens qui apprennent leurs pre-

mières notions de physique. Enfin, mis en rapport avec une
amorce électrique, il fait détoner des cartouches de dynamite, etc.
Ces expériences ne laissent aucun doute pour le grand public sur
la nature électrique de la décharge de la torpille, et sur sa grande
intensité.

En poursuivant cette analyse, M. d'Arsonval montre que l'organe électrique se comporte, au point de vue physiologique, comme
un muscle transformé qui donne de l'énergie électrique au lieu de

Torpille marbrée.

donner de l'énergie mécanique. Ainsi la décharge est discontinue et
se compose d'une série de décharges partielles (quinze à vingt) se
succédant à un centième de seconde environ, et étant toutes de
même sens, de façon que le dos de la torpille constitue le pôle
positif, et le ventre le pôle négatif de ce nouveau générateur d'électricité.

La courbe qui représente la production d'électricité est tout à
fait semblable à la courbe de contraction d'un muscle.

Enfin, lors de la décharge, l'organe électrique rend un son
comme le fait un muscle en contraction qu'on ausculte. L'organe
s'échauffe pendant la décharge comme le fait un muscle, mais seu-

lement si le courant est fermé sur lui-même. Le mécanisme de la
production d'électricité est le même que le mécanisme de la contraction musculaire, si bien mis en lumière par M. d'Arsonval.
Dans l'un et dans l'autre cas, la production du phénomène est due
aux variations de la tension superficielle, comme cela a lieu dans
l'électromètre capillaire de M. Lippmann.

Depuis dix-huit ans, M. d'Arsonval avait donné la théorie
scientifique de cette production d'électricité. Les expériences qu'il
vient de rapporter la confirment définitivement.

Évidemment, leur appareil électrique est pour les torpilles un
organe de défense. Un ennemi, en effet, s'avise-t-il de saisir un
de ces poissons, la commotion électrique qu'il éprouve ne tarde
pas à lui faire lâcher prise. C'est aussi un appareil d'attaque, car
le poisson lui-même, grâce aux nerfs qui se rendent à l'organe,
a le pouvoir de produire une décharge électrique, ce qui foudroie
tous les petits animaux qui se trouvent autour de lui; la décharge
est même assez forte pour tuer un animal gros comme un canard.
Il y a bien longtemps que l'on connaît cette propriété si curieuse
de la torpille; Aristote en parle dans ses écrits. On raconte même
que, du temps de Tibère, un homme du nom de Anthero utilisa les
chocs de la torpille pour se guérir de la goutte.

La torpille est un des animaux électriques les plus remarquables; mais ce n'est point le seul. Dans le Nil et dans plusieurs
fleuves de l'Afrique on en rencontre un autre, le *malapterure*.
Celui-ci n'a pas la forme de la torpille. Son corps est allongé et se
rapproche de la forme élancée des poissons. Sa tête est pourvue de
nombreux barbillons. Les organes sont placés le long du tronc et
au-dessous de la peau. Leurs décharges sont également assez fortes,
mais beaucoup moins que celle de la torpille. Les Arabes connaissent bien ce poisson, auxquels ils donnent le nom de *raad*, ce
qui signifie tonnerre.

Citons encore un poisson des plus remarquables pour la grosseur de ses organes électriques, le *gymnote*. Chez ce poisson, en
effet, les organes électriques forment les deux tiers de l'épaisseur
du corps. Les gymnotes vivent, comme les malapterures, dans les
eaux douces. On les rencontre dans l'Amérique tropicale. Ils ont

la forme d'une grosse anguille, et leur taille peut atteindre jusqu'à deux mètres de long. Les décharges électriques que le gymnote est capable de donner sont extrêmement fortes. De nombreux récits de voyageurs le prouvent. Bayon raconte qu'ayant saisi un gymnote par le bout de la queue, il reçut un choc tellement fort, qu'il fut renversé sur le sol et qu'il resta engourdi pendant quelque temps.

L'électricité du gymnote se communique à l'eau, et l'on peut ressentir un choc en plongeant simplement la main dans un vase où l'on a placé un de ces animaux. Alexandre de Humboldt, dans son *Voyage dans les régions équinoxiales du nouveau continent*,

Gymnote.

dit ne pas se souvenir d'avoir reçu, par la décharge d'une grande bouteille de Leyde, une commotion aussi effrayante que celle qu'il a ressentie en plaçant imprudemment les deux pieds nus sur un gymnote que l'on venait de retirer de l'eau. Il fut affecté tout le reste du jour d'une vive douleur dans le genou et dans presque toutes les jointures. Le même auteur raconte aussi que les Indiens chassent les gymnotes à l'aide de chevaux.

« Nous eûmes, dit-il, de la peine à nous faire une idée de cette pêche extraordinaire; mais bientôt nous vîmes nos guides revenir de la savane, où ils avaient fait une battue de chevaux et de mulets non domptés. Ils en amenèrent une trentaine qu'on força d'entrer dans la mare. Le bruit extraordinaire causé par le piétinement des chevaux fait sortir les poissons de la vase et les excite au combat. Les anguilles jaunâtres et livides, semblables à de grands serpents aquatiques, nagent à la surface de l'eau et se pressent sous le ventre des chevaux et des mulets. Une lutte entre ces animaux d'une organisation si différente offre le spectacle le plus pittoresque. Les Indiens, munis de harpons et de roseaux longs et minces, ceignent étroitement la mare; quelques-uns d'entre eux montent sur les arbres, dont les branches s'étendent horizontalement au-dessus de la surface de l'eau. Par leurs cris sauvages et la longueur de leurs joncs, ils empêchent les chevaux de se sauver en atteignant la rive du bassin. Les anguilles, étourdies du bruit, se défendent par la décharge réitérée de leur batterie électrique. Pendant longtemps elles ont l'air de remporter la victoire. Plusieurs chevaux succombent à la violence des coups invisibles qu'ils reçoivent de toutes parts. Étourdis par la force et la fréquence des commotions, ils disparaissent sous l'eau. D'autres, haletants, la crinière hérissée, les yeux hagards, exprimant l'angoisse, se relèvent et cherchent à fuir l'orage qui les surprend. Ils sont repoussés par les Indiens au milieu de l'eau; cependant un petit nombre parvient à tromper l'active vigilance des pêcheurs. On les voit gagner la rive, broncher à chaque pas, s'étendre sur le sable, excédés de fatigue et les membres engourdis par les commotions électriques des gymnotes. En moins de cinq minutes, deux chevaux étaient noyés. Peu à peu, l'impétuosité de ce combat inégal diminue; les gymnotes, fatigués, se dispersent. Les mulets et les chevaux parurent moins effrayés... Les gymnotes s'approchaient timidement du bord du marais, où on les prit au moyen de petits harpons attachés à de longues cordes. Lorsque les cordes sont bien sèches, les Indiens, en soulevant le poisson dans l'air, ne ressentent pas de commotion. En peu de minutes nous eûmes cinq grandes anguilles, dont la plupart n'étaient que légèrement blessées. »

Si on ajoute aux trois poissons que nous venons de décrire les *mormyres*, on aura la liste des animaux chez lesquels il est facile de constater une production abondante d'électricité. Cependant il paraît que la raie, ainsi que certains insectes, sont susceptibles de donner de l'électricité; mais cela demande encore confirmation.

Il nous reste à parler d'autres phénomènes électriques, très nombreux et très variés, qui se passent à l'intérieur du corps de tous les animaux.

Il faut d'abord nous mettre en garde contre une erreur que l'on
ne manquerait pas de commettre si on n'était prévenu. Il n'est
personne qui n'ait vu, dans les foires, des femmes qui se montrent
sous le nom de femme-torpille ou de femme électrique. Dès qu'on
touche avec le doigt une de ces femmes, il se produit une étincelle électrique et on ressent une commotion. Mais il faut savoir

Pêche des gymnotes.

que, dans ces conditions, l'électricité est produite par une machine
électrique en rapport avec le sujet, qui repose sur un tabouret de
verre isolant. Celui-ci, dans ces circonstances, ne sert que d'intermédiaire entre la machine électrique et l'expérimentateur. Ces
exhibitions plus ou moins intéressantes ne rentrent pas, bien
entendu, dans notre sujet.

Cependant il y a certaines personnes qui, en dehors de tout
contact avec des corps électrisés, peuvent elles-mêmes dégager
assez d'électricité pour déterminer la production de l'étincelle dans
certaines conditions particulières, par exemple lorsque l'atmos-

phère est très sèche. Ces phénomènes curieux ont été constatés
assez fréquemment dans certaines parties de l'Amérique.

Quelques personnes peuvent aussi présenter le même phénomène lorsqu'il gèle et que le sol est couvert de neige. On voit alors
se dégager de divers points du corps, des cheveux en particulier,
des étincelles ou des aigrettes avec un bruit sec, un pétillement
caractéristique.

Une femme, qui en 1837 habitait les État-Unis, est célèbre
sous ce rapport. Pendant une aurore boréale, cette femme, d'un
tempérament nerveux, se chargea tout d'un coup d'électricité,
dont la présence se manifesta par des étincelles. Cet état persista
pendant deux mois et demi. Lorsqu'on approchait une boule de
cuivre du doigt de cette femme, on obtenait des étincelles longues
d'un pouce et demi toutes les minutes.

Arago raconte aussi qu'une jeune fille avait la propriété d'attirer certains corps légers et d'en repousser d'autres.

Un cas plus récent et mieux observé par M. Ch. Féré est particulièrement à signaler (1888) :

« Vers l'âge de quatorze ans, cette femme, à tempérament très
nerveux, s'était déjà aperçue qu'à certains moments sa chevelure
était le siège d'une crépitation plus ou moins intense, et qu'il se
dégageait des étincelles bien visibles dans l'obscurité. Ce phénomène n'a fait qu'augmenter depuis en intensité. Ses doigts attirent
les corps légers, ses cheveux ont une tendance à se redresser et
à s'écarter les uns des autres. Le corps, au contact des vêtements,
produit des étincelles. Ce qu'il y a de curieux, c'est que les phénomènes augmentent d'intensité sous l'influence des émotions
morales : c'est ainsi que la crépitation augmente à la suite de l'au-
dition de certains morceaux de musique. Pendant un temps de
pluie, les phénomènes diminuent; ils augmentent, au contraire,
pendant la gelée. Le fils de cette femme présente aussi des phénomènes électriques. »

On sait que certains chats dégagent de l'électricité lorsqu'on
les caresse.

Mais ce sont là des faits exceptionnels, ou plutôt anormaux.
L'électricité est, dans ces cas, probablement due au frottement

des vêtements sur la peau, ou à celui de la main sur les poils
du chat.

Il n'en est pas de même des phénomènes que nous allons maintenant signaler, et qui se passent continuellement dans le corps
de tous les animaux.

Les muscles sont, comme l'on sait, des organes qui, attachés
à leurs deux extrémités à des os différents, peuvent en se contractant ou se relâchant, suivant la volonté de l'animal, rapprocher ou
éloigner les os où ils sont fixés.

Si sur un animal que l'on vient de tuer on coupe un muscle
transversalement, et que l'on mette la surface de la section en
rapport avec la surface superficielle à l'aide d'un fil métallique, on
peut, avec des appareils spéciaux, constater le passage d'électricité à travers ce fil. On observe que la surface de la section
est chargée d'électricité négative, tandis que la surface du muscle
est positive. Chaque tronçon du muscle constitue donc un véritable appareil producteur d'électricité. On peut, en se basant sur
ce fait, construire une véritable pile musculaire. Pour cela, on
met les uns sur les autres plusieurs tronçons de muscles de grenouille, à la manière des éléments d'une pile électrique à colonne.
Cette propriété des muscles d'un animal, encore vivant ou récemment tué, disparaît peu à peu à mesure que la rigidité cadavérique
se produit.

Chez l'animal vivant, les muscles sont constamment le siège
d'une production d'électricité. Quand le muscle se contracte, par
exemple, il se produit un très fort courant électrique, qui est en
sens inverse du courant qui parcourt le muscle au repos.

Les nerfs présentent des phénomènes analogues à ceux des
muscles. Il y a, comme chez eux, un courant qui va de la surface de la section à la surface du nerf. Quand le nerf est entré
en action, il est parcouru par un fort courant dans toute sa
longueur.

On a observé aussi la production d'électricité dans les glandes
et dans d'autres organes. C'est ainsi que lorsque le cœur se contracte, cet organe est parcouru par une onde électrique qui se
répand peu à peu par les artères à la surface de tout le corps.

Tout récemment on a montré que, lorsque le cerveau est en activité, il produit des courants électriques.

A mesure qu'on les étudie, les phénomènes électriques du corps des animaux prennent une importance qui va croissant. Qui sait si un jour tous les phénomènes de la vie physique ne s'expliqueront pas par l'électricité ?

XXVIII

L'ŒUF DES BOUSIERS

La question de l'œuf des bousiers, aujourd'hui élucidée, a été fort longue à mettre en lumière. C'est ainsi que M. J.-H. Fabre d'Avignon, pour qui les mœurs les plus obscures des insectes n'ont plus de secrets, avait échoué dans ses tentatives. C'est par cette question qu'il inaugurait ses magnifiques *Souvenirs entomologiques*, parus en 1879. Le problème n'était pas résolu. Ce n'est que dans la cinquième série de ces mêmes mémoires, parue cette année même [1], que l'obscurité est dissipée. Ces études, dont nous croyons devoir parler ici, n'intéressent pas seulement les entomologistes; elles ont une portée plus haute et nous donnent de curieux aperçus sur l'instinct des insectes.

Les bousiers sont les insectes qui vivent dans les déjections des grands animaux. Malgré leurs habitudes, qui paraissent répugnantes au premier abord, ces insectes sont fort intéressants dans leurs mœurs, et souvent même fort jolis dans leur habillement.

L'un des plus curieux, à coup sûr, est le *scarabée sacré*, adoré jadis en Égypte à l'instar d'un dieu. Il a en effet la singulière habitude, — nous en avons parlé précédemment, — de fabriquer d'énormes boules de fiente, de les rouler au loin et de les enfermer dans un trou du sol, dans lequel il pénètre également. Que fait-il dans ce repaire obscur? On croyait autrefois qu'il pondait un œuf dans la boule; il n'en est rien. Le scarabée se contente de manger

[1] Delagrave, édit.

tranquillement la boule qu'il a véhiculée avec tant de peine. Tous
ces faits sont déjà connus de nos lecteurs. Mais comment se reproduit le coléoptère? Pour le savoir, Fabre a fait une série innom-
brable d'observations et d'expériences. Il en a élevé dans des
volières *ad hoc,* les nourrissant avec des bouses de mulets, de
chevaux, de vaches, qu'il récoltait à grand'peine dans les environs;
ce qui, on le comprend, lui faisait une singulière réputation. Il
voyait bien se former les boules sous ses yeux, mais toutes étaient
dévorées ensuite. Jamais il ne rencontrait d'œuf à l'intérieur, pas
plus dans celles qui avaient été faites en captivité que dans celles
qu'il récoltait dans les champs. Dans les volières, les scarabées
mouraient sans laisser de progéniture. Ils devaient encore garder
leur secret pendant longtemps.

C'est presque le hasard qui devait le dévoiler. Je dis *presque,*
parce que ici, comme partout ailleurs, le hasard n'est favorable
qu'à ceux qui le provoquent. Fabre, en effet, avait fait la connaissance d'un jeune berger qu'il avait reconnu intelligent, et qu'il
avait chargé de noter les faits et gestes des scarabées. Or un jour
le berger surprit l'insecte sortant de terre, et, ayant fouillé au point
d'émersion, trouva une mignonne poire, immédiatement portée
à Fabre. Cet objet curieux semblait sortir d'un atelier de tourneur; il était ferme sous les doigts et de courbure très artistique.
D'autres furent trouvés bientôt après: c'était là l'œuvre maternelle
du scarabée; plusieurs fois la mère fut trouvée en sa compagnie.

Le nid du scarabée se trahit au dehors par une petite taupinée,
au-dessous de laquelle s'ouvre un puits d'un décimètre, se continuant par une galerie horizontale, sinueuse, qui à son tour se termine dans une vaste salle où l'on pourrait loger le poing.

C'est sur le plancher de cet atelier qu'est couchée la poire, sur
son grand axe horizontal. Les plus fortes dimensions sont quarante-cinq millimètres de longueur sur trente-cinq millimètres de
largeur; les moindres montrent trente-cinq et vingt-huit millimètres. La surface est soigneusement lissée sous une mince couche
de terre rouge. Molle au début, elle ne tarde pas à se durcir par
dessiccation, de manière à ne plus céder sous la pression des doigts.

En se rendant compte de la matière qui constitue les poires, on a tout de suite l'explication des insuccès obtenus par Fabre dans ses essais en volières. Elles sont, en effet, constituées exclusivement des déjections de moutons. Pour lui, la substance grossière du cheval et des mulets était suffisante. Mais, pour sa progéniture, il choisit une pâte plus molle, plus fine, plus nourrissante, plus plastique. Si on ne la lui fournit pas, le scarabée refuse de nidifier, et c'est ce qui était arrivé à Fabre dans ses élevages. On voit que la réussite des expériences d'histoire naturelle tient souvent à peu de chose.

L'œuf est placé dans la partie rétrécie de la poire, dans le col, creusé à l'intérieur d'une niche à parois luisantes et polies. Il mesure dix millimètres de long sur cinq millimètres de large, et n'adhère que par son extrémité postérieure au sommet de la niche. Pourquoi l'œuf est-il placé là et non au centre de la poire, où, semble-t-il, il serait mieux protégé contre les intempéries? Sans doute pour permettre à l'oxygène de l'air supérieur de venir plus facilement en contact avec l'œuf et la larve naissante. Quant à la forme arrondie du nid, elle s'explique par la nécessité reconnue par le scarabée de diminuer l'évaporation, qui aurait pour effet de rassir par trop le pain donné au ver. Or la sphère est la forme qui englobe le plus de matière avec une surface minimum, c'est-à-dire très apte à diminuer l'évaporation. La loge incubatrice, qui allonge cette sphère en poire, est en quelque sorte surajoutée au magasin de vivres.

La confection de la poire s'obtient de plusieurs manières. Souvent la boule est confectionnée sur place, puis véhiculée au loin jusqu'en un point facile à creuser. Là, la boule est emmagasinée telle quelle, ou bien d'abord déchiquetée au dehors, puis refaite à nouveau pour être introduite dans le nid. D'autres fois enfin, les déjections des moutons sont récoltées telles quelles et introduites dans le nid, où elles sont modelées en boule. Il est fort difficile de suivre la confection de cette dernière, car l'animal ne peut travailler que dans l'obscurité. Dès qu'il aperçoit de la lumière, il se sauve et abandonne son ouvrage. Cependant, en l'élevant dans un bocal placé dans l'obscurité et en faisant de rapides visites, Fabre a pu en suivre les différentes phases. La pilule est construite sur place avec sa forme arrondie, et cela sans qu'il y ait rotation sur le sol, ainsi qu'on serait tenté de le croire. Quand elle est achevée, le scarabée confectionne sur le côté un fort bourrelet circulaire circonscrivant une sorte de cratère peu profond. A cet état, l'ouvrage ressemble à certains pots préhistoriques, à panse ronde, à grosses lèvres autour de l'embouchure. C'est dans ce cratère que sera pondu l'œuf; les bords, rapprochés par-dessus, constitueront la partie amincie de la poire.

L'incubation dure peu. Sous l'influence de la chaleur du soleil, l'œuf éclôt en cinq, six ou douze jours. Tout de suite il se met à dévorer la manne mise à sa portée. Petit à petit toute la nourriture disparaît, mais l'insecte ne touche pas à la croûte extérieure, qui lui est si utile contre la chaleur desséchante du dehors. Ici se place un fait digne de remarque et certainement très étrange. Si l'on vient à ouvrir une brèche dans la croûte extérieure, on voit tout de suite la tête apparaître, puis disparaître. Immédiatement après, la fenêtre se clôt d'une pâte brune, molle, faisant prise rapidement. *A priori*, on pourrait penser que la larve prélève une partie de sa nourriture pour boucher l'orifice. Ce serait du gaspillage; mais la larve est bien plus avisée. Le mastic n'est autre que sa propre fiente, que l'animal étale avec la partie postérieure de son corps, tronqué en biseau, et semblant fait tout exprès pour agir comme une truelle. La larve, d'ailleurs, contient toujours en réserve une masse énorme de ce mastic; elle peut boucher cinq ou six fois de suite la brèche que l'on s'obstine à ouvrir. Toujours avec la même matière, le ver réunit les morceaux de sa poire quand elle vient à être écrasée. C'est là une propriété qui lui est précieuse, car les poires sont souvent attaquées par des moisissures qui tendent à la faire craqueler. Grâce à son mastic injecté dans les fentes, la larve met un frein à l'ardeur dévastatrice du champignon.

En quatre ou cinq semaines, le complet développement est acquis. Avant de se transformer en nymphe, le ver double et triple l'épaisseur de la paroi de ce qui reste de la poire, toujours à l'aide de son ciment, dont elle a gardé large provision en réserve.

C'est en août généralement que le scarabée est mûr pour la délivrance, grave moment pour le scarabée. Si le temps reste sec, en effet, il lui est impossible de sortir de sa prison. Pour se libérer, il est nécessaire qu'il pleuve. Alors l'insecte, jouant des pattes et poussant du dos, repousse la terre devenue malléable et sort. C'est peut-être là l'origine de la fable égyptienne qui représente la mère scarabée comme devant jeter sa pilule dans le Nil pour libérer sa progéniture. En tout cas, la coïncidence est curieuse.

Les autres scarabées se comportent à peu près de même que le scarabée sacré, avec quelques différences à noter. C'est ainsi que le *scarabée à large cou* emmagasine deux petites poires au lieu d'une dans son terrier. Dans chacune d'elles, bien entendu, est pondu un œuf.

Les *gymnopleures,* bousiers au vol rapide et à l'odorat subtil, consomment habituellement sur place. Ce n'est qu'au moment de la reproduction qu'ils confectionnent des boules de fiente, tout à fait comme les scarabées, et les véhiculent au loin. Ils creusent leurs terriers à deux ou trois pouces de profondeur, et, avec la boule amenée, y confectionnent une nouvelle pilule, dont la forme et la grosseur sont celles d'un œuf de moineau.

Les *copris* nous présentent des faits encore plus intéressants. Eux, en effet, ne font jamais de pilules en dehors de la reproduction. Quand ils ont découvert une belle bouse, chacun d'eux creuse au-dessous d'elle une longue galerie terminée par une chambre de la grosseur du poing. Là, le copris emmagasine d'une manière quelconque un énorme amas de nourriture, qu'il dévorera ensuite tranquillement. Au moment de la ponte, en mai-juin, le copris délaisse la manne des chevaux et des bœufs et s'adresse au produit mollet du mouton. Il creuse au-dessous de l'amas, et l'enfouit tout entier sur place, lambeaux par lambeaux.

Chose curieuse, les deux sexes prennent part généralement au travail du terrier. Mais, une fois le logis bien pourvu, le mâle s'en va et laisse la femelle continuer toute seule le travail.

La pièce somptueuse emmagasinée affecte toutes les formes. On en voit d'ovoïdes, comme des œufs de dinde, dont elles ont le

volume; de rondes comme des fromages de Hollande, de circulaires et légèrement renflées à la face supérieure, etc.; mais toujours la surface en est lisse et régulièrement courbe. On peut
d'ailleurs surprendre souvent le copris se promenant à la surface
de sa miche pour la raffermir et l'égaliser, et cela pendant plus
d'une semaine. On se demande à quoi peut servir ce travail, puisque la masse est destinée à être morcelée. Peut-être ces soins et
ces intervalles de temps permettent-ils à la masse de fermenter et
de se bonifier! Quoi qu'il en soit, la subdivision en bloc ne va pas
tarder; le copris se met au travail.

« Au moyen d'une entaille circulaire pratiquée par le couperet
du chaperon et la scie des pattes antérieures, il détache de la pièce
un lambeau ayant le volume réglementaire. Pour ce coup de tranchoir, pas d'hésitation, pas de retouches qui augmentent ou
retranchent. D'emblée et d'une coupure nette, le pâton est obtenu
avec la longueur requise. Il s'agit maintenant de le façonner.
L'enlaçant de son mieux de ses courtes pattes, si peu compatibles,
ce semble, avec pareil travail, l'insecte arrondit le lambeau par le
seul moyen de la pression. Gravement il se déplace sur la pilule
informe encore; il monte et il descend, il tourne à droite et à
gauche, en dessus et en dessous; il presse méthodiquement un peu
plus ci, un peu moins là; il retouche avec une inaltérable patience.
Et voici qu'au bout de vingt-quatre heures le morceau anguleux
est devenu sphère parfaite de la grosseur d'une prune. Dans un
coin de son atelier encombré, l'artiste courtaud, ayant à peine de
quoi se mouvoir, a terminé son œuvre sans l'ébranler une fois sur
sa base; avec longueur de temps et patience, il a obtenu le globe
géométrique que sembleraient devoir lui refuser son gauche outillage et son étroit espace. Longtemps encore l'insecte perfectionne,
polit amoureusement sa sphère, passant et repassant avec douceur
la patte jusqu'à ce que la moindre saillie ait disparu. Ses méticuleuses retouches semblent ne devoir jamais finir. Vers la fin du
second jour cependant, le globe est jugé convenable. La mère
monte sur le dôme de son édifice; elle y creuse, toujours par la
simple pression, un cratère de peu de profondeur. Dans cette
cuvette, l'œuf est pondu; puis, avec une circonspection extrême,

une délicatesse surprenante avec des outils si rudes, les lèvres du
cratère sont rapprochées pour faire voûte au-dessus de l'œuf. La
mère lentement tourne, ratisse un peu, ramène la matière vers le
haut, achève de clôturer. C'est ici travail délicat entre tous. Une
pression non ménagée, un refoulement mal calculé pourrait com-
promettre le germe sous son mince plafond. De temps en temps
le travail de clôture est suspendu. Immobile, le front baissé, la
mère semble ausculter la cavité sous-jacente, écouter ce qui se
passe là dedans. Tout va bien, paraît-il; et la patiente manœuvre
recommence : fin ratissage des flancs en faveur du sommet, qui
s'effile un peu, s'allonge. Un ovoïde, dont le petit bout est en
haut, remplace de la sorte la sphère primitive. Sous le mamelon,
tantôt plus, tantôt moins saillant, est la loge d'éclosion avec
l'œuf. Vingt-quatre heures se dépensent encore en ce minutieux
travail. »

La mère revient ensuite à la miche et y découpe deux et même
trois nouveaux ovoïdes. Chose digne d'être signalée, pendant tout
ce temps et même après, la mère ne mange pas, elle qui cependant est si vorace en temps ordinaire.

La ponte achevée, la mère, au lieu de s'en aller, comme la
femelle du scarabée, reste dans son terrier et veille sur sa progéniture. C'est là un fait unique dans l'ordre des coléoptères. Les
mères ne remontent qu'en septembre, c'est-à-dire en même temps
que les enfants devenus adultes.

Dans le terrier, la femelle va constamment d'une pilule à une
autre, les palpant, les ratissant, les retouchant; aussi sont-elles
toujours d'une propreté absolue. Jamais on ne les voit fendillées
ou couvertes de moisissures, comme celles des scarabées. Une
expérience montre bien l'efficacité de ses soins. On laisse deux
pilules au copris, et on en met deux à part. Ces dernières ne
tardent pas à se couvrir de divers champignons microscopiques,
et sont bientôt détruites. Prenons une de ces pelotes moisies, et
restituons-la à la mère. Quelques heures après, toute trace de
végétation a disparu. Vient-on à éventrer la surface de la pilule?
La mère intervient, soulève les lambeaux, les rapproche et les
réunit avec des raclures cueillies sur les flancs. En une courte

14

séance, tout est remis en place. Lorsque le ver est éclos, il essaye aussi de réparer les avaries avec son ciment, comme le fait le scarabée; mais sa colle stercorale ne « prend » pas facilement, et en général les efforts de la larve restent infructueux. Ainsi, par un enchaînement merveilleux, s'explique la nécessité des soins de la mère.

XXIX

COMMENT LES FLEURS ATTIRENT-ELLES LES INSECTES?

Point n'est besoin d'être grand botaniste pour savoir que les insectes ont une prédilection particulière pour les fleurs sur lesquelles ils viennent butiner. Nul n'ignore non plus qu'insectes et fleurs trouvent grand avantage à ce commérage. Les premiers récoltent le nectar pour eux-mêmes ou leur progéniture ; les dernières bénéficient du remue-ménage qu'opèrent dans leur sein les bestioles ailées, branle-bas grâce auquel le pollen est transporté sur ce qui deviendra le fruit et provoque la formation des graines. C'est donc une véritable association à bénéfice réciproque et un bel exemple des harmonies de la nature, où se révèle le doigt de Dieu. Tout cela est bien connu ; il n'en est pas de même de la « philosophie » de la chose. Comment les fleurs attirent-elles les insectes? Pourquoi ceux-ci viennent-ils se poser sur certaines fleurs et pas sur d'autres? Par quelle rouerie les fleurs charment-elles les insectes, sans lesquels elles risqueraient de mourir sans progéniture?

Poser la question, c'est la résoudre, semble-t-il au premier abord. Les insectes sont comme les femmes, ils aiment tout ce qui frappe l'œil, et, s'ils vont sur les fleurs, c'est qu'ils y sont attirés par l'éclat du coloris. Les mystères des amours d'une fleur et d'un papillon ne s'élucident pas si simplement. Il n'y a, pour s'en convaincre, qu'à voir le volumineux travail que M. Félix Plateau, le savant professeur liégeois, a publié récemment sur la question, travail que nous voudrions résumer brièvement. Il nous montrera

combien la plus petite question scientifique demande d'expériences
pour être résolue. Pour fixer une fois pour toutes le lecteur, disons
qu'il résulte de ces recherches que les insectes viennent sur les
fleurs, attirés qu'ils y sont non par la couleur, mais par l'*odeur*.

Les premières expériences faites par M. Plateau eurent pour
objet des dahlias simples. Devant un mur bien exposé, d'une
vingtaine de mètres de longueur, et à deux mètres de ce mur,
sont dix touffes de cette fleur. Le mur est tapissé de vigne vierge,
et entre le mur et les dahlias il y a des lilas ou autres buissons
élevés, de sorte que les fleurs se détachent d'une façon bien nette
sur un fond vert à peu près uniforme. En raison de cette disposition et de la tendance des fleurs à se diriger vers la lumière,
presque tous les capitules des dahlias ont la même orientation,
tournant leur centre jaune vers le spectateur et leur face opposée
vers le mur. On sait que, dans les fleurs (ou plus exactement les
capitules) des dahlias simples, il y a au centre un cœur jaune, et
tout autour de larges languettes de différentes couleurs. Malgré les
nombreuses fleurs qui les entourent, les dahlias étaient très visités
par les insectes.

Ceci étant constaté, on découpe dans des papiers légers, de couleurs vives, des carrés de huit à neuf centimètres de côté, au centre
de chacun desquels on pratique un trou circulaire du diamètre
d'un cœur jaune. Les couleurs des papiers sont le rouge vif, le
violet, le blanc et le noir. A l'aide d'une épingle de grosseur
moyenne, on attache ces carrés de papier sur quatre capitules de
dahlia, de façon à masquer complètement les pétales périphériques
colorés, et à ne laisser à découvert que le cœur jaune. On aurait
pu supposer que les insectes se seraient portés exclusivement sur
les autres capitules intacts voisins en grand nombre, et auraient
négligé complètement les inflorescences masquées; il n'en fut rien.
Les animaux volaient vers les cœurs jaunes, sans s'inquiéter de ce
que les pétales du pourtour n'étaient plus visibles.

On découpe ensuite dans du papier vert et dans du papier
blanc des disques de deux centimètres à deux centimètres et demi
de diamètre, et au moyen d'une seconde épingle on attache un de
ces disques sur le centre des capitules déjà garnis d'un carré, de

manière à cacher le cœur sans l'écraser. Les capitules ainsi habillés n'avaient, pour l'observateur, plus rien qui rappelât des fleurs; on aurait dit de petites cibles pour tirer à la carabine. Malgré cela, les insectes les visitèrent encore. Ils arrivaient au vol, hésitaient un peu, gênés par la présence du disque central, mais trouvaient bientôt à introduire leur trompe ou à se glisser tout entiers entre ce disque et le cœur, de façon à opérer leur récolte.

La conclusion à tirer de ces essais est évidemment que la forme des fleurs ne joue pas un rôle, ou n'a qu'un rôle très peu important pour attirer les insectes. Voilà pour la forme. Mais la couleur a-t-elle un rôle attractif? Pour le savoir, il suffisait de le supprimer. Employer encore des papiers ou des étoffes, même de couleur verte, c'était donner droit à l'objection très sérieuse et très juste, qu'un papier vert ou une étoffe verte, le vert étant par hypothèse pour l'œil humain exactement celui du feuillage environnant, pouvait fort bien produire sur l'œil des insectes une impression totalement différente, les couleurs vertes des papiers et des étoffes n'étant pas de la chlorophylle, mais des sels de cuivre ou des couleurs d'aniline. Le moyen très simple d'éviter cette difficulté consiste à se servir, pour masquer des fleurs ou des inflorescences, d'organes végétaux verts. Pour ce faire, M. Plateau a pris de larges folioles de vigne vierge, bien vertes, et en écartant soigneusement celles qui seraient rougies par l'approche de l'automne. Ces feuilles ont l'avantage de ne pas se faner vite, et de conserver au soleil leur forme et leur couleur pendant un temps très long. On découpe au milieu de chaque foliole un trou circulaire du diamètre d'un cœur jaune de dahlia, puis on la fixe à un capitule au moyen d'une épingle. L'observation permet de voir que les insectes visitent les fleurs masquées de cette manière sans hésitation, et avec la même ardeur que pour celles qui ont gardé leur aspect naturel.

Les résultats sont les mêmes lorsque, en outre, on cache le cœur jaune avec une petite foliole de vigne vierge. Ce qui est surtout intéressant à observer, ce sont les allures curieuses des insectes. Un bourdon, par exemple, arrive vers une des inflorescences habillées de vert, attiré évidemment par autre chose que la forme et la couleur. Il hésite, tournoie, repart, revient, constatant un obstacle entre lui et le cœur jaune, dont les émanations excitent sa convoitise. Enfin, guidé par ces émanations, il s'insinue entre la grande foliole et la petite, qui, tant que dure la récolte du nectar et du pollen, est secouée par les poussées déterminées par le dos de l'insecte.

D'autres expériences montrent nettement que les insectes sont attirés sur les fleurs, non par leur parfum, mais par celui du nectar qu'elles sécrètent. Le fait est facile à constater chez les dahlias simples, où ce sont les cœurs jaunes qui sécrètent le miel. Sur quelques capitules, on enlève soigneusement tous les cœurs centraux, et on remplace chacun de ces cœurs jaunes par un petit disque jaune aussi, découpé dans une feuille jaunie de cerisier, et fixé à l'aide d'une fine épingle neuve. La couleur jaune des disques est à peu près la même que celle des cœurs enlevés, et appartient à un corps végétal n'ayant fait partie d'aucune fleur. Durant trois quarts d'heure d'observation attentive, M. Plateau n'a vu aucun insecte se poser sur les capitules transformés. Ceci étant bien constaté, M. Plateau enduit de miel, à l'aide d'un pinceau, les disques artificiels jaunes. Aussitôt les insectes n'hésitent plus un instant et visitent les dahlias mutilés aussi activement, ou même plus activement que les autres.

D'ailleurs, on peut rendre « attractive » une fleur quelconque non visitée par les insectes. Un parterre elliptique assez étendu est couvert de capucines naines, fleurs qui sont généralement courtisées par les insectes, surtout par les bourdons. Ce parterre est garni, en bordure, de pélargoniums (vulgo géranium) à fleurs écarlates, toujours dédaignées par les abeilles et les bourdons, malgré leur coloration intense. Le matin, M. Plateau introduit, à l'aide d'une petite pipette effilée, une goutte de vrai miel liquide de ruche dans les fleurs de dix-sept ombelles de pélargoniums onctués en série continue, et en prenant la précaution de marquer, par des piquets fichés en terre, le commencement et la fin de la série, dans le but de ne pas confondre les fleurs miellées avec d'autres. L'après-midi, durant une éclaircie, M. Plateau put déjà observer, en une heure, huit visites de bourdons. Chaque fois, le

bourdon négligeait absolument les capucines et visitait activement les pélargoniums garnis de miel, passant de fleur en fleur,
et restant souvent à sucer sur la même durant vingt-cinq secondes.
Lorsque l'insecte avait absorbé le liquide d'un certain nombre de
fleurs miellées, il lui arrivait de se diriger vers des pélargoniums
non munis de miel; il se mettait alors à voler en tournant rapidement autour sans se poser, puis partait vers son nid ou revenait
aux pélargoniums à miel.

XXX

LE LANGAGE SIFFLÉ

Aujourd'hui que les moyens de locomotion sont devenus si nombreux et si perfectionnés, il n'est pas étonnant que la population des îles Canaries soit extrêmement mélangée, surtout dans les villes. Mais au xive siècle cet archipel était habité par une race d'hommes bien particuliers, connus sous le nom de Guanches. M. le docteur Verneau, qui a fort bien étudié ces premiers occupants du sol, est arrivé à cette conclusion qu'ils doivent être regardés comme les descendants directs de nos chasseurs de rennes de l'époque quaternaire. C'est au commencement du xve siècle qu'un Normand, Jean de Béthencourt, parti de Granville, découvrit l'archipel canarien. Il était accompagné de deux chapelains qui, dans un récit publié à leur retour, écrivirent, au sujet des Guanches, cette phrase énigmatique : *Ils parlent ainsi que si fussent sans langue et, dit-on, par deça, que un grand prince, pour aucun meffait, leur fit tailler leur langue.* Nous reviendrons sur ce sujet tout à l'heure. Après Béthencourt, de nombreux Européens se rendirent dans l'archipel, et finalement celui-ci fut conquis par les Espagnols. Les Guanches se défendirent énergiquement ; mais, obligés de plier, ils se réfugièrent dans les montagnes, et presque tous devinrent bergers. L'apaisement se faisait petit à petit ; quelques-uns s'unirent aux Espagnols, et actuellement les peuplades que l'on rencontre doivent être considérées comme des métis, mais tout de même descendant des Guanches, dont elles ont conservé certains traits de mœurs.

Or, il n'y a pas bien longtemps, M. Bouquet de la Grye, envoyé
en mission à Ténériffe, a constaté que « les bergers de Gomera ont
un langage sifflé qui leur vient des Guanches : les modulations
représentent des idées et des articulations ; les sons qu'ils émettent
s'entendent à des distances prodigieuses ». M. Verneau a constaté
qu'ils peuvent ainsi causer entre eux à des distances de trois et
même de cinq kilomètres !

Y a-t-il là un mode de communication différent du langage
parlé, ou n'est-ce qu'un
simple pastiche du sifflet
des titis de nos boulevards
extérieurs ? Dans ces derniers temps, M. Lajard,
ayant eu l'occasion d'aller
aux Canaries, a démontré
que ni l'une ni l'autre de
ces deux hypothèses ne
pouvaient être acceptées. Il
s'est d'abord rendu compte
que le sifflement en lui-
même était simplement pro-

Différentes manières de siffler avec les doigts.

duit, comme chez nous, par l'air expiré fortement soit entre les
doigts, soit avec la langue. Voici, au reste, pour les personnes
qui voudront se livrer à cet intéressant exercice, les modes de
sifflement les plus fréquents qu'a pu observer M. Lajard.

« A. *Avec une main.* — 1º Le petit doigt. Celui-ci est porté
dans la bouche tout entier et plié sur lui-même, la face palmaire de
la main dirigée en haut, le pouce étendu. Ce doigt forme une anse
horizontale qui vient se placer entre les dents ; la partie ouverte de
la courbe est fermée par la langue, qui s'appuie au-dessous, laissant
seulement au milieu un orifice étroit pour l'échappement de l'air.
2º Avec l'index plié. On se sert également de ce doigt. 3º Avec
l'index étendu. Le bout s'applique sur la langue, la pulpe au-
dessous : l'air sort par un léger vide ménagé d'un côté entre les
incisives supérieures, la phalangette et la masse de la langue, qui
forme le reste. 4º Avec le deuxième et le quatrième doigt. Ils

viennent se toucher par l'extrémité, au milieu de la bouche ; le vent trouve sa voie entre ces doigts et la langue, qui est en dessous.

B. *Avec les deux mains.* — 1° Avec un seul doigt de chaque main. L'un et l'autre sont étendus, rectilignes, et forment un angle plus ou moins aigu. Ce sont ordinairement les index ou les petits doigts. 2° Avec deux doigts de chaque main, le deuxième et le troisième.

C. *Avec la langue.* — La langue se creuse en forme de gouttière, les bords relevés latéralement, et s'applique ainsi sous les incisives de la mâchoire supérieure. La lèvre supérieure participe, dans une certaine mesure, à ce travail ; elle s'étire transversalement et s'abaisse jusqu'au voisinage de l'orifice réservé à la sortie de l'air. Ce procédé s'applique aux faibles distances, il me semble moins employé que les précédents. »

Muni de ces renseignements, M. Lajard, pour étudier ce que les sifflements en question voulaient dire, a eu l'heureuse idée de s'assimiler le mécanisme de ce langage d'une manière complète, et de siffler lui-même de façon à tailler de petites bavettes avec les insulaires. Bientôt on ne dira plus siffler comme un merle, mais comme un... canari. M. Lajard s'est, de cette façon, rendu compte que le langage sifflé n'est ni un idiome spécial, ni un sifflet qui cherche à imiter la langue espagnole par des combinaisons plus ou moins compliquées, mais que c'est la langue espagnole elle-même dont l'intensité est renforcée à l'aide du sifflement. Le descendant des Guanches siffle en parlant, et voilà tout ! Pour des oreilles non prévenues, le mélange du sifflet et de la voix est inintelligible ; mais quand on sait de quoi il retourne, on arrive à distinguer les mots de la langue.

Le langage sifflé a l'avantage de se faire entendre à de grandes distances. Chez nous, il rendrait peut-être d'utiles services. Par exemple, les étudiants pourraient écouter, en mettant le nez à leur fenêtre, les cours d'un professeur versé dans la langue sifflée. De même un enfant, qui s'amuserait en sortant du lycée, pourrait recevoir les exhortations et les réprimandes de son père... siffleur (pardon !). Mais il ne faut pas s'illusionner, le langage des Guanches

n'est pas d'une clarté très grande, et, dans ce vocable, un discours
de M. Brunetière ou de M. Legouvé ferait le plus piteux effet.
« Les phrases, dit en effet M. Lajard, sont méconnaissables au
point que les bergers eux-mêmes les plus exercés, dans leurs montagnes, m'ont déclaré ne pouvoir pas dire tout ce qu'ils veulent,
ou plutôt ne pas pouvoir comprendre tout ce que leur partenaire
viendrait à leur dire. Les conversations sifflées sont donc de
courte durée. »

En Europe, et particulièrement à Paris, on pourrait rapprocher
des Guanches les maçons et
autres ouvriers qui sifflent un air
à la mode, ou plus souvent (trop
souvent!)... un verre sur le zinc.
Nous ne nous y arrêterons pas,
bien entendu. Nous devons cependant parler des voleurs qui
se servent du sifflement comme
moyen de correspondance, et
pour se donner des indications mu-
tuelles sur le bourgeois à « chou-
riner » ou la maison à « cam-
brioler ». Ils sifflent, comme les

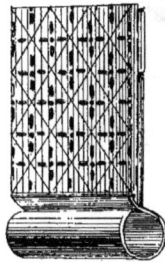

Sifflets de voleurs.

Guanches, à l'aide de leur bouche seule ou avec leurs doigts. Quelquefois ils emploient des instruments spéciaux dont nous repré-
sentons deux curieux spécimens, d'après M. Flandinette. Mais ici,
dans le son, n'entre pour rien ni la langue française, ni même
l'argot ; ce sont des sifflements conventionnels, nullement comparables par conséquent avec le langage des Canaries.

Eh bien, savez-vous maintenant quelle haute idée se dégage de
tous les faits que nous venons d'exposer brièvement ? Non. Eh
bien, M. le docteur Bordier, dans un curieux article paru dans la
Nature, par une suite de déductions plus ou moins hasardées, est
arrivé à dire que nos ancêtres très éloignés ont été d'abord des
siffleurs (pourquoi ne pas dire des serins?), et que ce n'est que plus
tard, peu à peu, qu'ils se sont transformés en parleurs; ce n'est
pas le lapin qui a commencé, c'est le sifflet! Comme preuve maté-

rielle — et celle-là est intéressante, — il rappelle qu'à Beuniquelle, station magdalénienne de Tarn-et-Garonne, on a trouvé des phalanges de rennes percées d'un trou pour siffler. Il paraît même que cet instrument s'est propagé jusqu'à l'époque des dolmens, ainsi que le prouve une défense de sanglier trouvée dans le dolmen de Genévrier.

Puisque nous en sommes au sifflet, terminons par une curieuse application, à coup sûr inattendue, qu'en font les Chinois, connus d'ailleurs pour leurs idées fantasques. Les habitants de Pékin sont bien embarrassés; voyez un peu. D'une part ils adorent les pigeons, et de l'autre ils ont besoin des oiseaux de proie qui enlèvent les immondices dont leur cité est constamment remplie. Ils ne sont pas, les pauvres malheureux, affligés d'un excellent conseil municipal qui,

Sifflets éoliens pour pigeons.

comme dans notre bonne ville de Paris, fait nettoyer la voirie et se met toujours aux petits soins des habitants. Mais voilà, les aigles vont dévorer les pigeons qui font cependant si bien dans le paysage, et, si l'on tue les aigles, que vont devenir les immondices ? Doivent-ils sacrifier l'utile à l'agréable ? Eh bien, ni l'un ni l'autre. Les Chinois (très roublards, malgré leur aspect) adaptent sur la queue des pigeons un sifflet spécial, très léger, connu sous le nom de *chao-tse*, et que le vent fait résonner quand le pigeon fend l'espace. « La forme du chao-tse, dit M. Martin dans la *Nature*, est très variable, suivant la disposition donnée aux éléments dont il se compose : ce sont des morceaux de roseaux juxtaposés en manière de pipeau; quelques-uns sont faits avec une petite courge. A l'extrémité des roseaux et sur un ou plusieurs points de la courge est un sifflet; l'appareil doit être assez léger pour que l'animal n'éprouve aucune gêne à porter l'instrument qui est fixé sur lui de la manière suivante : une petite palette se détache d'un point du chao-tse, elle se place entre les deux pennes caudales moyennes du pigeon, et, à l'aide d'un petit bâtonnet passant par un anneau de la palette, l'instrument se maintient solidement. Les sifflets sont dirigés de telle sorte que l'air pénètre avec une force proportionnelle à la rapidité du vol ; les sons ont eux-mêmes des tonalités qui varient suivant les dimensions des roseaux et des courges. » Les aigles, effrayés, paraît-il, par ce bruit, ne touchent pas aux pigeons porteurs de chao-tse. Dans les rues de Pékin, rien n'est plus étrange que cette musique aérienne semblant venir des cieux.

Pigeon muni d'un sifflet éolien.

Ce qu'il y a de vraiment curieux, c'est que pour les Chinois ces sons représentent des paroles mystérieuses échappées de la bouche des empereurs des anciennes dynasties. Eux aussi, décidément, ils tiennent à ce que leurs ancêtres soient des siffleurs ! Comme quoi la science et les superstitions se rencontrent plus souvent qu'on ne serait tenté de le croire.

XXXI

ROLE DES VERS DE TERRE DANS LA NATURE

Formation de la terre végétale. — Conservation d'antiquités. — Émiettement du sol. — Propagation du charbon.

Les petites causes produisent quelquefois les plus grands effets, dit un proverbe, dont la vérité n'apparaît nulle part plus clairement que dans le rôle des vers de terre dans la nature. Pour peu, en effet, que l'on compare la faiblesse de l'ouvrier et la grandeur matérielle de l'œuvre accomplie, on sera sûrement frappé de la disproportion entre la cause et l'effet.

S'il est un animal que tout le monde connaît, c'est assurément le ver, au corps allongé, presque cylindrique, de couleur rouge, qui vit dans le sol et désigné vulgairement sous le nom de *ver de terre*. L'expression « vil comme un ver de terre » indique bien dans quel mépris est tenu cet animal, qui n'est estimé que par un public très spécial, celui des pêcheurs à la ligne, qui s'en servent à défaut d'autre chose pour amorcer leurs hameçons. Beaucoup de personnes même, se basant sur ce que le ver vit dans la terre, le considèrent comme un être nuisible, détruisant les racines des plantes. — Les recherches de l'illustre naturaliste Darwin sont venues montrer que Dieu fait jouer à ce chétif animal un rôle immense dans la nature à divers points de vue, principalement dans la formation de la terre végétale, c'est-à-dire de cette terre où poussent les plantes indispensables à notre entretien.

Pour bien se rendre compte de ce rôle, il est nécessaire de connaître le genre de vie et les habitudes des vers de terre.

Ces vers vivent principalement dans la terre des champs et des bois, où leur présence est souvent indiquée par de petits monticules de terre concrétionnés provenant de leurs déjections. Pendant la nuit ils rampent de tous côtés en grand nombre, ou bien se tiennent à l'entrée de leur trou, ayant seulement une partie du corps dehors; le jour ils restent enfermés dans la terre, où ils se déplacent en creusant des galeries. En même temps qu'ils fouissent le sol, ils absorbent par la bouche une énorme quantité de terre, un grand nombre de feuilles à demi décomposées ou fraîchement tombées. Ces feuilles sont traînées par les vers à l'intérieur de leurs galeries jusqu'à une profondeur de un à trois pouces, et arrosées d'une sorte de salive particulière qui les transforme en les ramollissant.

Ces vers saisissent aussi avec leur bouche des fragments d'autres matières, telles que des rameaux vermoulus, des feuilles de papier, des plumes d'oiseaux, des crins de cheval, etc.; mais ils ne les mangent pas et s'en servent simplement pour boucher l'ouverture de leurs galeries. Dans les allées où se trouve du gravier, ils emploient, dans le même but, de petites pierres.

Pour creuser leurs galeries, les vers procèdent de deux façons: ou bien ils refoulent la terre de tous côtés, ou bien absorbent par la bouche pour la rejeter par l'autre extrémité de leur tube digestif.

Il est fort probable que cette ingestion n'a pas seulement pour but le creusement du terrier, mais qu'elle est encore utile à l'animal par les matières nutritives contenues dans la terre avalée.

Ordinairement les vers vivent près de la surface du sol; mais pendant une grande sécheresse ou par un froid rigoureux longtemps prolongé, ils creusent jusqu'à une profondeur considérable qui atteint parfois soixante-six pieds. Les galeries descendent verticalement ou un peu obliquement. Elles sont revêtues à l'intérieur d'une couche mince de terre fine et se terminent en général par une petite chambre où il paraît que les vers passent l'hiver enroulés en pelote. Lorsqu'il a ingéré une certaine quantité de terre, le ver remonte à la surface du sol pour la rejeter. Ce sont ces déjections qui constituent les petits amas dont nous avons parlé plus haut.

C'est ainsi que la terre est ramenée à la surface. Si on remarque que les vers sont très abondants dans le sol et que la quantité de terre qu'ils rejettent est énorme, on verra facilement que l'action des vers sur le sol est considérable. On a calculé, en effet, que dans un hectare de terrain il y a environ cent trente-trois mille vers et que chaque ver rejette à peu près vingt onces de terre par an. Or la terre végétale forme seulement à la surface une couche de quatre à douze pouces. Ainsi, par l'action des vers, la couche de terre, appauvrie par la végétation, retrouve une grande partie de sa fécondité.

Outre le rôle qu'ils jouent dans la circulation de la terre végétale, les vers rendent encore cette terre plus nutritive pour les plantes en séparant les parties les plus fines des plus grosses et en mêlant le tout de débris végétaux.

De plus, leurs galeries permettent à l'air de pénétrer dans le sol et concourent ainsi à la respiration des racines. En se multipliant, ces galeries amènent tôt ou tard un effondrement du sol qui produit un labourage naturel.

Enfin il faut aussi considérer le rôle des vers de terre dans l'émiettement du sol. Les parties les plus dures et les plus compactes sont plus ou moins pulvérisées par les vers. Si le sol est un peu incliné, cette terre divisée est entraînée dans la vallée par les eaux de pluie, ou roule le long de la pente. Si le sol est horizontal, elle est emportée dans une certaine direction par les vents dominants de la contrée.

Par tous ces moyens, la terre végétale est continuellement labourée, transformée, transportée, unifiée grâce à ces êtres si pauvrement doués tant par leur conformation que par leur intelligence et leurs organes des sens, les vers de terre.

Ce n'est pas tout. Les vers de terre rendent encore de grands services en concourant, pour une large part, à la conservation d'un grand nombre d'antiquités. Les objets, abandonnés à la surface de la terre, ne tardent pas, en effet, à être enfouis sous les déjections des vers, déjections qui les protègent contre les agents extérieurs. C'est ainsi que des pointes de flèches, des monnaies anciennes, des poteries, voire même des monuments, ont pu être conservés.

A Abinger, en Surrey (Angleterre), les vers ont enfoui une villa romaine qui avait été détruite et abandonnée il y a environ quinze cents ans.

De même les décombres de Beaulieu Albey Hampshire, détruite par Henri VIII, une villa romaine dans le Gloucestershire, la vieille ville romaine d'Uriconium, etc., ont été enfouis de la même façon.

Voilà pour l'actif des vers de terre.

Mais, comme en toutes choses, il faut voir le revers de la médaille. Les vers de terre, qui nous sont si utiles à tant d'égards, comme nous venons de le voir, nous sont aussi nuisibles à un point de vue qui a été mis en lumière par Pasteur. Les moutons de nos bergeries sont souvent attaqués par une maladie qui les fait périr avec une grande rapidité, le *charbon*. Cette maladie, qui attaque aussi l'homme, est causée par un microbe, le *bacillus anthracis*.

Les éleveurs croient protéger leurs troupeaux en enterrant à un mètre cinquante environ dans le sol les moutons morts du charbon. Or Pasteur a montré que, tandis que le corps de l'animal pourrit dans la terre, le microbe n'en subsiste pas moins, non à l'état parfait, mais à l'état de spores très résistantes. Cela serait sans inconvénient, si les vers de terre n'existaient pas. Nous savons, en effet, qu'ils ramènent à la surface du sol la terre de la profondeur.

Si cette terre contient des microbes, ceux-ci sont ramenés avec elle à la surface. Un troupeau de moutons vient-il à paître dans un champ où ont été enterrés des animaux charbonneux, les bêtes, en broutant les plantes, absorbent des spores qui, introduites dans les tissus, ne tardent pas, en s'y multipliant, à amener la mort de l'animal.

Le préjudice causé par les vers de terre, bien que fort regrettable, ne doit pas nous faire oublier les immenses services que nous rendent ces chétives créatures, qui sont comme les laboureurs naturels de notre sol végétal.

15

XXXII

UN HABITANT DE LA MOUSSE

Le bourdon des mousses est un insecte assez commun, et dont les mœurs intéressantes peuvent être facilement vérifiées. On se procure les nids construits par cet insecte, au moment des moissons. Les faucheurs les mettent à jour et les connaissent bien; il suffit de leur en demander pour qu'ils vous en récoltent une centaine.

Le nid (fig. 1), construit entre les tiges des plantes, ressemble à un nid retourné ou encore à une motte de terre hémisphérique. Il est uniquement formé de brins de mousse desséchés, non adhérents les uns aux autres, mais entremêlés assez étroitement. En un point de la base il y a un orifice, une porte, pour permettre aux bourdons d'entrer et de sortir. Souvent même on voit partir de la porte un couloir qui s'étend assez loin du nid; de cette façon, les hôtes peuvent entrer chez eux sans être vus.

On peut retourner ces nids sans crainte, car les bourdons ne cherchent pas à piquer et continuent même leur travail. Rien n'est plus intéressant que de voir ces insectes construire leur nid. Les bourdons, avec leurs mandibules, coupent dans les environs du nid de petits fragments de mousse. Généralement ils se placent en file indienne, les uns derrière les autres, et toujours la tête tournée en sens inverse du nid (fig. 2). Le bourdon le plus éloigné saisit le brin de mousse avec ses mandibules et le passe à ses deux pattes antérieures. De celles-ci le brin passe aux pattes intermédiaires, puis aux postérieures. A ce moment, la mousse est saisie par le second bourdon, qui la passe au troisième, et ainsi de suite jusqu'au nid. Là, le dernier insecte s'occupe d'emmêler, de tresser les brins de mousse que ses camarades lui ont passés : c'est l'architecte.

Jamais on ne voit les bourdons apporter la mousse, en volant,

Fig. 1. — Nid du bourdon des mousses.

de lieux éloignés; ils ne se servent que de la mousse environnante.

Cet amas de mousse n'est pas partout aussi irrégulier qu'à la surface extérieure. Il est creusé à l'intérieur d'un certain nombre de cavités dont les parois sont relativement lisses et constituées par une couche mince de cire gris-jaunâtre. En malaxant celle-ci entre les doigts, on peut en faire de petites boulettes; mais, contrairement à la cire des abeilles, elle ne fond pas, même à une température assez élevée. Si on la chauffe trop cependant, elle s'enflamme.

A l'intérieur de ces cavités, si bien protégées contre la pluie, se

trouvent des amas de coques ovoïdes, amas très variables tant par
leur nombre et par leur grosseur que par leur forme, qui est très
irrégulière. Il n'est pas rare d'en voir deux ou trois superposés.

Fig. 2. — Bourdon des mousses.

A, gâteau retiré du nid; on voit les coques filées par les larves, les amas de cire (*p*) et les
pots à miel (*m*). — B. C, D, bourdon des trois grosseurs différentes. — E, F, quelques
coques isolées. — G, œuf, grossi. — H, œuf, grandeur naturelle. — I, larve. — J, coque
montrant une larve. — K, coques montrant plusieurs larves. — L, nymphe. — M, bourdons construisant leur nid.

Les coques qui composent ces amas ressemblent à de petits
œufs d'oiseaux; leur couleur est jaune pâle ou blanchâtre. Il y en
a de trois grosseurs différentes. Quelques-unes d'entre elles sont

vides et ouvertes par le pôle inférieur; ce sont celles d'où les bourdons sont déjà sortis.

A la surface des amas et remplissant l'intervalle des coques,
il y a des corps singuliers dont la nature embarrasse au premier
abord, mais que, avec un peu d'observation, on finit par élucider.
Ce sont de petites masses noirâtres, irrégulières, que l'on ne peut
mieux comparer qu'à des truffes. Au premier abord, on les prend
pour les excréments des bourdons; mais, en les ouvrant avec un
canif, on voit qu'au centre il y a un vide occupé par quinze à
vingt œufs oblongs, d'un beau blanc un peu bleuâtre. De ces œufs
naissent de jeunes larves qui dévorent la matière environnante :
celle-ci est donc une substance déposée par les bourdons adultes
pour la nourriture de leur progéniture. Quand ces larves sont suffisamment grandes, elles tissent les coques ovoïdes décrites plus
haut et qui sont tout à fait comparables au cocon des papillons. En
en ouvrant plusieurs, on y trouve des larves, dont quelques-unes
sont transformées en nymphes.

Au milieu des coques soyeuses on remarque aussi des pots de
cire contenant du miel : ce sont sans doute des réserves de nourriture pour les bourdons adultes. Ajoutons enfin que ceux-ci se présentent sous quatre grosseurs différentes : les plus gros sont les
femelles, les autres sont les mâles et les ouvrières.

Il est intéressant de noter que toutes ces catégories travaillent,
quel que soit leur sexe, fait qui ne se rencontre pas chez l'abeille
domestique.

XXXIII

LES ANIMAUX QUI SE COUPENT EUX-MÊMES

Lézard. — Araignée. — Crabes. — Rupture des pattes; — non due à la fragilité; — non due à la volonté. — Phénomène réflexe. — Pas de perte de sang. — Régénération des pattes. — Autres crustacés. — Insectes. — Arachnides. — Reptiles. — Orvet. — Vers. — Étoile de mer.

Le principal mobile des actions que Dieu a assigné à tous les êtres vivants semble être les besoins de leur propre conservation. De là, comme conséquence, la lutte pour l'existence dans laquelle triomphent les mieux armés, tandis que les plus faibles succombent.

Parmi les moyens employés par les animaux pour assurer leur conservation, les moins importants ne sont assurément pas ceux qui leur permettent d'échapper à leurs ennemis; bien au contraire.

Ces moyens sont très variés; mais nous n'avons pas l'intention d'entrer dans le détail, car il nous faudrait un volume pour les repasser tous en revue. Nous voulons seulement nous occuper d'un procédé de défense extrêmement singulier, qui a été étudié dans ces derniers temps et qui a reçu le nom d'*autotomie*.

Par une chaude journée d'été, qui n'a eu l'occasion de voir, dans la campagne, des lézards gris s'étalant voluptueusement au soleil? En pareille occasion, approchez-vous et essayez de prendre ce petit reptile : aussitôt il se précipitera dans un creux de mur ou dans une crevasse quelconque. Si vous êtes assez agile, vous aurez le temps de saisir le lézard par le bout de la queue. Fier de votre

prise, regardez votre nouvelle conquête, et grande sera sans doute
votre surprise en vous apercevant que vous ne tenez qu'un bout
de queue qui frétille encore; mais de lézard, point. Vous vous
dites que vous avez été trop brutal, et que la queue trop fragile
s'est rompue dans vos doigts.

Continuez votre chasse, et vous ne tarderez pas à voir de nombreuses araignées, les unes construisant leur toile, les autres se

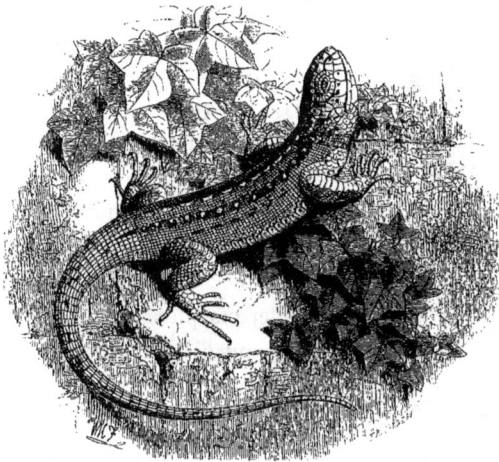

Lézard gris d'Europe.

promenant au soleil. Essayez d'en attraper une : vu la petitesse
relative du corps, vous aurez beaucoup de chance de ne la prendre
que par une patte; mais à peine serez-vous en possession de celle-ci,
que vous la verrez vous rester dans la main, tandis que l'araignée,
avec les sept pattes qui lui restent, s'enfuira avec rapidité.

Lorsque vous serez au bord de la mer, retournez les nombreuses
pierres qui garnissent la grève; souvent vous apercevrez un de ces
gros crustacés connus de tous sous le nom de crabes.

Ces crustacés sont faciles à saisir par la carapace; mais essayez
d'en prendre un par une patte, celle-ci vous restera dans les doigts.
Courez après votre crabe, et rattrapez-le par une autre patte; et le
phénomène se reproduira. Vous pourrez répéter ainsi l'expérience

autant de fois que l'animal a de pattes, et chaque fois vous obtiendrez le même résultat.

Les pattes des crabes étant composées d'articles formés en grande partie de matière dure, placés bout à bout et reliés par une substance molle et moins résistante, il est naturel de penser que les ruptures se produisent au niveau des articulations; il n'en est rien cependant. Examinez, en effet, les cassures; vous remarquerez, non sans étonnement sans doute, que les ruptures se sont produites sur toutes les pattes cassées au milieu d'un article rigide, le deuxième à partir du corps de l'animal. C'est qu'aussi la rupture d'une patte de crabe dans les circonstances indiquées plus haut n'est pas due à la fragilité de la patte, mais à un mécanisme particulier dont nous parlerons plus loin. Si, en effet, on suspend à l'une des pattes d'un crabe mort un poids de plus en plus fort, la patte ne se brise pas, même lorsque ce poids atteint cent fois celui du corps de l'animal: c'est donc un organe extrêmement résistant. Cependant, sous un poids plus considérable, la rupture finit par se produire, mais jamais au milieu d'un article et toujours au niveau d'une articulation.

1. Araignée domestique.
2. Araignée des caves.

La rupture, sur l'animal vivant et capturé, a lieu suivant une ligne circulaire visible extérieurement. C'est l'animal lui-même qui, par la contraction brusque et énergique de certains muscles spéciaux, s'ampute lui-même. M. L. Frédéricq, professeur à l'université de Liège, qui a particulièrement étudié ce phénomène, lui a donné le nom d'*autotomie*[1].

Nous venons de démontrer que la rupture de la patte n'est due

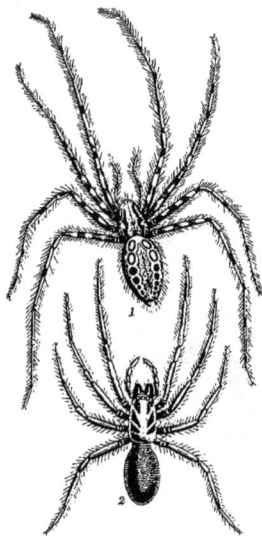

---

[1] Du grec *autos*, soi-même; *tomé*, coupure.

aucunement à sa fragilité, mais qu'elle était produite par l'activité
même de l'animal. On peut se demander si oui ou non la volonté
de l'animal est pour quelque chose dans cette rupture. La réponse
à cette question a été donnée par les expériences suivantes, dues
à M. Frédéricq.

On attache délicatement un fil à la patte d'un crabe, et on fixe
ce fil à un clou planté dans une table. On effraye l'animal, qui fait
effort pour se sauver, retenu qu'il est par une patte. S'il pouvait
faire intervenir sa volonté pour s'amputer une patte, il est évident
que ce serait là ou jamais le moment d'appliquer sa puissance. Or
il n'en est rien. Le crabe tire indéfiniment sans pouvoir s'échapper.
Au contraire, vient-on à pincer vivement la patte du même crabe
mis en liberté, aussitôt celle-ci se brise à sa base. Dans ce cas, le
pincement rapide a produit une forte excitation qui, après avoir
gagné les ganglions par un nerf de la patte, est revenue par un
autre nerf exciter les muscles de cette patte et provoquer la rupture. Ainsi l'influx nerveux dû au pincement s'est rendu aux
ganglions, qui l'ont renvoyé dans les nerfs des muscles : il y a eu
dans les ganglions nerveux un phénomène analogue à celui d'un
miroir qui renvoie un rayon lumineux que l'on a fait tomber sur
lui. Il s'est produit ce que l'on appelle une *action réflexe,* phénomène passif, qui n'a rien à voir avec la volonté de l'animal.

Dans la première partie de l'expérience que nous venons de
rapporter, il n'y a pas d'action réflexe, parce que le fil trop peu
serré n'excite pas le nerf intérieur. L'expérience suivante met bien
en évidence la nécessité d'une excitation relativement forte du
nerf. On place un crabe sur le dos ; l'animal remue les pattes pour
chercher, mais en vain, à se retourner. Si alors, à l'aide d'une
paire de ciseaux, on sectionne brusquement le bout de la patte,
aussitôt celle-ci se détache plus haut. Certes, dans ce cas, on ne
peut attribuer la rupture de la patte à sa fragilité. Ajoutons, pour
achever la démonstration, qu'on peut aussi produire la rupture en
plaçant le bout de la patte dans un excitant chimique ou dans la
flamme d'une bougie.

Il arrive très souvent que les crabes sont serrés fortement par une
patte par leurs ennemis. Grâce au nombre de ces appendices, la

perte de l'un d'eux n'a qu'une importance assez faible au point de
vue de la locomotion. Cependant, par ce procédé, l'animal a
échappé à son ennemi.

Mais tout n'est pas fini. D'abord dans chaque patte se trouve
une artère qui contient du sang. On pourrait penser que lorsque la
patte est cassée ce sang va s'écouler au dehors, ce qui ne tarderait

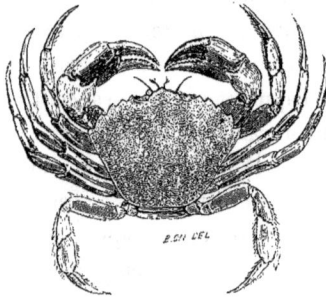

Crabe.

pas à faire périr l'animal. Celui-ci
aurait donc évité un danger pour
tomber dans un autre plus grand.
En réalité, il n'en est pas ainsi :
d'abord, parce que le muscle
auquel la rupture est due a, en
se contractant, fermé l'orifice du
vaisseau, et de plus, par la propriété qu'a le sang de ces animaux de se prendre en masse,
de se coaguler très rapidement.

Aussi la première goutte de sang qui tend à s'écouler au dehors,
dès qu'elle arrive à l'air, se coagule et bouche ainsi l'ouverture
béante de l'artère.

Voici maintenant notre crabe perdant une patte chaque fois
qu'il rencontre un ennemi puissant qui le saisit par un de ses
appendices. Malgré son nombre de huit pattes et de deux pinces,
ce qui fait dix appendices, l'animal ne pourrait recommencer souvent la même opération, si la nature n'y avait pourvu par la faculté
donnée aux pattes de se régénérer.

Lorsqu'on garde dans un aquarium un crabe dont une patte a
été cassée, on ne tarde pas, en effet, à voir pousser à la place de
celle-ci un petit moignon qui grandit de plus en plus, et qui finalement redonne une patte nouvelle.

La plupart des crustacés, homard, écrevisse, langouste, ber-
nard-l'ermite, etc., présentent le phénomène de l'autotomie et de
la régénération des pattes.

Comme on a pu déjà le constater au commencement de cet
article, on observe des phénomènes analogues dans les classes
les plus diverses du règne animal. L'autotomie est fréquente chez

les insectes, la sauterelle, par exemple; mais ici les pattes une fois cassées ne repoussent pas. Il en est de même chez les araignées.

L'autotomie, chez les reptiles, ne porte plus sur les pattes, mais sur la queue. Nous avons décrit ce qui se passe chez les lézards. La rupture se fait si facilement dans la queue de l'orvet, que cette propriété lui a valu le nom de « serpent de verre ». La queue de ces animaux repousse avec la même facilité que les pattes des crabes.

Enfin l'autotomie s'observe chez les vers, dont le corps se coupe souvent au moindre attouchement, et chez les étoiles de mer.

XXXIV

LA GREFFE ANIMALE

On sait que lorsqu'une blessure vient entamer la peau sur une petite étendue, la plaie se referme avec une rapidité remarquable. Cependant, lorsque la plaie est très large, la cicatrisation se fait très lentement. C'est ce fait qui a amené la découverte de la greffe épidermique par Reverdin, à la suite d'une série de recherches dont l'importance pratique est considérable. Mais la greffe épidermique, comme la greffe animale en général, a un intérêt également puissant en ce qui concerne l'histologie et la physiologie.

« La greffe animale, a dit Paul Bert, n'est ni une question ni un ensemble de questions ; c'est toute une méthode que l'on peut employer pour la solution de maints problèmes physiologiques, et dont les personnes qui s'occupent de physiologie morbide pourront un jour tirer les plus utiles résultats. »

On peut considérer trois cas de greffe animale, suivant qu'elle est épidermique ou dermo-épidermique, ou qu'elle s'effectue avec des tissus vasculaires.

Lorsqu'un lambeau d'épiderme a été enlevé accidentellement ou volontairement par l'action d'un vésicatoire, on voit l'épiderme qui entoure la plaie végéter vers le centre, de manière à régénérer le morceau enlevé ; mais cette régénération est très lente. C'est en 1869 que Reverdin eut l'idée de placer vers le milieu de la plaie de petits îlots d'épiderme, qui alors se mettaient à végéter vers la périphérie. Les résultats furent magnifiques ; par ce procédé, les plaies se referment rapidement. Pratiquement, on emprunte des

lambeaux d'épiderme à la jambe, au bras ou à n'importe quelle
autre partie du corps; on peut les prendre sur la personne même
que l'on va opérer ou sur une personne étrangère, voire même sur
un cadavre, tout de suite après la mort, ou à des membres fraîchement amputés. On a également greffé une peau de nègre sur un
blanc; mais, dans ces conditions, la peau perd sa coloration.

Reverdin ne greffait que l'épiderme; aujourd'hui on tend à employer un procédé qui consiste à greffer la peau tout entière, derme
et épiderme réunis. La greffe dermo-épidermique, dit Mathias
Duval, présente à signaler des avantages importants au point de

Rat sur le nez duquel on a greffé une queue.

vue de la valeur ultérieure de la cicatrice. Il est facile de comprendre que, dans la greffe dermo-épidermique, la peau se trouve
rétablie avec toutes ses parties, du moins dans une certaine étendue, et que, par suite, la cicatrice est solide, souple, mais sujette
à la rétraction et aux déchirures. Cette méthode est très utilisée
en ophtalmologie, pour la régénération des paupières. Il n'est pas
nécessaire de prendre de la peau humaine; on peut l'emprunter
à un mammifère quelconque. Dubreuil a greffé avec succès de la
peau de cobaye sur une jambe. La peau du chien, celle du lapin,
réussissent également. On a tenté la greffe de peau de grenouille
avec des succès variables avec l'habileté de l'opérateur.

Les greffes des tissus vasculaires ne sont pas moins importantes; aujourd'hui elles sont utilisées en grand par les chirurgiens,
qui les désignent sous le nom général d'*anaplastie*. L'une des plus
connue est l'anaplastie par la méthode *indienne,* qui consiste à
décoller une région pour reconstituer une blessure voisine : par

exemple, en faisant un nez avec un morceau de la peau du front
que l'on rabat. Dans la méthode *italienne*, le lambeau est emprunté
à une région éloignée.

La greffe des tissus vasculaires est connue depuis fort longtemps. Tout le monde connaît l'histoire de cet individu qui avait
eu le nez coupé dans une rixe, nez que Garangeot fit chercher sur
le lieu de la bataille, lava avec du vin chaud et remit en place,
en empêchant ainsi l'homme d'être défiguré. Cette histoire du nez
de Garangeot a égayé longtemps nos ancêtres, qui crurent à une
mystification. Edmond About a même tiré de cette anecdote véri-
dique un roman amusant, mais tout à fait fantaisiste : *le Nez d'un
notaire*. On sait, dans les campagnes, que l'on peut greffer des
ergots de coq sur la crête de ces animaux. On a pu ressouder deux
lambeaux de doigts séparés l'un de l'autre. Au bout de peu de
temps, le morceau de doigt recollé avait repris sa circulation et sa
vitalité.

Paul Bert a fait de nombreuses recherches sur la greffe animale ; il a réussi à souder deux animaux ensemble. A cet effet, il
prenait deux jeunes rats, et pratiquait sur le flanc droit de l'un et
sur le flanc gauche de l'autre une large incision dans la peau. Ceci
fait, il appliqua les deux surfaces à vif l'une contre l'autre. Au
bout de cinq jours, la réunion était devenue parfaite : c'est ce que
Bert appelait la greffe *siamoise*, on devine pourquoi.

La greffe des queues de rat est célèbre. Paul Bert écorchait
l'extrémité de la queue d'un rat ; puis, la reployant en avant, il
mettait cette extrémité sanglante dans une boutonnière faite dans
la peau du dos. Lorsque les bords de la plaie s'étaient cicatrisés,
c'est-à-dire trois jours après, il coupait la queue à sa base. Elle
n'était donc plus en rapport qu'avec le dos. Elle continua à vivre,
à grandir et à recouvrer sa sensibilité. Le même savant écorcha
aussi des queues de jeunes rats et les plaça sous la peau de ceux-ci.
Elles continuèrent à se développer. L'une des expériences les
plus curieuses de Paul Bert consistait à couper la queue à un rat
et à enfoncer l'extrémité béante de celle-ci dans une boutonnière
faite à la peau du nez d'un autre rat : il obtenait ainsi des « rats
à trompe », qui ne laissaient pas d'étonner les personnes croyant

avoir affaire à un phénomène naturel. Magitot a obtenu la reprise
parfaite d'une dent arrachée. La transfusion du sang est une véritable greffe animale, puisque le sang est un tissu.

En somme, jusques aujourd'hui, on était arrivé à greffer tous
les tissus de l'organisme. Les os seuls jusqu'ici s'étaient montrés
très réfractaires : quand un os était brisé, les chirurgiens rempla-
çaient bien la partie absente par un os étranger; mais on se rendit
bien vite compte qu'il n'y avait pas là une véritable greffe. Le morceau ajouté jouait le rôle de corps étranger : il excitait seulement
la régénération des cellules de l'os blessé. On en était même arrivé
à se servir simplement d'un fragment de celluloïde qui allait aussi
bien, au moins pour les petites plaies. Les recherches de M. le
docteur Ricard nous ont montré que les os peuvent se greffer et
« prendre » aussi bien que n'importe quel autre tissu. Il s'agit
d'une femme de quarante-cinq ans, atteinte d'une tumeur maligne
de l'os frontal droit. Cette affection étant fort gênante, il fallut
enlever la tumeur et l'os qui la supportait. Par ce fait, le cerveau
était mis à nu et ne pouvait pas, bien entendu, rester en cet état,
sous peine de désordre et d'accidents très graves. M. Ricard prit
alors un os sur un chien, et, en s'entourant de toutes les précautions antiseptiques de la chirurgie actuelle, le transporta à l'endroit
de la plaie. Peu de temps après la soudure était complète, ajoutant
ainsi un nouveau titre de gloire à l'antisepsie, à la greffe animale
et à la chirurgie française.

XXXV

LES BESTIAUX DES FOURMIS

Tout le monde connaît les pucerons, ces petites bestioles à l'aspect massif, qui envahissent très souvent les plantes de nos jardins, au grand désespoir des horticulteurs, qui ne savent comment s'en débarrasser. Examinons un instant, je suppose, une branche de rosier attaqué par ces vilaines petites bêtes. Nous ne tarderons pas à voir arriver des fourmis agitant fébrilement leurs antennes. Lorsqu'une fourmi vient à rencontrer un puceron, on la voit caresser la petite bête de ses antennes, comme si elle sollicitait quelque chose. Ce quelque chose ne va pas tarder à apparaître. Si vivement sollicité par les caresses de la fourmi, le puceron laisse échapper de la partie postérieure de l'abdomen une gouttelette de liquide sucré, que la fourmi se hâte de happer, car elle en est extrêmement friande. La fourmi va de nouveau « traire » un autre puceron, et ainsi de suite.

Il y a fort longtemps que l'on connaît les rapports si curieux des fourmis et des pucerons : Linné, pour cette raison, avait même donné à ces dernières le nom bien significatif de « vaches des fourmis ». Mais ce qu'il y a de plus intéressant encore, c'est que les fourmis jaunes (*lasius flavus*), trouvant peu pratique de courir constamment après leur bétail, ont imaginé d'emporter les pucerons dans leurs retraites, et là de les traire quand bon leur en semble. Elles vont les chercher sur les plantes, les rapportent délicatement à la fourmilière, les emprisonnent dans les chambres, comme les paysans mettent des vaches dans une étable, les soignent, les nourrissent, les dorlottent avec un soin jaloux. En échange de ces bons procédés, les pucerons ne semblent pas faire de difficulté pour céder à leurs maîtres la goutte sucrée qu'ils sollicitent.

Certaines espèces se comportent autrement. « Hubert, dit Brehm, a découvert aussi que les fourmis sont tellement avides de cette liqueur sucrée, que pour s'en procurer plus commodément elles pratiquent des chemins couverts qui, de la demeure de la tribu, s'étendent jusqu'aux plantes qu'habitent ces vaches en miniature. Parfois on les voit pousser la prévoyance jusqu'à un point encore plus incroyable. Afin d'obtenir plus de produits des pucerons, elles les laissent sur les végétaux qu'ils sucent habituellement, et, avec de la terre finement gâchée, leur bâtissent là des espèces de petites étables dans lesquelles elles les emprisonnent. Le savant que nous venons de citer a découvert plusieurs de ces étonnantes constructions. C'est donc un fait irrécusable. »

Ajoutons qu'une fois domestiqués, les pucerons sécrètent beaucoup plus de liqueur sucrée que lorsqu'ils vivent

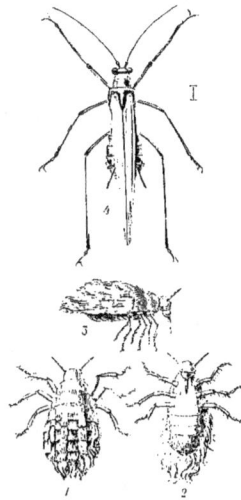

1. Puceron lanigère. — 2. Le même, vu en dessous. — 3. Le même, vu de côté. — 4. Puceron du rosier (mâle).

à l'état sauvage. Cela devient même chez eux un besoin : car si on les abandonne à eux-mêmes, ils se délivrent brusquement de leur excès de liqueur, mais cela paraît leur être désagréable. Les fourmis, en venant les traire, leur rendent un véritable service.

Les fourmis enfin peuvent utiliser un certain nombre de bêtes qui vivent naturellement dans leur fourmilière. De ce nombre sont les clavigères. « On savait, raconte Émile Blanchard, que divers insectes cohabitent avec les fourmis sans être ni inquiétés, ni maltraités par ces dernières; mais le genre de relations qui pouvait exister entre les maîtres du logis et les hôtes restait ignoré. Lespès

16

dévoila le mystère. Seulement dans les fourmilières vivent de
très petits coléoptères d'un aspect étrange. Tout luisants, d'un
roux uniforme, les clavigères, ainsi qu'on les appelle, ont d'é-
normes antennes, des élytres courtes, des pinceaux de poils sur
les côtés.

« Triste semble la condition de ces êtres : aveugles, ils sont
condamnés à une existence sédentaire; ayant la bouche singulièrement conformée, ils sont dans l'impossibilité de manger seuls.

Nulle part on ne voit l'exercice de la
liberté plus entravée; par bonheur,
ces malheureux insectes n'en ont sans
doute pas conscience. Les fourmis
sont pleines de soins et d'attention
pour les clavigères.

Clavigère.   Loméchuse.

« A ces pauvres créatures elles
donnent la becquée. L'œuvre, il est
vrai, n'est pas désintéressée. Les poils des petits coléoptères s'imprègnent d'un liquide visqueux et sucré fourni par des glandes;
avides de cette matière, les fourmis se délectent à lécher les poils
qui en sont induits. Elles trouvent avantage à nourrir et à soigner
de véritables animaux domestiques. »

Il n'y a pas que les clavigères qui rendent des services aux
fourmis. « Des coléoptères agiles, ajoute le même auteur, de la
famille des staphylins, dont les élytres laissent à découvert l'extrémité postérieure du corps, habitent les fourmilières : ce sont les
loméchuses. Mieux partagés que les clavigères, ils sont d'humeur
vagabonde. Clairvoyants, pourvus d'ailes, ils sortent des nids,
mais ils sont bien forcés d'y revenir; lorsque la faim les presse, ils
n'ont pas d'autre ressource. Incapables de prendre eux-mêmes
leur nourriture, ainsi que Lespès l'a constaté, ils la demandent
aux fourmis. Celles-ci ne refusent pas de rendre un bon office à
des créatures qui ont quelque chose à donner. Les loméchuses
sécrètent une matière sirupeuse, que retiennent les bouquets de
poils placés sur les côtés de l'abdomen. Les poils se trouvant
cachés par les organes du vol, le coléoptère écarte ses ailes pour
que la fourmi puisse lécher la liqueur. Pareille entente de la part

de deux êtres n'ayant aucune parenté est vraiment un des traits les plus curieux de la vie des animaux. »

On trouve encore dans les fourmilières d'autres animaux (*myrmecophila*, *platyarthrus*, etc.); mais leurs relations avec les fourmis ne sont pas encore très nettement établies.

XXXVI

L'UNION FAIT LA FORCE

De tout temps l'homme a été une espèce essentiellement sociable. Dès son origine, il a reconnu la justesse de cet adage éternellement vrai : *L'union fait la force*. Au début, un plus ou moins grand nombre d'hommes de même race se réunissaient pour lutter contre les animaux ; mais à ce moment chaque homme exerçait pour son propre compte toutes les industries. Un peu plus tard ils reconnurent la nécessité d'avoir un chef ; ils choisirent parmi eux celui qui semblait le plus digne de les diriger. Puis ils reconnurent les bienfaits de la division du travail : les uns s'adonnèrent à la pêche et à la chasse, tandis que les autres s'occupaient de construire des camps ; d'autres se chargèrent des soins intérieurs ou de la défense commune. C'est à ces différents états que sont restées beaucoup de peuplades sauvages. Mais dans les pays civilisés, en Europe, par exemple, la division du travail a été poussée à un point extrême, et c'est ainsi que se sont créés les innombrables métiers grâce auxquels chacun peut se livrer à des travaux en rapport avec ses aptitudes particulières, tout en participant au bonheur et à la force de la société tout entière.

Un grand nombre d'animaux vivent isolément les uns des autres, en luttant chacun pour sa propre existence. Mais à d'autres, en assez petit nombre d'ailleurs, la Providence a fait connaître les bienfaits de l'association et les a groupés en sociétés, tantôt permanentes durant toute la vie, tantôt passagères et plus ou moins bien organisées.

Quelques exemples parmi les principaux vont nous donner une idée de ces associations.

En Abyssinie existent des singes de grande taille et pourvus de mâchoires énormes et extrêmement puissantes : ce sont les *cynocéphales*. Ils ne restent jamais isolés; ils sont toujours réunis en grand nombre et vivent dans une grande solidarité les uns par rapport aux

Tandis que ceux qui sont dans l'enclos cueillent les fruits, ceux de la chaîne se les passent de l'un à l'autre.

autres. Les mâles servent particulièrement à la défense et à l'approvisionnement. Les femelles veillent avec soin sur leurs petits, qui s'amusent et se battent comme de jeunes enfants. Au moment des repas, toute la troupe va chercher sa nourriture dans les bois; puis ils viennent se reposer. Le soir, la bande tout entière se rend sur le bord de la mare la plus voisine pour s'y abreuver. Si un cynocéphale n'arrive pas à retourner une grosse pierre sous laquelle il espère trouver de la nourriture, il va chercher quelques-uns de ses camarades qui, en réunissant leurs efforts, parviennent à triompher de l'obstacle. La maraude dans les plantations se fait en commun ; mais, sachant les dangers auxquels ils s'exposent, ils envoient au préalable des éclaireurs qui vont se rendre compte de l'état des choses; et lorsque ceux-ci ont reconnu qu'il n'y a aucun péril, ils font un signe aux autres, qui s'empressent d'accourir. « Ils forment une chaîne, dit Brehm, qui s'étend depuis le verger jusqu'à la mon-

Atèles passant une rivière.

tagne voisine; et tandis que ceux qui sont dans l'enclos cueillent les fruits, ceux de la chaîne se les passent de l'un à l'autre jusqu'au lieu du rendez-vous. Pour éviter la vengeance du propriétaire, ils ont soin de placer des sentinelles qui, au moindre bruit, jettent un cri d'avertissement ; alors tout fuit, tout disparaît... Les jeunes se réfugient auprès des vieux, les petits s'attachent à la poitrine de leur mère ou grimpent sur son dos, toute la bande s'ébranle et s'éloigne en courant et sautant sur les quatre pattes. » Lorsque les hommes leur livrent un combat, ils résistent avec un grand acharnement en envoyant des pierres à la tête des assaillants.

Un fait touchant est également raconté par M. Brehm. Cela se passait un jour que la bande des cynocéphales avait été attaquée par une meute de chiens. La colonne avait laissé en arrière un

Cigogne et son nid.

jeune singe qui s'était réfugié sur un rocher. « Nous nous flattions déjà, dit l'auteur, de nous emparer de ce singe; mais il n'en fut rien. Fier et plein de dignité, un des mâles les plus vigoureux apparut de l'autre côté de la vallée, s'avança vers les chiens, sans

se presser et sans faire attention à nous, leur jeta des regards qui
suffirent pour les tenir en respect, monta lentement sur le bloc de
rochers, caressa le petit singe et retourna avec lui en passant
devant les chiens, tellement ébahis, qu'ils le laissèrent tranquillement aller avec son protégé. Cette action héroïque du chef de la
bande nous remplit d'admiration, et aucun de nous ne songea à faire
feu, malgré la grande proximité à laquelle il se trouvait. » Voilà,
certes, un acte de courage extrêmement beau et qui montre à quel
point est grande la solidarité qui unit les membres de cette association.

D'autres singes, les *cercopithèques* de l'Afrique équatoriale, les
singes hurleurs et les *sajous* de l'Amérique, vivent de la même
façon, en bandes nombreuses qui reconnaissent habituellement pour
chef un vieux mâle très fort et très rusé. Les *gibbons* et les *chim-
panzés* font de même.

Ce n'est pas seulement chez les singes, que de pareilles associations se rencontrent. Ainsi les *rennes,* ces habitants des terres
polaires si utiles aux Esquimaux quand ils sont domestiqués, vivent
à l'état sauvage, en formant de vastes troupeaux qui peuvent comprendre jusqu'à quatre cents bêtes. Un ou plusieurs mâles dirigent
la troupe. En hiver toute la bande se réfugie dans les forêts, et tout
autour du camp sont placées des sentinelles destinées à prévenir de
l'arrivée des loups. Les bisons en Amérique, et les chevaux sauvages
en Asie, vivent dans des conditions analogues.

Les oiseaux sont aussi susceptibles de former des sociétés que
l'on pourrait appeler jusqu'à un certain point des sociétés de
secours mutuels. Ainsi les *corneilles* viennent s'abattre sur un
champ nouvellement labouré ; certaines se placent sur les arbres
qui entourent le champ et font le guet, pendant que les autres
mangent les vers et les insectes mis au jour par la charrue. Les
sentinelles montrent même dans leurs fonctions une intuition rare
et savent reconnaître le danger. Si, par exemple, un homme vient
à passer à côté d'elles muni seulement d'un bâton, elles ne donnent
pas signe de vie; mais dès qu'elles aperçoivent un chasseur portant
un fusil, elles se mettent à pousser des cris perçants qui ne tardent
pas à faire envoler toute la colonie. Pendant la nuit, les corneilles

passent la nuit dans les forêts; mais, avant d'y pénétrer en bande, elles envoient des éclaireurs pour s'assurer de la sécurité des lieux.

Les *freux* ont des mœurs analogues à celles des corneilles. Mais chez eux il y a un trait de caractère très curieux à signaler. Au moment où toute la société construit des nids, il arrive quel-

Trigonocéphale chassé par les petits oiseaux.

quefois que certains freux, plus paresseux que d'autres, volent aux nids voisins les brindilles nécessaires à l'édification de leur future demeure. Alors, au dire de nombreux observateurs, lorsque les autres oiseaux se sont aperçus du larcin, ils se rassemblent plusieurs, infligent une correction en règle au délinquant, et finalement brisent à coups de bec le nid déjà presque achevé. Les freux n'aiment ni les paresseux, ni les voleurs. Le fait est sujet à caution.

Des faits semblables ont été récemment (17 nov. 1888) rapportés par la *Revue scientifique*, d'après un journal anglais. « A de certaines intervalles, raconte M. Edmonson, les corneilles mantelées des îles Shetland s'assemblent en grand nombre, dans un champ, sur une colline, et traduisent devant leur barre un certain nombre de leurs pareilles. Après un caquetage infernal, l'assemblée tombe à becs raccourcis sur les malheureux accusés et les écharpe, et, ceci fait, chacun s'en va chez soi. Un autre observateur,

Grue cendrée.   Cigogne blanche.

M. E. Cox, dit avoir vu ceci. Passant dans les champs, il entend beaucoup de bruit dans les arbres habités par des corneilles en discussion animée autour d'une de leurs semblables. Celle-ci, au centre du cercle, paraît d'abord fort assurée et même imprudente en présence de son jury. (Autour du jury, plusieurs centaines de corneilles formaient un second cercle bien distinct du premier.) Mais, au bout de peu de temps, l'accusée se trouble et se démonte; elle parle à peine, s'incline et semble demander grâce. On l'exécute aussitôt, et l'assemblée se disperse.

Des faits analogues ont été notés par différents observateurs. Les *flamands* se comportent parfois aussi de la même façon. Un évêque anglais raconte que tous les œufs d'une cigogne ayant été pris par un chirurgien, et remplacés par des œufs de poule, le mâle se trouva fort surpris en voyant éclore des poussins à la place des échassiers qu'il attendait. Après réflexion, il s'en fut chercher des

1. Chenille processionnaire. 2. Son nid. 3. Papillon mâle. 4. Papillon femelle.

amis, qui vinrent en force et s'assemblèrent autour de l'infortunée femelle, qu'ils exécutèrent bientôt. Aux environs de Berlin, l'on a pu voir ceci. Un œuf de cigogne fut pris dans un nid et remplacé par un œuf d'oie. L'œuf vint à bien, et l'oison fit son apparition. La cigogne mâle, en voyant le palmipède, fut extrêmement troublée, mais ne fit rien à celui-ci et s'envola aussitôt en poussant des cris féroces. La femelle continua à donner ses soins à l'oison. Au matin du quatrième jour, après le départ du mâle, l'on vit dans un champ voisin une grande assemblée de cigognes. Celles-ci étaient

au nombre de cinq cents environ et jacassaient avec volubilité, en
écoutant les harangues d'une autre, en face d'elles. Pendant de
longues heures, il se détacha successivement du groupe diverses
cigognes qui haranguèrent tour à tour leurs camarades, et enfin
toute la bande, poussant de grands cris, s'éleva, et, dirigée par
le mari outragé, à ce qu'on suppose, s'en vint au nid, où la femelle
était restée, évidemment fort effrayée, et extermina la malheureuse
mère, l'oison, et enfin le nid. » Nous ne sommes pas convaincus de
la véracité de ce fait, et encore moins de son explication.

Dans tous les cas que nous avons signalés jusqu'ici, les animaux
vivaient constamment ensemble. Il en est d'autres qui ne forment
pas de société à proprement parler, mais qui cependant peuvent se
réunir en plus ou moins grand nombre pour défendre leurs semblables, auxquels d'ailleurs ils ne sont réunis par aucun lien.

Ainsi les fauvettes vivent isolément les unes des autres, sans
se préoccuper le moins du monde de leurs semblables. Mais elles
se réunissent quelquefois au nombre de six ou dix pour combattre
les serpents, qui sont leur ennemi. — De même les hirondelles
unissent, dans certaines circonstances, leurs efforts pour combattre
les éperviers qui leur font la chasse. Les loups sont aussi cou-
tumiers de faits analogues ; ils se réunissent à plusieurs pour
attaquer les bœufs, les chevaux et surtout les fermes, en hiver.

Enfin un mode très fréquent d'association temporaire se rencontre chez les animaux migrateurs. L'un des cas les plus frappants
est celui des grues, qui habitent pendant l'été nos contrées, mais
qui, à l'approche de l'hiver, s'en vont en groupes très nombreux
dans les pays plus chauds. Pour cela, toutes les grues s'élèvent
dans les airs et se disposent en triangle dont le sommet le plus aigu
est dans la direction du vol. Par cette disposition, toute la masse
peut fendre l'air avec une grande rapidité. Mais il résulte aussi de
cette disposition que c'est l'oiseau qui est placé au sommet du
triangle qui supporte la fatigue la plus grande. Au bout de quelque
temps l'oiseau qui est en tête quitte sa position fatigante et va se
placer à la queue de la bande, tandis qu'une autre grue moins
fatiguée vient prendre sa place. C'est ainsi que tous les oiseaux
viennent l'un après l'autre servir de pilote à toute la colonne.

Les hirondelles et beaucoup d'autres oiseaux se réunissent aussi en grand nombre pour aller hiverner dans les pays plus chauds que nos contrées en hiver; mais il n'y a pas chez eux de régularité aussi parfaite que chez les grues.

Parmi les poissons, les saumons, les esturgeons, les harengs,

Invasion de criquets.

les sardines et bien d'autres se réunissent ainsi en bandes nombreuses soit pour aller déposer leurs œufs dans des endroits convenables, soit pour des raisons qui ne sont pas encore connues.

Des faits analogues se rencontrent généralement chez les insectes. Les chenilles processionnaires ont l'habitude de se déplacer en bandes nombreuses d'un point à un autre. Elles se réunissent en forme de triangle, et c'est la chenille qui est en tête qui dirige tout le peloton. Les chenilles qui la suivent reproduisent fidèlement tous ses mouvements. Aussi, si l'on vient à enlever la

chenille pilote, on voit toutes les autres absolument désorientées
et se répandre de toutes parts sans pouvoir arriver à se ranger de
nouveau.

On peut aussi compter au nombre des associations dont nous
parlons les vols immenses de ces insectes que l'on désigne sous le
nom assez impropre de sauterelles, et qui, en Algérie, anéantissent
toutes les récoltes sur lesquels elles viennent s'abattre et ruiner des
régions entières. — On sait que ce sont des criquets qui cons-
tituaient la dixième plaie d'Égypte. — Les pertes que subit la fortune publique du fait de ces insectes sont immenses. Aussi a-t-on
cherché de nombreux moyens de les détruire ; on commence
à obtenir des résultats très sérieux, et tout fait présager que l'on
arrivera un jour à une destruction complète de ce terrible fléau.

XXXVII

LA COLORATION ARTIFICIELLE DES FLEURS

Avec le mois d'avril, avant même que les hirondelles soient revenues nous annoncer les beaux jours, Paris prend cet air de gaieté et de fraîcheur qui lui donne son cachet si particulier et qu'il abandonne seulement pendant la mauvaise saison.

Aux étalages des fleuristes, aussi bien que sur les voitures des marchands des quatre saisons, apparaissent des monceaux de fleurs de l'effet le plus charmant, où le jaune des jonquilles se mêle agréablement au violet des lilas, où l'humble violette coudoie l'altier narcisse, où les variétés des jacinthes luttent entre elles pour la fraîcheur de leurs teintes variées à l'infini.

En 1892, au milieu de toutes ces fleurs bien connues, on vit apparaître une plante nouvelle, de la couleur la plus bizarre que l'on puisse imaginer: c'était le fameux œillet vert, qui eut un succès comme Paris seul sait en faire. En 1893, l'œillet vert était oublié, et c'était le lilas rose qui avait pris sa place.

Qu'est-ce donc que ce lilas rose, et de quel pays lointain peut-il bien provenir? Telle est la question que tout le monde se posait, sans se douter que la réponse est des plus simples : le lilas rose vient des environs de Paris, et sa couleur est artificielle.

Le principe de la coloration artificielle des fleurs n'est pas si nouveau qu'on le croit généralement. Dans un ouvrage paru en 1724 à Amsterdam, et dont l'auteur s'appelle d'Émery, on trouve, en effet, différents procédés « pour faire venir des roses, œillets et

autres fleurs de telles couleurs qu'on veut », recettes presque analogues à celles que l'on emploie aujourd'hui.

Ce livre était certainement oublié quand, en 1892, c'est la
légende (déjà!) qui le dit, deux ouvrières fleuristes, ayant plongé
des tiges d'œillets blancs dans de l'eau contenant une matière verte,
virent les fleurs se teinter de cette couleur.

L'industrie ne tarda pas à s'emparer de cette soi-disant découverte. Si le résultat est curieux, le phénomène n'est cependant pas
bien difficile à expliquer. On sait que toutes les plantes d'un végétal
contiennent des *vaisseaux*, des sortes de canaux creux qui se continuent sans interruption depuis la racine jusque dans la tige, et de
là dans les fleurs et les feuilles, formant là ce que tout le monde
connaît sous le nom de *nervures*. Quand on coupe la tige d'une
plante et qu'on la plonge dans un liquide coloré, celui-ci grimpe
dans les vaisseaux et vient se répandre dans les feuilles et dans les
fleurs. Dans les organes foliaires, la couleur est masquée par le
vert intense de la chlorophylle, tandis que dans les pétales elle
y apparaît nettement, plus ou moins lavée par la coloration propre
de la fleur.

Les œillets verts étaient colorés par le *diéthyldibenzyldiamido-
phénylcarbinolsulfite de soude*. Les lilas roses le sont simplement
par la fuchsine dissoute dans l'eau. Toutes ces colorations peuvent
être répétées par tout le monde et avec n'importe quelle espèce de
fleurs. Il faut toutefois prévenir les lecteurs qui voudraient se livrer
à ces intéressantes expériences, que les matières colorantes *acides*
sont seules capables de produire l'effet désiré; les matières *basiques*
sont sans action.

Les bleus et les bruns pénètrent très lentement ; les verts vont
relativement très vite.

Enfin, en mélangeant deux couleurs, par exemple la matière
signalée plus haut et l'éosine, on obtient des fleurs panachées
de vert et de rouge. Il y a là, on le voit, tout un ensemble de
recherches des plus amusantes à effectuer et des plus lucratives,
car beaucoup de gens préfèrent les couleurs étranges produites
artificiellement aux couleurs naturelles si fraîches et si agréables.

On sait que, dans les repas quelque peu cérémonieux, on a

l'habitude de marquer la place des convives à l'aide d'une carte portant le nom de la personne, carte que l'on dépose soit dans le verre, soit sur la serviette. C'est laid dans toute l'acception du terme ; pour un peu on prendrait la table servie pour le laboratoire d'un physiologiste, où chaque animal en expérience doit être placé à tel point et ne doit pas en sortir. Depuis quelques années, les choses ne vont plus heureusement ainsi. A chacune des places on aperçoit une rose, tantôt jaune, tantôt blanche, et qui, ô merveille ! porte le nom de l'invité : c'est charmant, gai, agréable et d'une élégance bien française. Cette idée de faire des roses cartes de visite n'est pas en somme des plus nouvelles; mais, à cause des difficultés de leur fabrication, on avait été obligé d'y renoncer. On avait en particulier essayé d'écrire sur les pétales des roses, à l'aide d'une encre spéciale modifiant la matière colorante de la fleur. On obtenait ainsi des traits, d'abord très nets, mais qui bientôt s'étalaient, s'estompaient et devenaient presque invisibles. Le problème a été résolu, comme tant d'autres, par l'électricité. Voici comment l'on procède : on emploie une pointe métallique en rapport par des fils aux deux pôles d'une pile, et par conséquent parcourue par un courant. On se sert de cette pointe comme d'un crayon, et on écrit sur le pétale de la fleur. A chaque point de contact, la matière colorante est décomposée, de telle sorte qu'à la fin de l'opération le nom tracé apparaît nettement en blanc sur le fond rouge ou jaune de la rose.

Puisque nous sommes sur le chapitre de la couleur des fleurs, nous devons signaler à nos lecteurs une petite expérience facile à réaliser. Prenez une cigarette allumée, et approchez l'extrémité qui porte la cendre tout près d'une corolle de pétunia: vous y verrez tout de suite s'y dessiner une tache verte très nette. En recommençant plusieurs fois l'opération, on obtient des fleurs panachées de l'effet le plus singulier que l'on puisse imaginer. L'explication de cette expérience est très simple : la fumée, étant alcaline, a modifié la matière colorante de la fleur. On peut obtenir des résultats semblables avec la rose rouge, l'hortensia rose, le trèfle, la colchique d'automne, la scabieuse, la sauge et la pervenche. Au lieu de verdir comme les précédentes, les fleurs de la mauve, du géranium Robert

17

et de la campanule bleuissent. Les roses rouges et les capucines
deviennent noires. Avec les fleurs jaunes, on n'obtient jamais rien.
Quant aux fleurs blanches, elles jaunissent le plus souvent.

Autre expérience : prenez une rose blanche, trempez-la dans du
rouge d'aniline pulvérisé, retirez-la et secouez-la fortement à l'aide
de quelques chiquenaudes, la rose semblera revenue à son état
initial ; mais si vous veniez à y projeter un jet d'eau à l'aide d'un
vaporisateur, tout de suite vous la verrez revenir du plus beau
rouge.

XXXVIII

LES TORTUES ÉTRANGES

C'est à Cuba que l'on rencontre en plus grande abondance les tortues marines dont on tire un si grand bénéfice. Nous allons donner quelques détails sur ces intéressants animaux et, par la même occasion, sur les autres tortues dignes d'être signalées.

La nature, qui se complaît souvent aux bizarreries, s'est surpassée lorsqu'elle a créé les tortues. En outre de leur aspect extérieur et de leurs mœurs, sur lesquelles nous reviendrons plus loin, elles présentent, au point de vue anatomique et physiologique, des particularités fort curieuses. Ainsi, cette vaste carapace où l'animal peut rentrer pattes et tête déroute toutes nos notions d'anatomie comparée : c'est un peu comme si la bête était rentrée à l'intérieur de sa cage thoracique, *vulgo* poitrine. D'autre part, savez-vous de quels autres animaux les tortues se rapprochent le plus anatomiquement? Des serpents? Non. Des lézards? Point. Des crocodiles? Pas davantage. Des grenouilles? Encore moins. Alors? Tout simplement des oiseaux, qui semblent on ne peut plus différents des tortues par leur légèreté; leur mode de vie et leurs plumes. Comme quoi, il ne faut pas se fier aux apparences.

Les tortues sont aussi recommandables par leur extrême vitalité, qui dépasse beaucoup celle bien connue des anguilles, lesquelles continuent à s'agiter dans la poêle à frire. Elles peuvent rester pendant des mois entiers sans manger ni même respirer. On en a vu vivre pendant plusieurs semaines après avoir été décapitées.

elles retiraient même leurs pattes sous la carapace quand on venait
à les toucher. Une autre à qui on avait enlevé le cerveau vécut
pendant six mois. Le naturaliste Kersten a fait de curieuses observations à ce sujet. « Nous nous sommes donné beaucoup de peine,
dit-il, pour trouver une manière quelconque de tuer les tortues
que nous voulions placer dans nos collections, en les torturant le

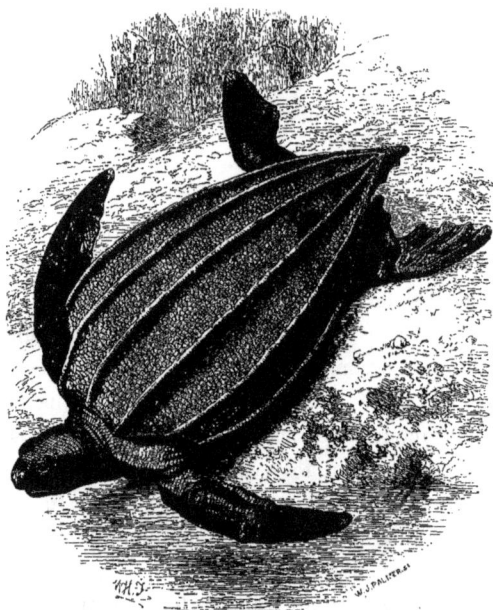

Sphargis.

moins possible et en évitant, autant que faire se pouvait, d'endom-
mager la peau et la carapace; mais leur vitalité déjoua tous nos
efforts. Il ne nous resta finalement qu'à scier circulairement, sur
les côtés, la carapace résistante dans laquelle se réfugiait l'animal
en vie, puis à déterminer la mort en lésant seulement alors les
parties nobles. J'entrepris plus tard des expériences nombreuses
dans le but de rechercher le procédé le plus propice pour tuer ces
chéloniens. Je plaçai l'animal, la tête en bas, dans un seau rempli
d'eau; je serrai le cou dans un lacet aussi solidement que possible;

mais, même après avoir été privé d'air pendant des jours, l'animal
vécut encore aussi sain que précédemment. J'enfonçai une forte
aiguille entre la tête et la première vertèbre cervicale, et je la remuai
de côté et d'autre afin de séparer l'encéphale de la moelle : vains
efforts, la tortue demeura vivante. J'essayai de l'empoisonner : à
l'aide d'un tube de verre effilé, j'insufflai de l'alcool dans la bouche

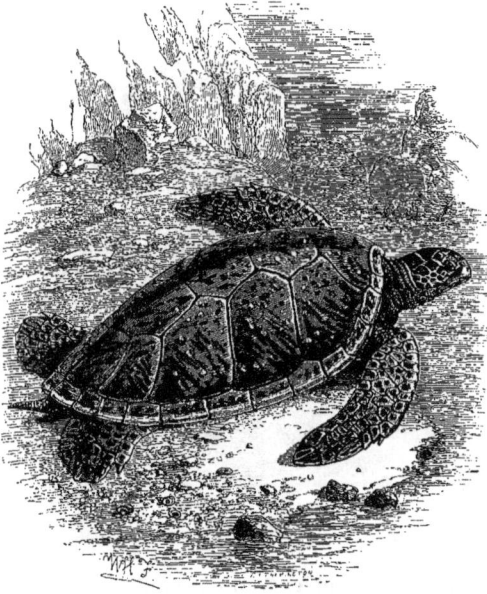

Chélonée franche.

et dans les cavités buccales et nasales; je répétai cette manœuvre
avec une solution empoisonnée de cyanure de potassium, j'insufflai
même cette redoutable liqueur dans les cavités oculaires et dans
des points limités où la peau avait été dénudée. A ma grande
stupéfaction, la tortue resta en vie. La décollation elle-même
n'atteint pas le but proposé; car, pendant des jours encore, la tête
décapitée mord aux alentours, et les membres s'agitent avec le
tronc pendant un temps assez long. Le seul moyen qui paraît efficace
pour tuer une tortue sans l'ouvrir consiste à la plonger dans un

mélange réfrigérant ; car ces animaux, qui d'ailleurs ont la vie si
dure, sont absolument vulnérables au froid. On n'en trouve, en
effet, aucune espèce dans les contrées froides. Elles sont, au contraire, très abondantes dans les régions torrides. »

Presque toutes les tortues sont d'un naturel apathique et se
traînent péniblement sur le sol. Leur force musculaire est cependant
très grande. Une tortue de moyenne taille traîne facilement un
enfant et même un homme. Quant aux tortues marines, il faut

Chélonée imbriquée.

se mettre à plusieurs pour en venir à bout. Si l'on fait mordre un
bâton à une tortue de marais, on peut la soulever : elle reste suspendue pendant plusieurs heures sans lâcher prise, même lorsqu'on
exerce sur elle les plus fortes tractions.

Au point de vue intellectuel, les tortues sont peu intéressantes.
Le seul trait à signaler est que les espèces élevées en captivité ne
tardent pas à reconnaître leur maître et à venir manger dans sa
main au moindre appel. Quant aux espèces sauvages, la plupart
mènent une vie de brute, se contentant de manger les victuailles
qu'elles rencontrent. Cela n'a rien d'étonnant, étant donnée la facilité avec laquelle elles se défendent de leurs ennemis en rentrant
tout simplement à l'intérieur de leur carapace. Cette protection

est, en effet, très efficace; mais il ne faudrait pas croire qu'elle soit entièrement absolue. C'est ainsi que les jaguars et différents autres félins savent, à l'aide de leurs griffes, extraire l'animal de sa carapace pour le dévorer. On a vu des bancs de tortues disparaître d'îles où l'on avait introduit des chats. Les porcs mangent aussi, en les engloutissant *in toto*, de petites tortues encore molles. Enfin plusieurs oiseaux de proie, et notamment le vautour barbu, savent fort bien enlever dans les airs des tortues et les laisser tomber

Tortue éléphantine.

sur des rochers pour les briser, comme le raconte une fable de La Fontaine.

Rappelons enfin, pour terminer ces considérations générales, que c'est aux tortues que l'on doit... indirectement l'invention de la lyre. On rapporte que Mercure, — d'autres disent Apollon, — rencontrant une carapace vide, eut l'idée d'y tendre des cordes et fut frappé de l'harmonie des sons que l'on pouvait en tirer. Le plus ancien instrument à corde était inventé.

Ce qui caractérise surtout les tortues marines, dont nous avons à nous occuper ici, c'est le grand développement et la structure spéciale de leurs membres, qui, au lieu de former des moignons arrondis, sont représentés par de larges palettes, sans doigts distincts; en un mot, par de véritables nageoires. En outre, la carapace n'est pas uniformément bombée, comme chez les espèces

terrestres, mais très aplatie et plus élargie en avant qu'en arrière,
de manière à figurer un cœur. Cette carapace est, par rapport au
reste du corps, fort réduite; ni les membres ni la tête ne peuvent
se cacher à son intérieur.

Ces animaux, quoique aquatiques, ne peuvent respirer que l'air
en nature. Quand ils veulent absorber de l'oxygène, ils sont obligés

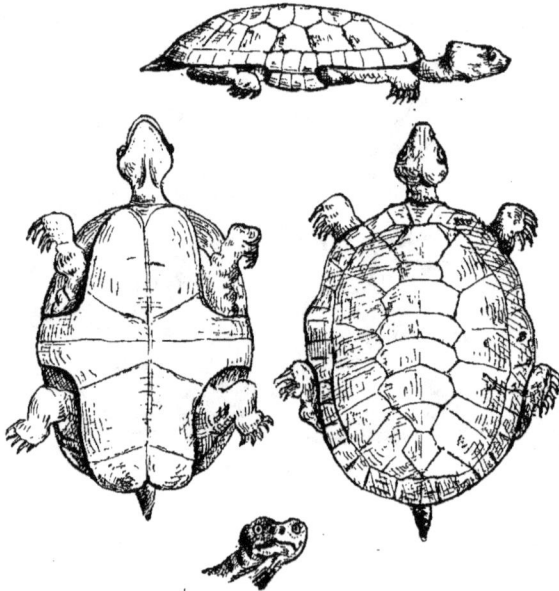

Tortue d'eau douce.

de venir à la surface. La provision une fois faite, ils replongent :
les orifices externes de leurs narines sont pourvus d'une soupape
qui se rabat sur elles et ne permet pas à l'eau de pénétrer dans les
poumons.

Quant à la tête, elle a une forme toute spéciale, presque qua-
drangulaire dans la région des yeux. Les mâchoires sont extrêmement robustes, mues par des muscles puissants et garnies d'un
rebord corné, crochu en avant, qui les fait comparer à un bec
d'oiseau de proie. Leur nourriture consiste surtout en herbes marines, ainsi qu'en crustacés et mollusques.

. Les tortues marines vivent souvent par bandes, nageant en pleine mer et ne se rapprochant des côtes que pour y déposer leurs œufs. On les rencontre parfois à plusieurs centaines de kilomètres des continents. Elles nagent non loin de la surface avec une rapidité sans pareille, s'enfonçant à la moindre alerte, mais cherchant peu à se défendre quand on les a prises.

Pêcheur malais prenant une tortue.

Au moment de la ponte, toute la bande des tortues se rapproche d'une côte, toujours la même, ordinairement celle d'un îlot inhabité et sablonneux. Les mâles restent dans l'eau; les femelles seules se rendent à terre. Après avoir choisi un endroit favorable, elles se mettent en devoir de creuser le sol avec leurs pattes de derrière et d'y déposer environ une centaine d'œufs. Pendant tout le temps que dure cette opération, les tortues se montrent aussi peu craintives et aussi peu méfiantes qu'elles l'étaient plus il y a un instant. Le prince de Wied, qui a eu l'occasion d'assister à une de ces pontes, raconte que sa présence et celle des matelots ne les gênaient nullement; on pouvait les toucher et les soulever, crier à côté d'elles, sans qu'elles manifestassent aucun sentiment hostile. Quand les œufs sont déposés dans le trou qu'elles ont creusé, les femelles les recouvrent de sable et retournent vers la haute mer.

Le soleil des régions torrides suffit à l'éclosion des œufs. En moins de trois semaines, les petites tortues éclosent, et, poussées par le même instinct qui conduit les canards à l'eau, elles se rendent à la mer. Beaucoup d'entre elles périssent, dévorées qu'elles sont par les crocodiles, les oiseaux carnassiers et les poissons, contre la voracité desquels ne peut les protéger leur carapace encore molle. Sans nul doute, c'est pour neutraliser en partie ces dangers multiples de destruction que la ponte est si nombreuse.

La chasse des tortues marines est très lucrative. Beaucoup d'indigènes de la zone torride les recherchent pour leur chair, leur graisse, leurs œufs, leur carapace et leur écaille. Quelquefois ils vont les chasser en pleine mer, en les capturant à l'aide de filets à larges mailles, désignés sous le nom de *folles,* ou en les harponnant quand elles viennent respirer à la surface de la mer. Plus souvent, on profite du moment où les femelles viennent pondre à terre. Les endroits et les époques sont connus depuis fort longtemps. Les chasseurs se cachent, et quand les tortues ont suffisamment pénétré dans les terres, ils sortent et se hâtent de les retourner sur le dos à l'aide de leviers. Dans cette position, l'animal a beau s'agiter, il ne peut se sauver. Le lendemain on les transporte sur les navires, où on les laisse sur le dos pendant une vingtaine de jours, en les arrosant de temps à autre avec de l'eau de mer. Après quoi, on les dépose dans des parcs pour les retrouver au besoin.

On transporte les tortues en Europe, vivantes, sur le dos, sans leur donner aucune nourriture. A l'arrivée on leur coupe la tête, et on laisse le sang s'écouler; elles sont dès lors bonnes pour faire ces fameuses soupes à la tortue si appréciées des gourmets. De la graisse on retire une huile qui sert aux usages alimentaires ou à la préparation des cuirs. Enfin, la principale matière que l'on extrait des tortues de mer est l'écaille. Voici les détails que donnent Duménil et Bibron sur la manière de travailler les écailles, que l'on détache à l'aide de la chaleur :

D'abord les lames de l'écaille, au moment où on les détache de la carapace, présentent différentes courbures; elles sont d'épaisseur inégale, et malheureusement elles sont souvent trop minces, au moins dans une grande partie de leur étendue. Pour les redresser, il suffit de les laisser plonger dans de l'eau très chaude; après quelques minutes de cette immersion, on peut les retirer et les placer entre des lames de métal ou entre les planchettes d'un bois compact, solide et bien dressé, au milieu desquelles, au moyen d'une pression convenable, on les laisse refroidir; dans cet état, elles conservent la forme plate que l'on désire. Après les avoir ainsi étalées, on les gratte, on les aplanit avec soin, à l'aide de petits rabots dont les lames dentelées sont disposées de manière à obtenir, par leur action bien ménagée, des surfaces nettes avec la moindre perte de substance qu'il est possible d'obtenir.

Plus souvent on profite du moment où les femelles viennent pondre à terre.

Quand ces plaques sont amenées à une épaisseur et à une étendue suffisantes, elles peuvent être employées chacune séparément; mais cependant, le plus souvent, on les soumet encore à une préparation que nous allons faire connaître. Par exemple, quand elles sont trop minces ou quand elles n'ont pas la longueur et la largeur désirables, on emploie des procédés à l'aide desquels, tantôt pour obtenir de plus grandes lames, on en soude deux entre elles, de manière que les parties minces de l'une correspondent aux plus épaisses de l'autre, et réciproquement; tantôt en taillant les bords de deux ou trois pièces en biseaux réguliers de deux ou trois lignes de largeur, on place ces bords avivés les uns sur les autres. Dans cet état, on dispose les lames métalliques légèrement rapprochées à l'aide d'une petite presse dont on augmente l'action quand le tout est plongé dans l'eau bouillante, et par ce procédé on les fait se confondre ou se joindre entre elles, de telle sorte qu'il devienne impossible de distinguer la trace de cette soudure.

C'est presque constamment au moyen de la chaleur de l'eau en état d'ébullition qu'on obtient ces effets. La matière de l'écaille se ramollit tellement, qu'on peut agir sur elle comme sur une pâte molle, mais une pâte flexible et ductile, à laquelle on imprime par la pression dans des moules métalliques toutes les formes désirables. Des goujons ou repères, reçus dans des trous correspondants, maintiennent les pièces en rapport. Quand elles sont arrivées au point convenable, on retire l'appareil et on le plonge dans l'eau, dont la température est très basse, et où il reste assez longtemps pour que la matière conserve, par le refroidissement, la forme qu'elle a reçue.

L'opération de la soudure s'obtient par un procédé qui dépend de la même propriété dont jouit l'écaille de se ramollir sous l'action de la chaleur. L'ouvrier taille en biseau régulier ou en chanfrein les deux bords qui doivent se joindre. Il a soin de les tenir très vifs et très propres, en évitant d'y poser les mains et même de les exposer à l'action de l'haleine, car le moindre gras pourrait nuire à l'opération. Il affronte les surfaces et les maintient à l'aide de papiers légèrement humectés et dont les feuillets, posés à plat, ne sont retenus que par des fils très déliés. Les choses ainsi disposées, il soumet le tout à l'action de pinces métalliques à mors plats, serrés par des leviers vers leur partie moyenne. Ces pinces sont chauffées à la manière des fers à presser les cheveux dans des papillottes; leur température est assez élevée pour faire roussir

légèrement le papier. Pendant cette action de la chaleur, l'écaille
se ramollit, se fond et se soude sans intermédiaire.

La carapace des tortues de mer vivantes est habitée par toute
une famille de crustacés et de mollusques parasites bien spéciaux,
que l'on ne trouve pas ailleurs. C'est tout un petit monde qu'elles
portent sur leur dos.

Si les tortues marines sont intéressantes par les services qu'elles

Chasse aux tortues par les riverains du Haut-Amazone.

peuvent nous rendre, celles qui habitent les eaux douces le sont
encore plus par leurs formes étranges. Connaissez-vous deux mots
qui jurent autant que *tortue* et *mou?* Ces deux mots doivent cependant être accouplés pour désigner des tortues que l'on rencontre en
divers endroits de la terre et notamment dans l'Inde, la Chine et
l'Amérique du Nord. Au lieu d'être recouvertes d'écailles cornées,
elles sont revêtues d'une peau continue, flexible, comme cartilagineuse. Elles vivent constamment dans l'eau des marais, n'allant à
terre que pour pondre. Si le marais se dessèche, elles s'enfoncent
dans la vase et y dorment jusqu'au retour des pluies. En temps
ordinaire, elles se nourrissent de poissons qu'elles poursuivent et
capturent avec une grande agilité. Fait rare dans le monde que

nous étudions, les tortues que l'on veut prendre se défendent avec l'énergie du désespoir, mordant leur agresseur avec leur bec corné et ne lâchant prise que lorsque le morceau est enlevé.

L'espèce la plus commune est la *tryonix féroce*, dont le poids peut atteindre jusqu'à cent kilogrammes. Sa chair est très délicate ; aussi la chasse-t-on fréquemment à l'aide de fusils, de filets ou d'hameçons. On peut les transpercer à l'aide de piques. « Pour s'emparer des tryonix du Gange, écrit Théobald, on emploie une longue fourche en fer ; on enfonce cet instrument le long du fleuve dans la vase molle ou dans les amas de feuilles à demi pourries. Le pêcheur qui a ainsi capturé une tortue attache, suivant la taille de l'animal, un nombre plus ou moins considérable de crochets dans la partie postérieure et comme cartilagineuse de la bête. Il tire alors fortement sur les crocs et extrait ainsi la tortue, qui se débat furieusement et cherche à mordre avec rage tout ce qui est à sa portée. Lorsqu'on a capturé une tortue de forte taille qui se trouve dans une eau un peu profonde, on lui enfonce, en outre, à l'aide d'un lourd marteau, un épieu pointu dans le dos, et on la tire alors sur le rivage. Mais malheur à l'imprudent qui se trouve à portée des mâchoires de l'animal capturé ! car j'ai vu une tryonix enlever d'un seul coup de son bec tous les orteils du pied d'un pêcheur. Il est prudent d'envoyer une balle dans la tête de la tortue ou de lui trancher la tête d'un coup de hache. »

On rencontre encore d'autres espèces intéressantes dans les rivières. Permettez-moi d'abord de vous présenter la *matamata*, dont l'aspect est fort curieux avec sa carapace hérissée de bosses pointues, son nez terminé par une sorte de petite trompe et son cou gros et long couvert de membranes déchiquetées. Son aspect est, paraît-il, d'autant plus repoussant qu'elle exhale une odeur des plus nauséabondes. Cette matamata vit dans les Guyanes et le nord-est du Brésil, restant constamment enfouie dans la vase des marais et ne laissant émerger dans l'eau que sa tête et une partie de son cou. Les membranes frisées qui garnissent ce dernier servent d'appâts pour les poissons, qui les prennent pour des petits vers. La matamata en profite pour les capturer et les manger sans autre forme de procès.

A citer aussi l'*hydroméduse de Maximilien,* que l'on croirait moitié tortue, moitié serpent, tant son cou est long et terminé par une tête digne d'un ophidien. Au repos, l'animal cache sa tête, non en la rétractant, mais en la repliant à gauche dans une gouttière *ad hoc.* Quand elle aperçoit un ennemi ou une proie, elle darde sa tête sur lui avec une vitesse prodigieuse, et lui fait une cruelle morsure.

Signalons enfin, pour terminer, les *tortues gigantesques,* qui, pour la plupart, ont disparu des lieux où elles vivaient, et notamment celles de l'île Maurice et des Galapagos, qui pesaient jusqu'à deux cents kilos. L'une de celles qui se rencontrent le plus fréquemment est la *tortue éléphantine,* qui n'a pu subsister que grâce à la protection énergique dont on l'a entourée.

XXXIX

L'ESCLAVAGE CHEZ LES FOURMIS

Les fourmis amazones sont des êtres essentiellement organisés pour le combat, et cependant elles ne peuvent manger seules ni même se construire un nid ou élever leurs larves. Aussi, pour subsister, Dieu leur a donné l'instinct de réduire en esclavage d'autres fourmis, lesquelles leur rendent les services qu'il leur est impossible à elles-mêmes de se procurer. Ces faits furent découverts par un grand naturaliste de Genève, Huber, et étudiés plus tard avec soin par Auguste Forel.

Les fourmis amazones, les *polyergus rufescens* des naturalistes, vivent dans toute l'Europe centrale et méridionale; on en trouve en France, en Allemagne, en Suisse, etc. Elles ont une couleur rouge tirant sur le brun ou le jaune, assez mate; leur taille ne dépasse guère six à sept millimètres.

On sait que chez toutes les fourmis on trouve trois sortes d'individus : les *mâles* et les *femelles,* pourvus d'ailes, et les *ouvrières,* qui n'en possèdent pas. Les deux premières catégories servent à fournir des œufs, tandis que les ouvrières sont chargées des soins du ménage, construction du nid, entretien des chambres, soins donnés aux larves, etc. Ce sont elles qui sont de beaucoup les plus nombreuses.

Mais, dans l'espèce que nous considérons, les ouvrières sont des paresseuses qui ne veulent pas travailler et qui d'ailleurs ne le peuvent pas, à cause de la mauvaise constitution de leurs mandibules. Celles-ci ne sont plus ces armes solides et résistantes que

l'on a l'habitude de rencontrer chez les fourmis; ce sont de faibles
pinces arquées, qui peuvent tout au plus mordre dans des corps
mous, mais non transporter les lourdes maçonneries indispensables pour élever une fourmilière. Aussi vont-elles se mettre en
marche pour aller attaquer une autre espèce de fourmis, rapporter
chez elles les ouvrières de ces dernières et les réduire en esclavage.
Elles s'adressent de préférence à la fourmi brune (*formica rufa*),
ainsi qu'à la fourmi barberousse (*formica rufibarbis*).

Combat de fourmis.

Les expéditions des amazones n'ont lieu qu'à la fin de l'été, au
commencement de l'automne.

« Vers cette époque, dit Lespès, les individus ailés des espèces
esclaves ont déjà quitté les nids; les amazones se gardent bien de
se charger des bouches inutiles. Les brigands quittent leur camp
vers les trois ou quatre heures de l'après-midi, par un temps pur
et serein. D'abord il n'y a point d'ordre dans leurs mouvements;
mais au moment où toutes les forces sont rassemblées, une colonne
régulière se forme.

« Cette colonne avance avec une grande rapidité, en rangs
serrés. Les amazones, qui marchent en tête, semblent chercher
quelque chose à terre. D'ailleurs, cette tête de colonne change continuellement dans sa composition; les chefs de file, arrêtés à tous
moments, sont remplacés par d'autres. Ce qu'elles cherchent à
terre avec tant d'attention, c'est la piste de l'espèce qu'elles se

18

préparent à attaquer, et l'odorat leur sert de guide sûr. Elles
flairent le sol comme des chiens de chasse cherchant la piste du
gibier, et, quand elles l'ont trouvée, elles s'avancent avec impétuosité, entraînant toute la colonne sur leurs pas.

« Les plus petits corps d'armée que j'ai observés se composaient
pour le moins de quelques centaines d'individus; mais j'en ai vu
aussi d'autres quatre fois plus nombreux. Les fourmis forment
alors des colonnes de cinq mètres de long et de quinze centimètres
de large.

« Après une marche qui dure quelquefois une heure entière,
voici la colonne arrivée au nid de l'espèce esclave.

« La *formica rufibarbis,* la plus forte de toutes, oppose en vain
une résistance sérieuse, les amazones forcent facilement l'entrée
du nid. Qu'y a-t-il dans la fourmilière? Des ouvrières en grand
nombre, des larves et des nymphes; ces dernières sont destinées
à se transformer en ouvrières. »

Qu'est-ce que viennent chercher les amazones? Vont-elles
prendre à bras-le-corps les ouvrières et les emporter? Que nenni.
Les ouvrières adultes ont trop d'intelligence pour rester dans une
demeure qu'elles savent étrangère. Ce qu'elles veulent, ce sont les
larves et les nymphes, qui n'ont pas conscience encore de leur
propre existence. Mais les choses ne vont pas se passer sans que
les légitimes propriétaires de ces larves opposent une vive résistance; un véritable combat va s'engager entre les assaillants et les
assiégés. Les amazones pénètrent dans la place.

« Elles reparaissent, ajoute Lespès, au bout d'un moment,
tandis qu'en même temps les assiégés surgissent en masse.

« Ce sont les larves et les nymphes qui sont l'objet principal
du conflit. Les amazones cherchent à les enlever, et les autres
essayent de les dérober à leurs poursuites, ou du moins d'en sauver
le plus grand nombre possible.

« Pour cela, sachant parfaitement que les amazones ne grimpent point, elles gagnent avant tout, avec leur précieuse charge,
les plantes et les buissons du voisinage, où elles sont à l'abri de
leurs atteintes. Puis elles se mettent à poursuivre les ravisseurs,
s'efforçant à leur tour de leur enlever le plus de butin possible. »

Mais les amazones, plus agiles, déguerpissent au plus vite. D'abord harcelées par les fourmis barberousses, elles ne tardent pas à les distancer et à se mettre hors de leurs atteintes, emportant dans leurs mandibules la progéniture de leurs victimes. Elles reviennent ainsi en colonne serrée, en suivant exactement le chemin qu'elles ont pris pour venir, guidées en cela par l'odorat. Arrivées dans leurs foyers, elles abandonnent leur butin aux esclaves déjà existantes, et, à partir de ce moment, ne s'en préoccupent plus.

Aussitôt les esclaves emportent les larves et les nymphes dans

Le transport des larves.

les chambres d'habitation, les nettoient, leur donnent à manger ; en un mot, les dorlotent comme une mère le ferait pour son enfant. Sous ces soins affectueux les nymphes ne tardent pas à éclore, ne se souvenant plus des terribles péripéties de leur jeunesse. Nées dans le nid des amazones, elles prennent celles-ci pour leurs mères, et, comme le devoir l'exige, elles vont prendre de leurs ravisseuses un soin tout particulier, et vraiment celles-ci en ont bien besoin. Ces fameux guerriers, si courageux qu'on leur a donné le nom d'amazones, par analogie avec ces femmes de l'antiquité qui combattaient l'ennemi avec une hardiesse pareille à celle des Amazones modernes du Dahomey, ces spoliateurs si ardents à la curée vont maintenant s'endormir dans les délices de Capoue ; ils vont devenir incapables de se remuer ni même de se nourrir. Les esclaves changent en quelque sorte de rôle ; ils deviennent en somme les maîtres du lieu, tenant absolument leurs maîtres sous leur dépendance. Et s'il se trouvait un être qui pût révéler aux fourmis barberousses leur naissance, celles-ci ne tarderaient pas à anéantir complètement ceux qu'elles croient leurs parents et qui ne sont que leurs maîtres.

Mais voilà, arrivera-t-on jamais à communiquer avec les bêtes? Mystère!

XL

COMMENT LES PLANTES SE DÉFENDENT

Vois comme les sorts sont différents :
Je reste, tu t'en vas !

disait la rose au papillon céleste. Et de fait, l'existence des plantes, par suite de leur impossibilité de se déplacer, paraît bien misérable. Il semble que si un jour une guerre à outrance éclatait entre les animaux et les végétaux, ceux-ci dussent périr jusqu'au dernier, anéantis par la dent des herbivores. Il ne faudrait pas croire cependant que les plantes soient complètement dénuées de moyens de défense ; ceux-ci, bien que peu connus, n'en existent pas moins et sont même très efficaces. Il y a d'ailleurs, sur cette question, un grand nombre de questions à élucider. Les expériences sont en somme très faciles à exécuter, et chacun peut se livrer à ce genre d'études, surtout en été, au moment où les plantes abondent dans les champs et les bois.

Parmi les moyens de défense, les plus connus et les plus manifestes sont certainement les aiguillons et les piquants qui garnissent les tiges ou les feuilles, et auxquels il est difficile de ne pas reconnaître une fonction protectrice. Jamais on ne verra un mouton ou un cheval dévorer un ajonc, une épine-vinette ou une ronce, parce qu'il en cuirait trop à son palais. Ces piquants protègent même la plante contre l'homme : combien de personnes renoncent à faire un bouquet de prunelliers, dans la crainte d'être piquées !

Mais tous les végétaux ne peuvent pas se payer le luxe de se barricader avec de formidables piquants ; ceux-ci absorbent, en effet, une masse relativement considérable du corps de la plante, sans servir à la nutrition. La bourrache, la grande consoude, la vipérine et bien d'autres, ont trouvé plus économique de se recouvrir de poils acérés, véritable cuirasse hérissée qui les recouvre entièrement. Quand on cherche à les cueillir, on se pique les doigts de la belle façon, et souvent on y renonce. Lorsque ces plantes se rencontrent dans un champ où paissent les bestiaux, on les voit rester intactes, alors même que l'herbe qui les entoure a été dévorée, montrant ainsi que leur cuirasse les a protégées d'une manière efficace.

Quelquefois les poils sont moins abondants, mais alors dirigés vers le bas, de manière à empêcher les fourmis et autres insectes de grimper. Ces chevaux de frise se rencontrent, par exemple, chez la scabieuse, au-dessous de la fleur, l'organe le plus important à protéger.

Ronce frutescente. — A, extrémité d'un rameau fleuri, portant une fleur épanouie et des boutons fermés. — B, fruit de la même plante. — C, diagramme de la fleur.

D'autres fois, les poils protecteurs deviennent plus méchants. Ils se remplissent d'un liquide corrosif, projeté dans le corps de l'animal qui vient à le toucher. C'est le cas des orties, dont tout le monde connaît les piqûres brûlantes. Grâce à cette propriété, elles ont pu prendre l'extension qui leur a permis de devenir l'une des espèces les plus connues de notre flore. Le poil de l'ortie est une véritable merveille de construction. Son extrémité présente un petit bouton arrondi extrêmement fragile ; il se casse au moindre attouchement et de telle sorte, que la partie qui reste est taillée en biseau, comme l'aiguille d'une seringue de Pravaz. Dès que le bouton terminal est brisé, le poil pénètre dans la plaie et s'injecte d'un liquide urticant.

Les sauges et plusieurs autres plantes de nos prés arrêtent les insectes à l'aide d'un liquide gluant dont elles sont revêtues. Les

malheureuses bestioles qui cherchent à les escalader s'empêtrent
les pattes et ne peuvent plus se sauver. Le *dipsacus* ou miroir de
Vénus arrive au même résultat d'une manière encore plus curieuse.
Les feuilles qui se font vis-à-vis sont soudées de manière à constituer un petit godet où s'accumule l'eau de pluie. Le lac empêche
totalement l'accès des fleurs aux insectes non ailés. L'eau y est si
abondante, que les petits oiseaux y viennent boire volontiers : le
dipsacus est d'ailleurs appelé vulgairement le *cabaret des oiseaux*.
Dieu a-t-il créé ces lacs suspendus contre
les insectes ou pour les moineaux? *Chi
lo sa ?*

Tous ces moyens de défense sont bien
manifestes. Pas besoin d'être un botaniste exercé pour s'en rendre compte.
Ceux dont nous allons parler maintenant
sont plus difficiles à chercher. Examinez
comment, dans un jardin, les limaces et
les escargots, dont les ravages sont trop
connus, se comportent à l'égard des différentes plantes. Ils dévorent certaines
d'entre elles et laissent les autres abso-

La bourrache. — A, fleur montrant
la corolle rotacée à cinq lobes. —
B, diagramme de la même fleur.
— C, la même fleur dont on a
enlevé la corolle et les étamines.

lument indemnes. Parfois on voit un escargot chercher à manger
une de ces dernières, mais s'éloigner bien vite, dès les premiers
coups de dent, comme pris de dégoût. Or, quand on examine les
plantes ainsi mises à l'abri, on ne trouve à l'extérieur aucun moyen
de défense, ni épines, ni poils, ni liquide corrosif. Le protecteur ne
réside pas, en effet, à l'extérieur de la plante, mais à son intérieur.

Pour s'en convaincre, on prend un fragment d'une plante que
les limaces même affamées refusent, et on le laisse macérer dans
l'alcool. Au bout de quelques jours, on le retire et on le lave à
grande eau, de manière à enlever le liquide spiritueux. Le fragment
ainsi traité est donné ensuite à des limaces, qui le dévorent immédiatement. Conclusion : la plante vivante contient une matière,
soluble dans l'alcool, qui déplaît souverainement aux limaces et la
protège contre leurs attaques.

Ces substances protectrices internes sont extrêmement nom-

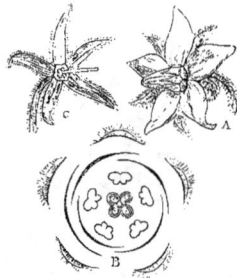

breuses. L'une des plus fréquentes est le tanin, que l'on trouve presque toujours chez les plantes, en plus ou moins grande abondance. Une expérience simple peut nous montrer cette action. Prenons des fragments de carottes desséchées au four, et imbibons-les ensuite de solution de tanin à un millième, un demi-millième et un centième. Offrons ces morceaux à une limace : elle dévorera les morceaux sortant de la solution au millième, touchera à peine à ceux de la solution à un demi pour cent, et respectera le fragment de la troisième solution. C'est pour cela que le

Scabieuse.

trèfle n'est jamais mangé par les escargots ; mais la proportion de son tanin n'est pas assez forte pour le protéger contre la dent des bestiaux. Ceux-ci, au contraire, respectent les feuilles d'un certain nombre d'arbres, parce qu'elles sont riches en tanin.

On sait combien les « essences » sont fréquentes chez les plantes de nos champs et de nos bois. C'est même pour cela que beaucoup d'entre elles, les « simples », comme on les appelait jadis, servent de médicaments ou sont utilisées comme aromates. Comme la nature n'a sans doute pas mis ces produits-là dans le seul but de nous être agréable, il est probable qu'ils jouent un rôle dans la vie de la plante. Ce rôle serait de les protéger de leurs ennemis, les herbivores. Ainsi les limaces ne mangent jamais la menthe, la rue, le géranium, le dictame, mais les dévorent après leur traitement par l'alcool, c'est-à-dire après qu'on les a débarrassés de leurs huiles essentielles.

Enfin, pour ne pas allonger indéfiniment cet aperçu, il nous reste à signaler la présence dans plusieurs plantes de petits cristaux d'oxalate de chaux. Ces cristaux, très nombreux, ont des formes variées ; le plus souvent ils se présentent sous forme d'aiguilles terminées en pointe aux deux bouts. On comprend qu'un escargot qui rencontre un corps de cette nature sous sa dent n'y revient pas à deux fois. D'ailleurs, l'expérience montre qu'un escargot ne mange pas les feuilles d'*arum maculatum* fraîches; mais si nous les triturons dans un mortier, c'est-à-dire si on détruit les cristaux, ou si on les traite par l'acide chlorhydrique étendu, qui dissout les raphides, les limaces et les escargots les dévorent.

Tels sont, dans leurs grandes lignes, les moyens de défense, biologiques, anatomiques, chimiques et mécaniques, qui ont été observés jusqu'ici. Mais il est bon de remarquer que ces moyens de défense sont loin d'être exclusifs les uns des autres, et même l'on peut dire que les végétaux chez lesquels on a constaté une seule catégorie de moyens de défense constituent la minorité. On peut citer parmi elles l'*arum*, protégé par des raphides; la saxifrage, par le tanin; les graminées, par la silice. Parmi celles pourvues de deux moyens de défense, citons les rumex (tanin et acide oxalique), les salvinia (poils et tanin), les chærophyllum (poils et poison), etc. Enfin, parmi celles douées de trois moyens de protection, l'oxalis (acide oxalique, poils, tanin), le smilax (épines, poisons et raphides), etc. Mais, en somme, presque tous les végétaux ont un moyen de défense quelconque, au moins contre certains animaux.

La sauge officinale. — A, extrémité d'un rameau fleuri. — B, diagramme de la fleur.

B, sommité d'une tige fleurie de lotier corniculé. — A, fruit.

Il faut aussi remarquer que cette protection n'est jamais absolue, elle n'est que relative. Telle plante protégée contre les limaces ne le sera pas contre les insectes, et réciproquement; mais, pour une plante, un ennemi de moins c'est déjà beaucoup, si l'on songe qu'un *helix hortensis*, par exemple, mange en douze heures pour un quart de son poids, et que le nombre de ses individus est parfois énorme : aux environs de Genève, Yung a compté mille deux cents escargots de vigne en un espace de un kilomètre carré. A Saint-Vaast-la-Hougue, j'ai compté plus de deux cents *helix acutus* par mètre carré !

Mais ici une question du plus haut intérêt se pose. Les divers moyens de protection que nous venons de passer en revue ont-ils été créés pour le rôle qu'ils jouent aujourd'hui, ou bien leur rôle n'est-il venu qu'après? La protection n'est pas douteuse, les exemples sont suffisamment probants; quant à la genèse de cette protection, elle est bien difficile à reconstituer. Cependant il est très probable que la sélection naturelle a joué un grand rôle : tel végétal qui s'est trouvé pourvu de cristaux d'oxalate de chaux, je suppose, a pu se perpétuer à travers les temps, tandis que tel autre, non armé pour la lutte contre les limaces, a été anéanti par ces dernières.

Arum d'Éthiopie.

Une dernière remarque est nécessaire pour montrer le but évident des moyens protecteurs : presque toutes les plantes cultivées sont dépourvues de moyens protecteurs, tandis que, comme nous l'avons dit, toutes les plantes sauvages en sont pourvues.

Le cas le plus net est celui de la laitue (*lactuca scariola*). A l'état sauvage, si l'on casse une feuille ou une tige, on en voit sortir un suc blanc, un *latex,* corps formé de matières diverses qui, on l'a montré, défend vigoureusement la plante contre les atteintes des limaces. Au contraire, dans l'espèce cultivée qui dérive de la précédente, le latex fait presque défaut; aussi la plante, au grand désespoir des jardiniers, n'est-elle plus capable de lutter et se

laisse-t-elle manger par les limaces. Il semble que lorsque l'homme
cultive une plante, c'est-à-dire la prend sous sa protection, la
plante renonce peu à peu à ses armes défensives, désormais inutiles, puisque, grâce à la sollicitude de l'homme, les ennemis sont
écartés.

N'est-il pas piquant de faire remarquer qu'en circonscrivant nos
champs de grilles armées de pointes, en entourant d'eau les pieds
de nos plantes de serre, en camphrant nos meubles et en empoi-
sonnant nos herbiers, nous ne faisons qu'imiter les végétaux, qui
pratiquent ces diverses méthodes depuis longtemps, avant que
l'homme n'apparût sur la terre? Avouez que c'est vexant.

XLI

LA VÉRITÉ SUR LA CIGALE ET LA FOURMI

Malgré la réclame intense que lui ont faite les cigaliers, la cigale jouit d'une réputation déplorable, et cela du fait du bon La Fontaine, qui cependant devait aimer les bêtes, puisqu'il les connaissait. Il nous représente l'infatigable chanteuse comme un modèle de paresse et réduite, en hiver, à aller

> crier famine
> Chez la fourmi, sa voisine,

qui la reçoit comme l'on sait. Cette fable n'a pas seulement le défaut d'être immorale, puisqu'elle a l'air d'approuver l'égoïsme (et c'est la première que l'on fait apprendre aux enfants!), elle est en outre remplie d'inexactitudes. M. Fabre vient de publier un travail qui remet les choses au point. Ainsi toujours la vérité finit par éclater.

Constatons tout d'abord que la cigale vit sur les arbres, dont elle suce la sève à l'aide d'un long dard dont sa tête est pourvue, et cela sans cesser son chant. Il lui serait donc absolument impossible de manger les quelques grains de blé, pas plus que les mouches et les vermisseaux, qu'elle vient emprunter à la fourmi. Ces victuailles ne sont pas faites pour elle, et lui en donner reviendrait à offrir une action des mines d'or à un affamé au milieu du désert.

En admettant même que ces plats fussent de son goût, ce n'est pas en hiver qu'elle en demanderait, pour l'excellente raison qu'à

ce moment elle est morte; ce qui, on le reconnaîtra, n'est pas un
état favorable pour demander à manger.

La cigale est donc une grande calomniée. Jamais, dans la
nature, on ne voit la cigale faire appel à la fourmi. Il y a bien entre
elles quelques relations, mais elles sont précisément l'inverse de
ce que nous dit le fabuliste. La fourmi exploite honteusement la
cigale et la dévalise effrontément. Voici, en effet, ce que nous
raconte l'auteur des *Souvenirs entomologiques,* pour qui les mœurs
des insectes n'ont plus de secret.

En juillet, aux heures étouffantes de l'après-midi, lorsque la
plèbe insecte, exténuée de soif, erre cherchant en vain à se désal-
térer sur les fleurs fanées, taries, la cigale se rit de la disette
générale. Avec son rostre, fine vrille, elle met en perce une pièce
de sa cave inépuisable. Établie, toujours chantant, sur un rameau
d'arbuste, elle force l'écorce ferme et lisse que gonfle une sève
mûrie par le soleil. Le suçoir ayant plongé par le trou de bonde,
délicieusement elle s'abreuve, immobile, recueillie, tout entière aux
charmes du sirop et de sa chanson.

Surveillons-la quelque temps. Nous assisterons peut-être à
des misères inattendues. De nombreux assoiffés rôdent, en effet;
ils découvrent le puits, que traduit un suintement sur la margelle.
Ils accourent, d'abord avec quelque réserve, se bornant à lécher
la liqueur extravasée. On voit s'empresser autour divers insectes,
et notamment des fourmis. Les plus petits, pour se rapprocher
de la source, se glissent sous le ventre de la cigale, qui, débonnaire, se hausse sur les pattes et laisse passage libre aux impor-
tuns; les plus grands, trépignant d'impatience, cueillent vite une
lippée, se retirent, vont faire un tour sur les rameaux voisins, puis
reviennent, plus entreprenants. Les convoitises s'exacerbent; les
réservés de tantôt deviennent turbulents, agresseurs, disposés
à chasser de la source le puisatier qui l'a fait jaillir.

En ce coup de bandits, les plus opiniâtres sont les fourmis.
On en voit mordiller la cigale au bout des pattes; d'autres lui
tirent le bout de l'aile, lui grimpent sur le dos, lui chatouillent
l'antenne. Fabre a vu une audacieuse, qui, sous ses yeux, s'est
permis de saisir le suçoir de la cigale, s'efforçant de l'extraire.

Ainsi tracassée par ces nains et à bout de patience, le géant finit par abandonner le puits. Il fuit en lançant aux détrousseurs un jet de son urine. Qu'importe à la fourmi cette expression du souverain mépris ! Son but est atteint. La voilà maîtresse de la source, trop tôt tarie quand ne fonctionne plus la pompe qui la faisait sourdre. C'est peu, mais c'est exquis.

Et ce n'est pas tout. A la fin de l'été, la cigale, après avoir assuré l'avenir de sa progéniture, devient plus faible et tombe à terre,

La cigale et la fourmi.

moribonde. C'est le moment qu'attendent ces hardis détrousseurs que l'on appelle les fourmis. Tels des équarisseurs, elles se précipitent sur cette belle pièce de gibier et la mettent en morceaux, encore toute pantelante. La bête qui a servi de symbole aux cigaliers est découpée en menus fragments, gigots, biftecks, etc., qui sont de suite emportés à la fourmilière et mis en lieu sûr.

Ainsi donc, toute sa vie la cigale est exploitée par la fourmi, contrairement à la croyance générale. Ésope et La Fontaine auraient bien fait d'y regarder à deux fois avant de médire de la charmante petite chanteuse que les Athéniens élevaient en cage pour jouir à leur aise de ses arpèges.

Ceci dit, voici quelques détails révélés par Fabre d'Avignon sur les mœurs des cigales.

Ces intéressantes bestioles, dont le chant est plutôt désagréable, vivent sous terre, à l'état de larve, pendant plus de quatre ans. Elles se déplacent dans le sol et se nourrissent du suc des racines, qu'elles puisent avec leur trompe. Au bout de quatre ans, elles font choix d'un terrain très sec et exposé au soleil. Elles s'y creusent des canaux verticaux, longs de quarante centimètres, terminés en bas par une petite loge où elles vivent la plupart du temps. Le reste du canal est plutôt un observatoire météorologique, où elles grimpent pour voir si la chaleur est à point pour permettre leur exode. Fait curieux, les parois du canal sont noyées sous une couche d'enduit, et au dehors on ne remarque aucune terre rejetée. Qu'est donc devenue celle qui remplissait la cavité? Fabre remarque que la larve émet à sa partie postérieure un abondant liquide auquel il donne provisoirement le nom d'urine, faute d'en connaître l'origine. Pour lui, ce liquide mélangé au terreau déblayé lui permet de pénétrer dans les interstices du sol grossier; la partie la mieux délayée s'infiltre avant; le reste se comprime, se tasse en occupant les intervalles vides. Ainsi se vide la galerie, sans qu'il y ait pour cela aucune fantasmagorie à invoquer.

Une fois sortie de terre, la larve grimpe sur une branche, une menue broussaille, et s'y cramponne solidement. Bientôt le dos de l'insecte intérieur, faisant hernie, fait éclater le dos de la dépouille; la tête sort ensuite, ainsi que les pattes et les ailes. Pour faciliter ce travail, la cigale se renverse en arrière, d'abord horizontalement, puis verticalement en bas, l'abdomen toujours enfermé dans son étui. Quand la partie antérieure est bien dégagée, l'insecte se relève, et, se cramponnant avec ses pattes, permet à l'abdomen de sortir. Enfin la voilà libre, mais molle et incapable de voler. Une demi-heure de soleil, et les ailes durcissent. La cigale s'envole et se rend sur un arbre, dont elle suce la sève avec son rostre, toujours tournée vers le soleil. Quand on l'agace, elle envoie un jet d'urine à celui qui la trouble. Les paysans connaissent bien cette particularité, et estiment même pour cette raison qu'il n'y a rien de supérieur à une tisane de cigales pour guérir les infirmités rénales! Quant aux plats de larves de cigales, si goûtées des Grecs, M. Fabre déclare qu'elles sont presque immangeables, malgré leur goût de noisette, à cause de leur coriacité digne de celle du parchemin.

L'appareil musical de la cigale a déjà été décrit par Réaumur, puis par Carlet. Nous croyons devoir y revenir, parce qu'il a été « peu vulgarisé » et mérite cependant d'être connu. La description de Fabre, que nous donnons presque *in extenso*, est d'ailleurs remarquablement claire.

Le mâle seul est chanteur. Sous sa poitrine, immédiatement en arrière des pattes postérieures, sont deux amples plaques semi-circulaires, chevauchant un peu l'une sur l'autre, celle de droite sur celle de gauche. Ce sont les volets, les *opercules* du bruyant appareil. Soulevons-les. Alors s'ouvrent, l'une à droite, l'autre à gauche, deux spacieuses cavités connues en Provence sous le nom de *chapelle*. Leur ensemble forme l'*église*. Elles sont limitées en avant par une membrane d'un jaune crème, fine et molle; en arrière, par une pellicule aride, irisée ainsi qu'une bulle de savon, et dénommée *miroir* en provençal. L'église, les miroirs, les couvercles, sont vulgairement considérés comme les organes producteurs du son; il n'en est rien. On peut crever les miroirs, enlever les opercules d'un coup de ciseaux, dilacérer la membrane jaune antérieure, et ces mutilations n'abolissent pas le chant de la cigale; elles l'altèrent simplement, l'affaiblissent un peu. Les chapelles sont des appareils de résonance. Elles ne produisent pas le son; elles le renforcent par les vibrations de leurs membranes d'avant et d'arrière; elles le modifient par leurs volets plus ou moins entr'ouverts.

Le véritable organe sonore est ailleurs et assez difficile à trouver pour un novice. Sur le flanc externe de l'une et de l'autre chapelle, à l'arête de jonction du ventre et du dos, bâille une boutonnière délimitée par des parois cornées et masquées par l'opercule rabattu. Donnons-lui le nom de *fenêtre*. Cette ouverture donne accès dans une *chambre sonore* plus profonde que la chapelle voisine, mais d'ampleur bien moindre. Immédiatement en arrière du point d'attache des ailes postérieures se voit une légère protubérance, à peu près ovalaire, qui, par sa coloration d'un noir mat, se distingue des téguments voisins à duvet argenté. Pratiquons-y large brèche : alors apparaît à découvert l'appareil producteur du son, la *cymbale*. C'est une petite membrane aride, blanche, de forme ovalaire, convexe au dehors, parcourue d'un bout à l'autre de son grand diamètre par un faisceau de trois ou quatre nervures brunes qui lui donnent du ressort, et fixée en tout son pourtour dans un encadrement rigide. Imaginons que cette écaille bombée se déforme, tiraillée à l'intérieur, se déprime un peu, puis rapidement revenue à sa convexité première par le fait de ses élastiques nervures. Un cliquetis résultera de ce va-et-vient, comme cela avait lieu dans le cri-cri, ce jeu stupide si en vogue il y a quelques années. La convexité des cymbales est produite par la contraction de deux piliers musculaires associés en forme de V.

Veut-on faire chanter une cigale morte, mais encore fraîche? Rien de plus simple. Saisissons avec des pinces l'une des colonnes musculaires, et tirons par secousses ménagées. Le cri-cri mort ressuscite; à chaque secousse bruit le cliquetis de la cymbale. C'est très maigre, il est vrai, dépourvu de cette ampleur que le virtuose vivant obtient au moyen de ses chambres de résonance. L'élément fondamental de la chanson n'en est pas moins obtenu par cet artifice d'anatomiste. Veut-on, au contraire, rendre muette une cigale vivante? Inutile de lui violenter les chapelles, de lui crever les miroirs : l'atroce mutilation ne la modérerait pas. Mais par la boutonnière latérale que nous avons nommée fenêtre, introduisons une épingle et atteignons la cymbale, au fond de la chambre sonore. Un petit coup de rien, et se tait la cymbale trouée. Une subtile piqûre, de gravité négligeable, produit ce que ne donnerait pas l'éventrement de la bête.

Les opercules, plaques rigides solidement encastrées, sont

19

immobiles; c'est l'abdomen lui-même qui, se relevant ou s'abaissant, fait ouvrir ou fermer l'église. Quand le ventre est abaissé, les opercules obturent exactement les chapelles ainsi que les fenêtres des chambres sonores. Le son est alors affaibli, sourd, étouffé. Quand le ventre se relève, les chapelles bâillent, les fenêtres sont libres, et le son acquiert tout son éclat. Les rapides oscillations de l'abdomen, synchroniques avec les contractures des muscles moteurs des cymbales, déterminent donc l'ampleur variable du son, qui semble provenir de coups d'archet précipités.

La description que nous venons de donner est relative à la *cigale commune*. En France, nous en avons d'autres espèces. L'une des plus fréquentes est la *cigale de l'Orne,* qu'en raison de son chant on appelle *cacan*. Chez elle la chambre sonore, et par suite la fenêtre, manque. De plus, le premier segment de l'abdomen émet en avant une large et courte languette rigide, qui par son extrémité libre s'appuie sur la cymbale. Les chapelles sont très petites, de même que les miroirs. L'appareil de résonance est ici constitué par l'abdomen, qui est occupé par une ample cavité, si grande que tout son pourtour est translucide. C'est cependant dans cette mince épaisseur que passe le tube digestif réduit à un fil. « Ce ventre creux, dit Fabre, et son complément thoracique sont un énorme résonnateur, comme n'en possède de comparable nul autre virtuose de nos régions. Si je ferme du doigt l'orifice de l'abdomen que je viens de tronquer, le son devient plus grave, conformément aux lois des tuyaux sonores. Si j'adapte à l'embouchure du ventre ouvert un cylindre, un cornet de papier, le son gagne en intensité aussi bien qu'en gravité. Avec un cornet réglé à point, et de plus immergé par son large bout dans l'embouchure d'une éprouvette renforçante, ce n'est plus chant de cigale, c'est presque beuglement de taureau, et les jeunes enfants, se trouvant là par hasard au moment de mes expériences acoustiques, s'enfuient épouvantés. L'insecte qui leur est si familier leur inspire terreur. »

Pourquoi les cigales chantent-elles avec tant d'acharnement? On dit ordinairement que c'est dans le but d'attirer les femelles et de les charmer. Fabre remarque avec beaucoup d'à-propos que

mâles et femelles sont côte à côte sur les branches, restant immobiles, occupés ou non à sucer la sève, en tout cas non animés de
ce mouvement fébrile qui se manifeste chez la plupart des animaux
au moment de la reproduction. D'ailleurs, on ne voit aucune femelle
accourir et se jeter dans les bras des virtuoses. Quand le mâle veut
perpétuer sa race, il prend la première femelle qu'il rencontre,
sans même lui demander son avis. Ce serait terminer bien pro-
saïquement une déclaration qui a duré des semaines.

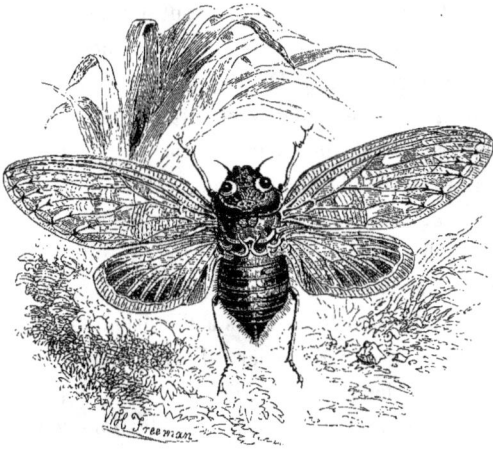

Cigale-hibou au vol (²/₃ de grand. nat.).

D'autre part, c'est presque une règle générale, en zoologie, que
les animaux qui chantent en vue du rapprochement des sexes ont
l'ouïe fine. Or, des expériences de M. Fabre, il résulte que la
cigale est sourde, ou presque. « De mes expériences en pareil
sujet, dit-il, je n'en mentionnerai qu'une, la plus mémorable. J'emprunte l'artillerie municipale, c'est-à-dire les boîtes que l'on
fait tonner le jour de la fête patronale. Le canonnier se fait un
plaisir de les charger à l'intention des cigales et de venir les tirer
chez moi. Il y en a deux, bourrées comme pour la réjouissance la
plus solennelle. Jamais homme politique faisant sa tournée électo-
rale n'a été honoré d'autant de poudre; aussi, pour prévenir la
rupture des vitres, les fenêtres sont-elles ouvertes. Les deux ton-

nants engins sont disposés au pied des platanes, devant ma porte,
sans précaution aucune pour les masquer. Les cigales qui chantent
là-haut sur les branches ne peuvent voir ce qui se passe en bas.
Nous sommes six auditeurs. Un moment de calme relatif est
attendu. Le nombre des chanteurs est constaté par chacun de nous,
ainsi que l'ampleur et le rythme du chant. Nous voilà prêts, l'oreille
attentive à ce qui va se passer dans l'orchestre aérien. La boîte
part, vrai coup de tonnerre... Aucun émoi là-haut. Le nombre des
exécutants est le même, le rythme est le même, l'ampleur du son
est la même. Les six témoignages sont unanimes : la puissante
explosion n'a modifié en rien le chant des cigales. Avec la seconde
boîte, résultat identique. » On comprend, dans ces conditions,
qu'il est inutile que les mâles chantent pendant cinquante ou
soixante jours pour charmer leurs belles.

Conclusion : la cigale chante pour le plaisir de chanter, pour
se sentir vivre. Elle manifeste à sa manière la joie qu'elle
éprouve de rester un peu en plein air, elle qui a vécu pendant
quatre ans sous terre.

Les cigales déposent leurs œufs à l'intérieur de rameaux secs,
qu'elles perforent avec leur tarière. En été, quand vient à frapper
fortement le soleil, les petites cigales sortent, pas plus grosses que
des puces, et s'enfoncent en terre, où dès lors leur histoire est
mal connue. Avis aux amateurs d'histoire naturelle qui auraient
de la patience.

XLII

DU SANG DE L'HOMME A LA BOUCHE DU COUSIN

C'est presque une histoire des *Mille et une Nuits* que celles de la *filaire du sang de l'homme* que nous allons faire connaître. Et si même elle n'était attestée par les travaux de nombreux savants autorisés, on serait presque tenté de la prendre pour une mystification.

Cette filaire est un de nos ennemis les plus redoutables : c'est elle qui produit cette maladie bien connue sous le nom d'*éléphantiasis des Arabes*. Elle est très fréquente dans les pays chauds, aussi bien en Afrique et en Asie qu'en Australie et dans l'Amérique du Nord. Jusqu'ici, fort heureusement, elle n'a pas daigné venir en Europe. Malgré les recherches les plus minutieuses, on n'a encore découvert que la femelle ; le mâle est fort peu connu. Quoi qu'il en soit, on rencontre la filaire dans les vaisseaux sanguins et lymphatiques. C'est un petit ver de huit à quinze centimètres de longueur et mince comme un fil, qui se tortille en tous sens, *quærens quem devoret*, et absorbant nos globules sanguins ou notre sérum. Quand on l'examine au microscope, on voit son corps bourré d'œufs arrondis et dont certains même sont éclos. Cette femelle est, en effet, vivipare : elle déverse dans le torrent de notre circulation des multitudes d'embryons beaucoup plus petits qu'elle, puisqu'ils ne mesurent que vingt millièmes de millimètre. Ils n'ont pas trace de tube digestif, ni d'organes reproducteurs pour perpétuer leur race. C'est là que le roman va commencer.

Mais d'abord où les trouve-t-on ? Profitons du moment où un

Arabe atteint de filariose est plongé dans le sommeil pour lui subtiliser délicatement une goutte de sang vermeil, et portons celle-ci
sous le microscope. Que nous ayons opéré la piqûre sur la main,
ou bien sur le pied, ou encore sur le bout de l'oreille, ou en n'importe quel autre point du corps, toujours nous observerons, nageant
au milieu des globules sanguins, des milliers d'embryons : on a
calculé approximativement qu'il y en avait environ cent quarante
mille dans toute l'économie; mais ce chiffre est certainement au-
dessous de la vérité. Si nous nous contentions de cette observation,
nous n'hésiterions pas à affirmer que les embryons de la filaire sont
logés dans l'appareil circulatoire. Eh bien, nous n'aurions qu'à
moitié raison.

Répétons, en effet, la même expérience pendant que le malade
est éveillé : ô miracle! nous ne verrons plus rien, rien que du sang
ordinaire, avec ses globules blancs et ses globules rouges; mais
d'embryons, pas la moindre trace ; ils ont tous disparu. Alors,
quoi ? où sont-ils passés ? La chose n'a pas été facile à découvrir.
C'est le docteur Manson, médecin des douanes anglaises à Amoy.
dans la Chine, qui, après des études minutieuses, est arrivé à élucider la question, à savoir, que les embryons se trouvent dans les
vaisseaux sanguins pendant l'état de veille du malade, et dans les
vaisseaux lymphatiques pendant l'état de sommeil de l'hôte qu'ils
infestent. On remarquera que nous n'avons pas dit pendant la nuit
et pendant le jour : c'est qu'en effet les jeunes filaires se préoccupent fort peu que ce soit la lune ou le soleil qui nous éclaire. Si
l'on fait dormir le malade pendant le jour, on trouvera les parasites
dans le sang, et, au contraire, si on le tient éveillé pendant la nuit,
on les retrouvera dans la lymphe, c'est-à-dire plus profondément.

Nous ne tarderons pas à avoir l'explication de ce fait extrêmement curieux : à priori, il est difficile de la donner. Étudions la
question plus à fond. Les embryons ont beau se promener dans le
sang ou dans la lymphe, ils n'ont pas l'air de profiter beaucoup de
leurs voyages quotidiens : ils ne grossissent pas et ne forment pas
d'œufs. Évidemment, les choses ne peuvent pas durer ainsi; il leur
faut quelque chose, mais quoi ? On comprend facilement qu'une si
grande quantité de parasites ne vivent pas aux dépens de l'homme

sans amener en lui des troubles sérieux : généralement les jambes
du malheureux enflent énormément. On cite un cas où chacune
d'elles atteignait quatre-vingt-dix-sept centimètres de circonférence. Il n'y a pas, à proprement parler, de souffrances physiques ;
mais, lorsque les membres grossissent démesurément, tout travail
devient impossible, d'où misère, puis marasme ; en un mot, le moral
est fortement atteint. Souvent, des parties malades, on voit suinter
un liquide louche, la lymphe, qui contient les embryons. D'autres
fois, on observe de l'hématurie, c'est-à-dire que les urines
deviennent lactescentes et sanguinolentes, et se montrent, au
microscope, chargées de filaires. Je suis bien sûr que nos lecteurs
croient, après cette description, tenir le nœud de la question. Ils
se disent que les embryons sortent du corps soit par les exudats,
soit par les urines, et vont infester un nouvel individu. Eh bien,
pas du tout. Les jeunes vers qui sont ainsi sortis avec effraction
sont voués à une mort certaine : ils périssent presque dès leur
sortie. Que faut-il donc pour qu'une filaire puisse achever son
évolution ? Cela, je vous le donne en cent et en mille : il faut que le
malade soit piqué par un moustique ! Oui, un moustique, ou, si
vous le voulez, un cousin, cette méchante mouche qui nous pique
lorsque nous nous y attendons le moins, et qui nous cause des
démangeaisons fort désagréables.

Le moustique mâle est, en effet, pourvu d'une bouche trop
faible pour transpercer la peau humaine et sucer notre sang. Or
supposez qu'il n'en ait pas été ainsi. Le cousin mâle aurait absorbé
les embryons de filaire, puis, son rôle rempli, serait allé mourir
n'importe où, dans les champs, sur la terre, dans une ferme, etc.
Et que serait-il arrivé ? Tous ces embryons seraient morts miséra-
blement ; car, disons-le tout de suite, c'est de l'eau qu'il leur faut
pour vivre. Heureusement pour les filaires, et malheureusement
pour nous, la nature a mieux fait les choses. La femelle du moustique est seule à nous causer des démangeaisons. Pendant que le
malade atteint de filariose est en train de dormir la fenêtre ouverte,
l'imprudent ! elle le pique, se gorge de son sang, puis elle s'en va.
Si en ce moment on ouvre son estomac, on le trouve rempli
d'embryons de filaire : Manson en a compté plus de cent vingt !

Voilà donc notre moustique qui, repu de nourriture, va se promener par monts et par vaux, environ pendant cinq ou six jours. Que deviennent les embryons qu'elle a absorbés? Ceux-ci commencent par pénétrer dans la portion abdominale du tube digestif, et tout de suite se mettent à muer, c'est-à-dire à se débarrasser de la gaine transparente qui les enveloppait. Ce manteau leur avait jusqu'ici permis de résister à l'action destructive des sucs digestifs, déversés par l'estomac et par l'intestin. Mais, après la mue, leur frêle cuticule ne pourrait les protéger efficacement, et ils périraient; aussi, instruits sans nul doute du danger qu'ils courent, ils s'empressent de remonter dans l'œsophage de leur hôte, c'est-à-dire en un endroit où ils n'ont plus à craindre d'être digérés tout vivants. Chacun des embryons, mis ainsi hors de danger, devient transparent, se raccourcit et s'épaissit, tandis que son extrémité antérieure s'effile en cône. Le corps continue à grossir et prend l'aspect d'un boudin; la bouche et l'anus apparaissent, en même temps que l'on observe les premiers linéaments du tube digestif. Nous arrivons ainsi au cinquième jour de la piqûre. L'embryon a un millimètre cinquante de longueur et, grâce à son canal digestif, se trouve en mesure de pouvoir se procurer des moyens d'existence. Ce moment coïncide d'une manière curieuse avec l'état de maturité du moustique femelle.

On sait que cette bestiole, de par les nécessités d'existence de ses larves, est obligée d'aller pondre dans l'eau. Notre femelle s'en va donc au-dessus d'un baquet d'eau, d'une petite rivière ou d'un étang, s'accroche à un morceau de feuille flottant et pond sa petite flottille d'œufs. Puis, son rôle accompli, épuisée par l'effort qu'elle vient d'effectuer, elle meurt, et sa dépouille tombe à l'eau. C'est à ce moment que les jeunes filaires, qui s'étaient lentement transformées, vont donner signe de vie. Elles abandonnent le cadavre de celle qui jusqu'ici leur avait donné l'hospitalité, et se rendent dans l'eau.

Elles acquièrent une maturité sexuelle presque complète, en même temps que leur corps devient plus robuste. Qu'un homme vienne boire de l'eau dans l'étang, les jeunes filaires pénétreront avec le liquide dans son tube digestif, perceront les muqueuses et ne tarderont pas à tomber soit dans le système sanguin, soit dans le système lymphatique. Ces filaires donneront des multitudes d'embryons, et le malade sera atteint d'éléphantiasis.

Nous sommes revenus au point de départ, mais par un singulier chemin : 1° vaisseaux lymphatiques de l'homme ; 2° vaisseaux sanguins du même individu ; 3° tube digestif du moustique ; 4° eau ; 5° tube digestif de l'homme ; 6° vaisseaux lymphatiques, etc.

Enfin, de cette histoire, il découle un conseil pratique fort important : si vous allez dans les pays chauds, ne buvez jamais de l'eau non bouillie, car vous risqueriez d'attraper la filariose et bien d'autres choses encore.

XLIII

LES ANIMAUX A PROJECTILES

A une époque où l'on n'entend parler que de guerre et de dynamite, il peut être intéressant de voir si, chez les animaux, on ne trouve pas quelque chose d'analogue à nos engins de destruction, d'attaque et de défense.

Les *phrynosomes* ont une aire de répartition géographique assez étendue ; on les rencontre au sud des États-Unis, dans la Basse-Californie, le Nouveau-Mexique, les déserts du Colorado, le Mexique, etc. La forme de leur corps est des plus bizarres. L'aspect général peut se ramener cependant assez bien à celle d'un caméléon, mais à corps plus trapu et à queue moins longue et plus épaisse. Le tronc, très aplati latéralement, est recouvert de petites écailles cornées. Sur le dos et sur les flancs, on observe de nombreuses épines tronquées, qui donnent à l'animal un aspect menaçant. Le fond de la couleur est terre de Sienne naturelle ; on distingue en outre sur le dos quatre taches brunes, et sur les membres des bandes de même teinte. Les phrynosomes sont vivipares et donnent naissance à douze petits environ.

En captivité, ces sauriens se conservent assez bien. A plusieurs reprises, on en a apporté en France ; mais, épuisés par le voyage, ils se montrent complètement avachis, restant immobiles, tapis dans un coin de leur cage. On peut les nourrir avec des vers de farine ; mais ils ne reprennent jamais une vigueur bien grande ; quand on les excite, ils s'enfuient péniblement en sautillant, un peu à la manière des crapauds.

Sir J. Wallace, l'émule de Darwin et le savant voyageur naturaliste, avait raconté, il y a déjà plus de vingt ans, que les phrynosomes étaient doués de la singulière propriété de faire jaillir du
sang de leurs yeux. « Dans certaines circonstances, dit-il, dans un
but évident de défense, le phrynosome fait jaillir d'un de ses yeux
un jet de liquide d'un rouge éclatant, qui ressemble à s'y méprendre
à du sang. J'ai constaté trois fois cet étrange phénomène sur trois
animaux différents, mais j'ai vu d'autres animaux qui ne se com-
portaient pas ainsi ; un de ces animaux fit jaillir le liquide sur moi-
même placé à près de quinze centimètres de distance de ses yeux ;

Le toxote.

un autre fit sourdre du sang lorsque je brandis devant lui et à peu
de distance un couteau brillant. Ce liquide doit provenir des yeux,
parce que je ne saurais imaginer aucun autre endroit d'où il puisse
sortir. »

Il est regrettable que Wallace, observateur excellent, n'ait
pas poussé plus loin ses recherches. Aussi le doute est-il venu
à l'esprit des naturalistes. Ce phénomène paraissait tellement
extraordinaire, que l'on mit en doute les recherches du savant
anglais et que le liquide projeté, si tant il était vrai qu'il existât,
fut considéré comme le produit de la glande lacrymale. Celle-ci, au
lieu de sécréter des larmes incolores, aurait bien donné un liquide
rouge et pouvant être projeté au loin ; considéré ainsi, le phénomène ne présentait plus rien d'extraordinaire. Mais les observations récentes, auxquelles nous faisions allusion plus haut, vont
nous montrer qu'il faut en rabattre de cette opinion. M. Hay, de

Washington, ayant eu l'occasion de se procurer un phrynosome, le trouva un jour en train de muer, c'est-à-dire de changer de peau. Croyant activer l'opération, il plongea l'animal dans l'eau et ne fut pas peu étonné de voir l'eau se couvrir de quatre-vingt-dix taches, qu'il examina au microscope et qui se montrèrent comme étant du sang. Il sortit l'animal du bain, le laissa sécher, puis l'excita vivement ; il vit de suite un jet de sang sortir de l'œil droit et venir ruisseler sur sa main. Deux cas analogues, et aussi authentiques, ont été recueillis en Californie. Un fait curieux, c'est que deux fois le jet de sang fut projeté dans l'œil de l'observateur, qui en fut légèrement enflammé. Est-ce un pur hasard, ou bien l'animal avait-il bien réellement visé ? S'il en était ainsi, il aurait agi comme ces voleurs qui, se sentant poursuivis de près par les gendarmes, leur jettent du poivre à la figure. Quoi qu'il en soit, il est un fait aujourd'hui certain, c'est que les phrynosomes peuvent faire

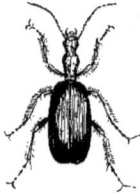

Bombardier
(brachine pétard).

jaillir de leurs yeux un jet de sang, de plus d'une cuillerée à café parfois, et que très probablement ce phénomène est un moyen de défense.

Le cas que nous venons de citer est unique par la nature du liquide projeté ; mais il est loin d'être isolé, en ce qui concerne la projection au loin de diverses matières, dans un but offensif ou défensif. Citons-en quelques exemples, parmi les plus remarquables.

Le toxote est un poisson des rivières de la Malaisie ; on le désigne aussi sous le nom bien significatif d'archer ou de poisson cracheur. Il fait sa nourriture d'insectes ailés, lui un être aquatique. Quand il aperçoit sur les nombreuses plantes qui garnissent le bord de la rivière un insecte se reposant un instant, il s'avance le plus près de sa victime, s'emplit la bouche d'eau et ferme ses ouïes. Aussitôt il fait émerger le bout de son museau à l'air, et, contractant ses mâchoires, il envoie sur l'insecte un long filet d'eau, une vraie douche qui, en retombant, entraîne la bestiole dans la rivière, où elle ne tarde pas à être dévorée. Ce qu'il y a de tout à fait remarquable dans cet acte, c'est de voir la justesse de tiré du poisson, qui manque très rarement son coup. A Java et dans les pays limitrophes, on conserve précieusement le toxote dans les aquariums, et l'on s'amuse à lui donner à distance des mouches sur lesquelles il darde sa douche aquatique, à la grande joie des spectateurs.

Tout récemment, M. Poulton nous a fait connaître les mœurs de la chenille d'un papillon, le *dicranura vinula*. Cet animal a comme ennemi redoutable un hyménoptère, un ichneumon, qui vient déposer ses œufs dans son corps. Quand les jeunes larves viennent à éclore, elles dévorent toute vivante la chenille, qui n'en peut mais. Aussi quand elle aperçoit un ichneumon qui s'approche d'elle avec des intentions hostiles, elle darde sur lui un jet de liquide corrosif, riche en acide formique, qui fait périr ou tout au moins fuir l'ennemi.

Un jour que je revenais de la chasse aux insectes, au crépuscule, j'aperçus, traversant la route poussiéreuse, un magnifique carabe, aux reflets argentés, métalliques. Me baisser de suite fut l'affaire d'un instant ; mais à peine avais-je touché le coléoptère, que je reçus dans l'œil un jet de liquide qui me fit pousser un cri de douleur. Inutile de dire que le carabe, profitant de la stupeur dans laquelle m'avait plongé ce projectile inopiné, s'enfuit à toutes pattes et ne reparut plus. La douleur ne disparut que très lentement, et une partie de la peau de ma paupière tomba quinze jours après. Le jet du liquide en question est produit par des glandes anales et projeté par la partie postérieure du corps.

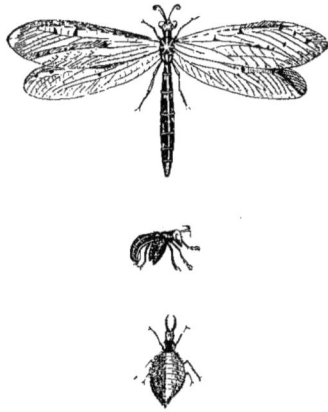

Fourmilion. — Sa nymphe. — Sa larve.

Fréquents sont les coléoptères qui agissent de la même façon. Tout le monde connaît, à cet égard, le bombardier (*brachinus*) qui, lorsqu'on veut le saisir, projette une vapeur brunâtre, analogue à la fumée d'un coup de canon, et qui est assez corrosive. Rien

n'est plus curieux que de retourner une pierre sous laquelle il y a
de nombreux brachines. C'est une véritable canonnade qui se propage de proche en proche, et répand dans l'air un nuage obscur,
qui tache la main en jaune.

Enfin, pour ne pas trop multiplier les exemples, il convient
de citer le fourmilion, cet insecte si bizarre, dont la femelle,
dépourvue d'ailes, se construit dans le sable un creux conique et
se tapit à son sommet, invisible à la vue. Je me suis amusé souvent,
dans les dunes de la Gironde, à déposer sur le bord du gouffre du
fourmilion une petite araignée ou une petite fourmi. Celle-ci,
sentant le danger, fait des efforts inouïs pour remonter la partie
glissante ; mais à peine le fourmilion l'a-t-il aperçue, qu'il projette
sur elle une véritable ondée de sable qui, en retombant, entraîne
au bord du cône la bestiole, dont la capture ne présente dès lors
aucune difficulté.

Comme on le voit, les animaux font souvent usage de pro-
jectiles, soit en se servant de leurs propres liquides, soit, ce qui
est encore plus curieux, en empruntant des objets au monde
extérieur.

XLIV

LES VOYAGES CIRCULAIRES CHEZ LES ANIMAUX

Depuis un certain nombre d'années, l'homme a pris l'habitude de fuir pendant un mois ou deux l'endroit où il réside pour aller faire un « voyage circulaire », qui à la mer, qui à la montagne. Mais il ne faudrait pas croire que l'espèce humaine, sous ce rapport, est d'une essence supérieure à celle des autres êtres de la création. Il y a beau temps, en effet, que les animaux, — du moins certains d'entre eux, — pratiquent ce genre de sport. La plupart même sont bien connus de tout le monde quant à leur nom et à leur aspect extérieur, mais non au point de vue de leurs mœurs. Le saumon, par exemple, est bien plus intéressant vivant qu'à la sauce aux câpres ; car c'est un voyageur enragé, qui rendrait des points aux plus fidèles amis du *Bœdeker* ou du *Guide Joanne*. Ses œufs, on le sait, sont déposés dans l'eau douce, et donnent naissance à de petits poissons pas bien jolis, d'une teinte gris terne sur le dos, avec des bandes transversales sur les côtés. A un moment donné, ces jeunes saumons se transforment et deviennent *smolts,* comme disent les Anglais, c'est-à-dire qu'ils prennent leur costume de voyage : tout leur corps prend un magnifique éclat métallique. Jusqu'à ce moment ils vivaient chacun de leur côté ; mais devenus *smolts,* — tel une caravane de l'agence Cook, — ils se rapprochent et se forment en troupes. Pendant tout le printemps, les bandes de saumonneaux descendent les rivières pour gagner la mer. Le voyage ne se fait pas d'ailleurs sans peripéties : ici, c'est la dent du vorace brochet qu'il faut éviter ; là, danger terrible, ce sont les filets des pêcheurs qui se dressent menaçants ; ailleurs, c'est un remous violent qui les oblige momentanément à rebrousser chemin. Mais, comme dit la chanson, ce sont les plaisirs du voyage. Enfin les bandes, un peu décimées, arrivent dans l'embouchure du fleuve. Loin de se rendre dare dare dans la mer, séjour qui leur serait sans doute fatal s'il était abordé immédiatement, les jeunes saumons restent dans l'eau saumâtre pendant deux ou trois jours. Enfin, l'accoutumance est faite, et les bandes disparaissent dans la mer. Qu'y deviennent-elles? Je dois avouer, à la honte des ichthyologistes, que l'on n'en sait absolument rien. Tout au plus est-on à peu près certain que les saumons disparaissent dans les pro-

Saumon.

fondeurs de l'Océan, où le filet des pêcheurs ne peut les atteindre. L'eau salée paraît leur être nécessaire pour leur fournir une nourriture abondante. De plus, elle leur donne sans doute ce « coup de fouet » que les villégiateurs vont chercher sur les plages du littoral et qui facilite grandement leur nutrition. La preuve en est que, si on les retient captifs dans l'eau douce, malgré l'abondance de la nourriture qu'on leur donne, ils ne « profitent » pas beaucoup, et leur chair, décolorée, devient molle et sans saveur.

Toujours est-il qu'au bout de sept à huit semaines de leur fugue maritime, les saumons reparaissent à l'embouchure du même fleuve d'où ils étaient sortis. Mais ils sont tellement changés, qu'on ne les reconnaît nullement et qu'autrefois on les prenait pour des poissons tout à fait différents. On fit un très grand nombre d'expériences en attachant un fil à la queue des *smolts* et en les lâchant dans la

rivière. Deux mois après, on les voyait revenir saumons toujours
avec leur marque distinctive. Avant le départ, chaque *smolt* ne
pesait pas plus de deux à trois cents grammes ; au retour, ils
pèsent un kilogramme et demi à deux kilogrammes. Cette rapidité de croissance, très remarquable, montre que si les voyages
forment la jeunesse moralement, ils ne leur sont pas non plus
inutiles physiquement.

De même qu'à l'aller, les saumons s'arrêtent un instant dans
l'eau saumâtre avant de s'engager dans l'eau douce. Puis les bandes
se mettent à remonter le courant, les vieux individus en tête, les
jeunes en arrière. Ces colonnes, d'ailleurs, ne sont pas toutes du

Jeune saumon.

même âge ; celles qui reviennent les premières sont les plus vieilles ;
puis arrivent celles qui ont déjà effectué le voyage, et enfin les
plus jeunes.

Dans cette montée, rien ne les arrête. S'ils donnent contre un
filet, écrit Baudrillart, ils le déchirent ou cherchent à s'échapper
par-dessous ou par les côtés ; et dès qu'un de ces poissons a trouvé
une issue, les autres le suivent, et leur premier ordre se rétablit. Ils
nagent au milieu du fleuve et près de la surface de l'eau ; et comme
ils sont souvent très nombreux et qu'ils agitent l'eau violemment,
ils font un bruit qu'on entend de loin. Lorsque le temps est chaud
et à l'orage, ils rasent le fond de l'eau ou se réfugient dans les
endroits les plus profonds, où ils peuvent jouir de la fraîcheur
qu'ils recherchent ; et c'est par une suite de ce besoin de fraîcheur
qu'ils aiment les eaux douces dont les bords sont ombragés par des
arbres touffus. Les corps flottants sur l'eau et les couleurs les
effrayent et les forcent quelquefois à rétrograder. Si la température
de la rivière et la qualité de l'eau leur conviennent, ils voyagent
lentement ; mais s'ils veulent se dérober à quelque sensation

20

incommode ou à quelque danger, ils s'élancent avec tant de rapidité, que l'œil a de la peine à les suivre. On a remarqué qu'ils
pouvaient parcourir en une heure un intervalle de dix lieues, et que
lorsqu'ils ne sont pas forcés à des efforts prolongés, ils peuvent
franchir en une seconde une étendue de vingt-quatre pieds. Les
saumons ont dans leur queue une rame très puissante, et c'est
également par son secours qu'ils franchissent des cataractes assez
élevées. Ils s'appuient contre de grosses pierres, rapprochent de

Échelle à saumons.

leur bouche l'extrémité de leur queue, en serrent le bout avec les
dents, en font par là une sorte de ressort fortement tendu, lui
donnent avec promptitude sa première fonction, débandent avec
vitesse l'arc qu'elle forme, frappent avec violence contre l'eau,
s'élancent à une hauteur de plus de quatre à cinq mètres, et franchissent la cataracte. Ils retombent quelquefois sans avoir pu
s'élancer au delà des roches ou l'emporter sur la chute de l'eau ;
mais ils recommencent bientôt leurs manœuvres, ne cessent de
redoubler d'efforts après des tentatives très multipliées ; et c'est
surtout lorsque le plus gros de leur troupe, celui que l'on a nommé
le conducteur, a sauté avec succès, qu'ils s'élancent avec une nouvelle ardeur.

Quand les barrages sont trop hauts, on a soin de mettre des « échelles à saumons » pour leur permettre de les franchir.

Les aloses ne le cèdent en rien pour le goût du tourisme aux saumons, avec cette différence que leur cure marine dure plus longtemps. Elles ne remontent guère les rivières que pour aller frayer, et pour cela elles vont à une très grande distance de leur embouchure. C'est ainsi qu'elles pénètrent dans l'Isère jusqu'au-dessus de Grenoble, et dans la Saône jusqu'à Gray.

Les éperlans, eux, n'agissent pas tous de la même façon. Les uns sont d'une humeur voyageuse, les autres préfèrent la vie

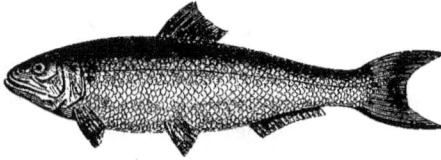

Alose.

sédentaire. Les premiers vont aux bains de mer une fois l'an, tandis que les seconds restent dans l'eau douce pendant toute leur vie.

Les esturgeons, les mulets, les dorades, les lamproies passent aussi leur vie à aller de l'eau douce à l'eau de mer, et réciproque-ment. Les anguilles sont plus téméraires ; pour passer d'un étang dans un autre qui leur convient mieux, elles n'hésitent pas à se rendre sur la terre et à y parcourir, en rampant, de vastes espaces. Elles ne se pressent d'ailleurs pas énormément ; et, quand elles rencontrent une culture de leur choix, elles y font l'école buisson-nière. C'est ainsi que récemment on citait toute une plantation de petits pois qui avait été ravagée par des bandes d'anguilles. Citons aussi les anabas, poissons de l'Indo-Chine, qui sont de véritables *globe-trotters*. Ils vont se promener dans les rizières, dans les champs et même, grâce aux fortes dentelures dont leurs opercules sont armés, grimpent sur les arbres pour aller prendre l'air dans les branches. Les périophtalmes agissent à peu près de même, et en Sénégambie, en montant sur des palmiers, il n'est pas rare d'en trouver au sommet de l'arbre, se chauffant au soleil.

Le goût des voyages se rencontre, non seulement chez les poissons, mais aussi chez les mammifères, bien qu'à un moindre degré. Le cas est particulièrement net pour les lemmings, petits rongeurs norvégiens ressemblant à des marmottes de faible taille. Voici, d'après Brehm, quelques détails sur leurs pérégrinations. Les migrations paraissent n'avoir lieu que de loin en loin : tous les dix ou vingt ans selon les uns, un peu plus fréquemment selon les autres ; mais, dans tous les cas, jamais d'une manière périodique. Ceux des naturalistes qui ont eu la bonne fortune d'observer une partie du phénomène, — car personne jusqu'ici n'a pu le suivre dans son entier, — sont d'accord sur ce point : que c'est généralement en automne, et par exception en été, que les lemmings émigrent. C'est de la chaîne des Alpes scandinaves que, d'après les observateurs, partiraient les bandes émigrantes. Les uns tendraient vers la mer du Nord, les autres vers le golfe de Bothnie, en suivant le plus souvent une direction parallèle au cours des rivières et des fleuves.

A un moment donné, et comme s'ils obéissaient à un signal, tous descendent de leurs montagnes pour se réunir dans les vallées ou dans les plaines, et former des colonnes immenses qui, généralement, prennent des directions diverses. Tous les auteurs qui ont parlé avec connaissance de cause des déplacements des lemmings s'accordent à dire que ces animaux, réunis en troupes, s'avancent droit devant eux, dévorant tout sur leur passage et creusant sur le sol et dans les herbes des sillons profonds de quatre à six centimètres et distants l'un de l'autre de plusieurs pieds. Il en résulte que les champs par lesquels ils passent ont l'apparence de champs labourés. Rien ne peut les détourner de leur route, rien ne les arrête ; ils franchissent tout audacieusement. Un homme se met-il dans leur passage, ils glissent entre ses jambes ; une meule de blé, de foin, leur fait-elle obstacle, ils s'ouvrent un chemin au travers, à l'aide de leurs dents ; si c'est un rocher, ils le contournent en demi-cercle, et reprennent leur direction rectiligne. Un lac se trouve-t-il sur leur route, ils le traversent en ligne droite, quelle que soit sa longueur, et très souvent dans son plus grand diamètre. Un bateau est-il sur leur trajet au milieu des eaux, ils grimpent

par-dessus et se rejettent dans l'eau de l'autre côté. Un fleuve rapide
ne les arrête pas, ils se précipitent dans les flots, dussent-ils tous
y périr.

Les lemmings conservent pendant le voyage les habitudes
qu'ils ont dans la vie sédentaire. Inactifs, ou à peu près, durant
une partie de la journée, ils ne commencent à se mettre en marche
qu'au coucher du soleil. Ceux même que l'on retient captifs,

Montée d'anguillettes.

aussitôt que la nuit se fait, s'agitent, errent et rongent les barreaux
de leur cage. Après avoir voyagé la nuit et une partie de la
matinée, ils font halte et se reposent. Mais ce repos ne va pas
jusqu'à respecter les champs où ils se trouvent, car ils y exercent
de tels ravages, qu'il semble que l'incendie y ait passé.

Ces innombrables légions d'émigrants, qui portent la désolation
sur leur passage, et dont rien n'a pu arrêter la coursé, trouvent
enfin deux barrières infranchissables : la mer du Nord et le golfe
de Bothnie ; mais elles y arrivent considérablement diminuées.
Quoique excellents nageurs, les lemmings périssent en grand
nombre en voulant traverser les fleuves ; beaucoup, surtout,
deviennent la proie d'une foule d'ennemis naturels, qui se mettent
à leur suite. Les renards, les ours, les gloutons, les martes, les

hermines, les oiseaux de proie, diurnes et nocturnes, leur font une chasse continuelle et en détruisent une immense quantité ; les rennes même, à ce qu'on prétend, se détournent de leur route pour les poursuivre. Parmi les animaux domestiques, le porc, le chat et le chien, doivent être aussi comptés parmi leurs ennemis; mais l'on pourrait dire que le chien les tue plutôt par plaisir que par nécessité, car il ne les mange pas, ou n'en dévore que la tête. Enfin, il n'est pas jusqu'aux goélands, aux pies, aux corneilles qui ne s'attaquent pas aux lemmings.

Ces voyages, on le voit, ne sont pas d'une gaieté folle. Quant à la question de savoir les causes qui engagent les lemmings à les entreprendre, elle n'est pas encore résolue : on pense que leurs déplacements sont la conséquence de leur trop grande multiplication, — à moins que ce ne soit le désir de voir du pays.

Un autre rongeur, très voisin du lemming, le campagnol des prés, écrit Zaborowski, a des habitudes analogues, mais plus régulières. Il habite les plaines de la Sibérie, depuis l'Obi jusqu'au Kamtschatka, et toutes les années, à peu d'exceptions près, au commencement du printemps, quitte cette contrée et se dirige vers l'ouest, toujours en ligne droite, à travers les fleuves et les montagnes. Ces caravanes d'émigrants, composés de plusieurs milliers d'individus, sont décimées par les zibelines et les renards, et subissent des pertes nombreuses en franchissant les cours d'eau. Néanmoins elles poursuivent leur route, en s'arrêtant quelques heures à peine pour se reposer, s'avancent jusqu'aux environs de Penschima, puis, tournant au sud, arrivent à Ochota vers le milieu de juillet. Après avoir accompli un trajet considérable, relativement à leur petite taille, ces animaux reviennent en octobre au Kamstchatka, où leur arrivée est accueillie avec la plus grande joie. Pour les misérables habitants de cette contrée, le campagnol est en effet une providence, et les provisions qu'il accumule dans un terrier, les racines comestibles qu'il met en réserve sont une ressource précieuse pour la saison d'hiver.

Dans nos contrées, les campagnols, et particulièrement ceux de l'espèce vulgaire, sont considérés, au contraire, comme un véritable fléau. Leur multiplication est véritablement effrayante et a causé souvent la ruine de provinces entières. D'après le témoignage de Pausanias, les habitants de quelques villes d'Ionie, et, suivant Diodore, ceux de Cosa (actuellement Orbitello) ont été contraints de s'enfuir devant l'invasion de ces rongeurs. Dans les temps modernes, en 1792, la ferme de l'abbaye de Dommartin (Pas-de-Calais) fut ravagée, depuis juillet jusqu'en septembre, par une quantité prodigieuse de campagnols. Tout le terrain, sur une étendue de trente hectares, était sillonné par les galeries de ces animaux; l'herbe, les blés et les plantations étaient complètement dévastés. En 1818, la même espèce de rongeurs apparut en nombre si considérable sur la rive droite du Rhin, qu'il fut ordonné à chaque cultivateur de livrer par jour au magistrat douze tête de campagnols, en échange d'un florin. Cette mesure amena la destruction, dans le seul bourg d'Offenbach, de quarante-sept mille rongeurs dans l'espace de trois jours.

Un animal intéressant à citer sous le même rapport est une sorte d'antilope, le *springbock* ou chèvre sauvage, qui, dans l'Afrique australe, tous les quatre ou cinq ans émigre vers le sud.

« Les bandes d'émigrants, raconte le capitaine Gordon Cumming, ont quelque chose de tellement extraordinaire, qu'on a dû les comparer, et avec raison, à celles des sauterelles. Comme celles-ci, elles mangent en quelques heures tous les végétaux qu'elles trouvent sur leur passage, et détruisent complètement, en une nuit, toutes les plantations d'un cultivateur. Le 28 décembre, j'eus le plaisir de voir un de ces passages pour la première fois. Jamais ce gibier ne m'est apparu sous un aspect plus grandiose, plus formidable. Deux heures avant le point du jour, j'avais été réveillé dans mon chariot, et j'entendais à environ deux cents pas la voix des antilopes. Je crus qu'un troupeau passait près de mon camp; mais, quand le jour fut venu, je vis toute la plaine littéralement couverte de ces animaux. Ils avançaient lentement. Ils débouchaient à l'ouest, entre deux collines, comme un fleuve, et disparaissaient à environ un mille au nord-est, derrière une hauteur. Je restai deux heures à l'avant de ma voiture, extasié devant ce magnifique spectacle, et j'eus quelque peine à me convaincre de sa réalité, à le prendre pour autre chose que le produit de l'imagination exaltée du chasseur. Durant tout ce temps, les masses passaient sans fin entre les collines. Enfin je sellai mon cheval, je pris ma carabine, et, suivi de mes compagnons, j'entrai dans le troupeau et fis feu. On abattit quatorze pièces.

« — Halte ! c'est assez ! » commandai-je.

« Nous retournâmes pour mettre notre gibier à l'abri des vautours, et, après l'avoir déposé dans un buisson et recouvert de branches, nous revînmes au camp. On aurait pu tuer trente ou quarante antilopes. Jamais, dans toute ma vie de chasseur, je ne me trouvai au milieu d'une telle réunion d'animaux, et c'est la première fois où je pus pénétrer à cheval au centre d'un troupeau. Après avoir attelé, nous arrivâmes avec nos chariots pour charger notre gibier. Quelque énorme que fût cette bande, j'en vis une autre plus considérable le même soir. Après avoir traversé les collines entre lesquelles avaient passé les antilopes, toute la plaine et les versants même des hauteurs voisines m'apparurent couverts d'une seule masse de ces animaux. Aussi loin que la vue pouvait s'étendre, on ne voyait qu'eux. Ce serait un travail inutile de chercher à estimer leur nombre ; je crois cependant pouvoir dire que plusieurs centaines de mille étaient ainsi sous mes yeux. »

Les springbocks semblent faire ces voyages pour fuir les hautes herbes, où elles ne peuvent apercevoir leurs ennemis.

D'autres mammifères, les cuaggas, les zèbres, les daws, les bisons, les pécaris et beaucoup d'autres font des voyages analogues.

Les migrations des criquets d'Algérie, de diverses chenilles, de certaines fourmis, peuvent être considérées comme des voyages circulaires.

Quant aux oiseaux, ils peuvent être regardés, au point de vue des voyages, comme des voyageurs. Ce sont des touristes enragés dont la plupart, — faisant fi des villégiatures rapprochées, peut-être parce qu'ils n'ont pas de billets de chemin de fer à payer, — vont villégiaturer à des distances parfois fantastiques.

Les causes de ces déplacements sont loin d'être connues. Il est des cas cependant où on peut leur attribuer une cause certaine : c'est celui, par exemple, des pigeons sauvages d'Amérique, qui vont en bandes tellement considérables, qu'au bout d'un jour ou

deux ils ont tout dévasté et sont, par suite, obligés de se transporter ailleurs pour trouver de quoi manger. Leur nombre est, en
effet, à peine croyable : un naturaliste a compté un jour, sur les
bords de l'Ohio, qu'en vingt et une minutes il n'en était pas passé

moins de cent soixante-
trois colonnes, compo-
sées d'environ un mil-
liard cent quinze mil-
lions cent cinquante mille
individus. On voit quels
dégâts ils peuvent cau-
ser quand ils s'abattent
dans une région culti-
vée. Aussi les mitraille-
t-on sans merci.

Mais il est aussi bon
nombre d'oiseaux qui
effectuent des voyages
réguliers sans y être sol-
licités par aucune cause
appréciable : les régions
où ils se rendent ne
diffèrent pas toujours
beaucoup de celles qu'ils
abandonnent. Il semble
cependant que la dimi-
nution de leur nourri-
ture habituelle soit pour

Un naturaliste a compté un jour qu'il n'en était pas passé
moins de cent soixante-trois colonnes.

beaucoup dans leurs pérégrinations, de même que les changements dans l'état de l'atmosphère. On sait, en effet, que beaucoup
d'oiseaux « sentent » les orages ou des pluies abondantes plusieurs
jours à l'avance. Mais c'est surtout la nourriture qui paraît leur
tenir à cœur,... ou mieux au ventre. Ce qui le montre bien, c'est
que les martinets, avant d'aller vers le sud, remontent d'abord
vers le nord, où cependant les conditions climatériques ne sont
pas bien brillantes. On a démontré qu'ils agissaient ainsi pour

trouver les insectes de haut vol dont ils font leur proie. Les culs-blancs agissent de même et pour la même raison. Dans un certain nombre d'espèces, le geai entre autres, il n'y a qu'une partie des individus qui partent ; quelques couples restent et assurent seuls la reproduction dans le pays. Chez d'autres, les migrations ne se font qu'à plusieurs années de distance : l'oiseau le plus singulier à cet égard est le syrrapte paradoxal, qui ne fait l'honneur de nous visiter que tous les vingt-cinq ans. Si vous voulez en tuer, préparez vos fusils pour 1913.

Les véritables oiseaux migrateurs ne voyagent pas comme des petits fous, se rendant dans un endroit quelconque. Leurs parents leur ont fait connaître les « bons endroits », et, tous les ans, ils ne manquent pas de s'y rendre. Ils savent qu'ainsi ils ne se feront pas « écorcher », comme il arrive souvent lorsqu'on tombe dans un hôtel inconnu.

La plupart de nos oiseaux d'Europe vont passer la mauvaise saison en Afrique. Quelques-uns, comme les martinets et les hirondelles, gagnent l'Amérique et les îles Malouines.

La traversée de la Méditerranée est, pour tous, très pénible. Dans les moindres îlots où ils se reposent, on les capture à qui mieux mieux, et ceux qui tombent à la mer sont immédiatement happés par les requins.

Le moment du départ est très variable, surtout avec les espèces, et, jusqu'à un certain point, avec le temps. En France, ce sont les martinets qui partent les premiers, au commencement d'août. Ensuite viennent les coucous et les cailles. En septembre, ce sont la plupart des oiseaux chanteurs qui nous quittent. Puis c'est le tour des hirondelles, et enfin celui des alouettes et des grives.

Plus de la moitié de nos oiseaux d'Europe nous quittent au moment de l'automne. De ce nombre sont surtout les oiseaux chanteurs, dont la complexion trop faible ne peut supporter le froid, et les oiseaux aquatiques, que la glace force à émigrer. Quelques-uns, comme les bécasses, voyagent seuls ou par paires. Le plus grand nombre émigrent en troupes plus ou moins nombreuses. Les cigognes, par exemple, se réunissent à l'automne sur le bord d'un marécage, claquent du bec et s'élancent toutes

ensemble à une grande hauteur, tournoient un instant, comme si
elles quittaient leurs nids avec regret, et enfin s'en vont droit vers
le sud. Elles se placent en coin, disposition éminemment pratique
pour fendre l'air. La cigogne qui est en avant, à l'extrémité du V,

Bisons traversant une rivière.

effectue évidemment un travail beaucoup plus considérable que les
autres ; elle joue le rôle de l' « entraîneur » dans les courses
cyclistes. Dès qu'elle est fatiguée, elle se rend à la queue de la
colonne, remplacée de suite par une de ses sœurs.

Tous ces oiseaux nous reviennent au printemps. En général,

ceux qui sont partis les premiers reviennent les derniers, et réciproquement. Mais il est à noter que le retour ne se fait pas toujours
de la même façon que l'aller: les hirondelles s'en vont en troupes,
mais reviennent chez nous par couples isolés, de sorte que leur
visite dans nos parages peut être considérée comme un véritable
voyage de noce.

XLV

LES PERROQUETS CARNIVORES

Malgré le bec relativement très puissant dont la nature a pourvu les perroquets, ceux-ci ont des mœurs plutôt douces, comme le montre la facilité avec laquelle on les apprivoise (pour la plus grande joie des concierges et des vieilles filles), ainsi que leur nourriture, qui se compose presque exclusivement de graines ou de fragments de plantes qu'ils sucent avec délices. Il en est même qui, comme les loris, se contentent du nectar et du pollen des fleurs.

Pourquoi faut-il qu'il y ait une ombre sur ce tableau patriarcal? Pourquoi faut-il que, dans presque toutes les familles, il y ait un membre indigne? Ce sont là mystères de la nature sur lesquels il serait trop long d'insister. Contentons-nous de remarquer qu'ils se rencontrent chez les perroquets, ainsi qu'on l'a appris récemment. Il s'agit du *nestor notabilis*, dont le nom familier est *kéa*, et qui vit dans la Nouvelle-Zélande. Malgré sa dénomination générique, qui est celle d'un sage, ce kéa se conduit comme le dernier des bandits. Quand il aperçoit un mouton paissant paisiblement, il se jette sur lui et, s'accrochant à sa toison, se met en devoir de lui labourer les reins. Il lui enlève tous les poils de la région lombaire, entame la peau et bientôt arrive à la masse graisseuse, qu'il dévore et engloutit avec rage. Le malheureux mouton fuit éperdu; mais, comme le perroquet ne lâche pas prise, il finit par tomber épuisé, la plupart du temps, pour ne plus se relever.

En quelques années les kéas sont devenus une plaie pour l'élevage des moutons en Nouvelle-Zélande : ils pullulent autour des troupeaux, et le gouvernement a été obligé de donner des primes pour faciliter leur destruction.

Le curieux de l'histoire, c'est qu'autrefois il n'en était pas ainsi. Les kéas vivaient tranquillement dans les forêts, se nourrissant de plantes et d'insectes et ne songeant nullement à inquiéter les bestiaux. D'où peut donc leur être venu cet amour immodéré de la graisse de mouton, qui les pousse à attaquer un si gros animal?

M. R. Godefroy, de Melbourne, a donné de ce fait une explication au moins originale. J'ai dit plus haut que les perroquets se nourrissaient jadis d'insectes. Ceux-ci sont, paraît-il, très abondants dans une sorte de mousse blanche qui végète dans les montagnes de la Nouvelle-Zélande. Ces mousses ont été remarquées par tous les voyageurs, qui, au premier abord, les ont prises pour des troupeaux de moutons au repos. Il a donc très bien pu arriver qu'un kéa se soit trompé comme l'homme et qu'il se soit abattu sur le dos d'un mouton, en confondant sa toison avec une touffe de mousse. En fouillant dans les poils pour chercher des insectes, il est arrivé sur la graisse, dont le goût lui a plu. Le lendemain, il a recommencé son attaque, cette fois-ci sciemment, et ainsi, petit à petit, l'habitude lui en est venue. Puis il a fait part de ses impressions à ses amis et connaissances, qui n'ont pas tardé à l'imiter... « Et voilà pourquoi votre fille est muette. »

A l'appui de cette hypothèse, on peut citer deux faits qui militent un peu en sa faveur.

Le premier est que la chair morte ou vivante ne répugne pas toujours autant qu'il y paraît à quelques perroquets. Quand on les nourrit avec de petits morceaux de viande, ils s'y habituent très vite et ne tardent pas à les recevoir avec avidité. Brehm raconte avoir eu des perroquets qui se précipitaient sur leurs compagnons, leur ouvraient le crâne, en enlevaient le cerveau. Le mangeaient-ils? C'est ce que Brehm ne pourrait dire. Un perroquet, qu'on laissait libre de sortir et de rentrer, se faisait une joie de surprendre de jeunes oiseaux à peine sortis de leur nid, de les tuer, de les dépouiller très proprement, d'en dévorer une partie et de jeter ensuite au loin leurs cadavres.

Le second fait que je citerai montre la facilité avec laquelle les oiseaux, en général, peuvent changer leurs habitudes. Il est d'ailleurs très singulier. Le voici, narré par M. Magaud d'Aubusson, l'ornithologiste bien connu :

« On connaît la passion qu'avait le roi Louis XIII pour la fauconnerie. Comme il chassait souvent à l'oiseau dans la plaine de

1. Ara Congo.   2. Cacatoès à crète.   3. Perroquet de Guilding.

Saint-Denis, les moines de l'abbaye venaient jouir du spectacle. Un jour le roi, les voyant ainsi en bande, dit au chevalier de Forget, alors commandant du vol :

« — Forget, voilà une belle compagnie de corneilles; mais vous n'avez pas, à coup sûr, d'oiseaux qui volent ce gibier.

« — Votre Majesté me pardonnera, répondit le capitaine, si je n'ai pas ici aujourd'hui les oiseaux propres à cette volerie; mais lorsqu'Elle reviendra chasser dans cette plaine, j'aurai soin de les y faire trouver. »

« Huit à dix jours après, le roi chassait au même endroit.
Forget, apercevant de loin les moines, les fit remarquer au roi,
et lui demanda s'il voulait qu'on attaquât ces corbeaux. Le roi,
prenant cela pour une plaisanterie, répondit :

« — Oui, certainement. »

« Forget ordonna gravement de jeter les tiercelets, de les
appuyer lorsqu'ils seraient montés à l'essor, et d'attaquer la troupe
noire qu'ils voyaient. Les tiercelets de faucons qu'il avait fait
exercer sur des bottes de paille revêtues de robes noires, avec des
têtes de carton peint, sur lesquelles on avait posé des morceaux
de viande fraîche, fondirent avec entrain sur les têtes rasées des
moines. Ceux-ci, surpris d'une agression si insolite et effrayés par
les coups d'ailes qu'ils recevaient, se mirent à fuir à toutes jambes,
se couvrant le crâne de leurs capuchons. Le roi ne put s'empêcher
de rire. Il réprimanda néanmoins Forget, lui recommandant de ne
plus renouveler cette bouffonnerie. Il envoya aux moines un beau
présent de gibier, leur faisant dire qu'il avait fortement blâmé son
chef de vol du tour de page qu'il s'était permis, par suite d'une
plaisanterie qu'avait seule provoquée la couleur noire de leurs
robes. Mais les moines n'apprécièrent pas la petite vanité du chevalier de Forget voulant fournir la preuve du courage et de la
docilité de ses faucons, qui accomplissaient tout ce qu'il exigeait
d'eux. »

Les kéas, dont nous avons raconté l'histoire plus haut, sont
donc devenus de véritables parasites des moutons. Plusieurs
autres espèces d'oiseaux vivent dans la société des troupeaux;
mais, loin de leur être nuisibles, ils leur rendent de véritables services. Le plus curieux de ces « commensaux » est un oiseau au
plumage sans éclat, muni d'un bec court et robuste, auquel, en
raison de ses habitudes, on a donné le nom de pique-bœuf. En
Afrique, où il vit, on le rencontre toujours dans le voisinage
des bœufs et des chameaux, parfois aussi des éléphants et des
rhinocéros. On le voit grimper le long des pattes et du corps des
mammifères, comme une pie sur un arbre, passant avec une grande
vélocité du ventre au dos, puis au museau, puis au cou, etc. Le
pique-bœuf n'est jamais en repos, et, pendant ses pérégrinations,

il fouille la toison et y dévore les mouches et la vermine qui y
pullulent. D'un coup de bec il ouvre certaines tumeurs de la peau,
et mange la larve qui en est cause. En agissant ainsi, il est bien
évident que le pique-bœuf ne songe qu'à se nourrir ; il n'en est
pas moins vrai qu'il rend des services aux bœufs. Ceux-ci, d'ailleurs, savent apprécier ses services et le laissent vaquer à ses soins
hygiéniques en toute sécurité. Ce qui prouve bien que le pique-
bœuf n'est pas seulement toléré parce qu'il passe inaperçu, c'est
que les bœufs qui ne le connaissent pas sont affolés quand il s'abat
sur eux. Les pique-bœufs ont aussi une affection spéciale pour les
rhinocéros, bien que ceux-ci ne leur procurent qu'une maigre
pitance, leur peau étant trop dure à entamer pour les oiseaux. Ici,
le bénéfice est en grande partie pour le mammifère que le pique-
bœuf prévient du danger.

En Afrique, on rencontre aussi les alectos ou oiseaux des
buffles, qui cherchent leur nourriture en se perchant sur les buffles
et en mangeant la vermine dont ils sont infestés. Comme les pique-
bœufs pour les rhinocéros, les alectos signalent l'approche du
danger à leurs compagnons. Ces oiseaux, dont la vue est plus per-
çante que celle des buffles, s'envolent immédiatement ; ceux-ci
lèvent la tête pour découvrir le motif qui a causé la fuite de leurs
gardiens, et s'éloignent dans la direction qu'ils ont prise. Les
alectos continuent de les accompagner soit au vol, soit perchés
sur eux. Livingstone en vit un jour une vingtaine sur le garrot
d'une vache qui tenait la tête d'un troupeau lancé au galop. « Les
alectos sont à peu près de la taille des pique-bœufs; ils ont un bec
gros, conique, renflé à la base, et appartiennent à la famille des
plocéidés, célèbre déjà par l'habileté de ses tisseurs ; mais ils ne
sont pas eux-mêmes des artisans bien remarquables, et leurs nids,
très volumineux, ressemblent plus à ceux de nos pies qu'aux élégantes constructions des autres espèces de la famille. Pendant mon
séjour en Égypte, je rencontrais souvent, quand je chassais dans
le Delta, les hérons garde-bœufs (*pubulcus ibis*) circulant parmi
les troupeaux de buffles, et se posant sur leur dos pour y chercher
les insectes qui les tourmentent. Les fellahs les protègent et
aiment, au moment des labours, à les voir suivre leur charrue pri-

mitive pour saisir la vermine et les larves qu'elle amène au jour. Seuls, aux environs des villes, quelques chasseurs européens, tentés par la blancheur de leur plumage, les tuent; mais, près des villages, ils n'ont rien à craindre, et ils se livrent à leurs occupations avec la plus grande confiance. On dirait des oiseaux domestiques. Les indigènes passent à quelques pas d'eux sans les effrayer; ils se perchent sur les terrasses des maisons et nichent en colonie sur un mimosa ou un sycomore, à proximité des habitations. Les Arabes nomment ce joli héron *abou-ghanam,* « le père aux troupeaux », et ce nom est tiré de ses habitudes. Un buffle en a souvent dix ou quinze sur le dos; ils y produisent un effet charmant et lui font comme une superbe parure. Dans le Soudan, ils se perchent aussi en grand nombre sur les éléphants. »

Dans tous les pays on rencontre des oiseaux commensaux des grands mammifères. En Europe, ce sont les étourneaux et les martin-roses. En Amérique, ce sont diverses espèces d'ani et le malothre des troupeaux. Partout la vie appelle la vie.

XLVI

CIMETIÈRES DE CHIENS ET DE CHATS

Enterrer quelqu'un « comme un chien » équivaut à dire que les obsèques ont été réduites à leur plus simple expression et que le lieu de la sépulture ne brillait pas par l'éclat du monument. C'est qu'en effet les chiens ne sont généralement pas traités après leur mort avec autant d'égards que pendant leur vie, et plus d'un qui fut aimé par son maître à l'instar d'un parent va pourrir dans quelque coin isolé et ignoré du jardin. Pourquoi cette indifférence *post mortem* que manifeste presque tout le monde pour les bêtes domestiques, même les plus tendrement chéries? C'est un contraste bien curieux à observer, et qui pourrait donner matière à de longues tirades philosophiques. Mais *hic non est locus*. Contentons-nous de constater que cette indifférence n'est pas générale, du moins à l'étranger.

A Londres, à Victoria-Gate, tout près de Hyde-Park, où circulent les plus beaux équipages de la métropole, on peut voir un enclos, d'une trentaine de mètres de longueur sur vingt-cinq de large, qui jure un peu au milieu des belles maisons qui l'entourent. Si vous regardez à l'intérieur, ou mieux si vous y pénétrez après avoir forcé, par votre air attendri, la consigne du gardien, vous apercevrez une série de petites tombes coquettement garnies de fleurs et souvent protégées par des saules pleureurs, tout comme celle de Musset, saules dont la « pâleur éplorée » engage au recueillement. Ce cimetière serait-il réservé aux tout jeunes enfants ou même à ceux qui sont morts avant d'avoir vu le jour? On est tenté

de le croire; mais on est vite désillusionné quand on lit les inscriptions que portent les pierres tombales. Une des premières sur
laquelle on jette les yeux est celle-ci :

CHÈRE VIEILLE PRINY !

non loin d'une autre encore plus bizarre :

A MANDIE,
UNE VIEILLE AMIE.

qui fait pendant à cette inscription tout aussi laconique :

A FLICK,
UN AMI FIDÈLE.

S'adressant à des humains, ces épitaphes seraient plutôt irres-
pectueuses. Elles deviennent compréhensibles lorsqu'on sait que
les restes qui reposent sous les pierres sont... des chiens. Ce cimetière est évidemment une des curiosités de la capitale, et cependant
les Anglais eux-mêmes l'ignorent. Il y a là, rangées côte à côte,
environ deux cents tombes où reposent les compagnons adorés de
quelques nobles lords ou de quelques vieilles ladies. Les concessions en sont, paraît-il, gratuites, au moins pendant quelques
années, les pierres et les inscriptions étant seules à la charge des
propriétaires (j'allais dire de la famille)! Les inscriptions partent
évidemment d'un bon naturel. Pour le profane, elles paraissent
plutôt cocasses.

En voici quelques-unes :

A LA MÉMOIRE BIEN-AIMÉE
DE ROBY,
LE CARLIN ADORÉ DE M. X.
MORT LE 20 AOUT 1896,
A L'AGE DE TREIZE MOIS ET DEMI,
SINCÈRE ET DÉVOUÉ JUSQU'A LA MORT !

Pauvre Roby, mort si jeune! Qui dira jamais les causes qui
t'ont ravi à la tendresse de M. X? Tu dois certainement être jaloux

de la belle sépulture de ton voisin Pompéi, auquel on a même consacré une citation de Byron :

> POMPÉI,
> LE CHER FAVORI DE
> MISS FLORENCE SAINT JOHN.
> IN LIFE THE FIRMEST FRIEND,
> THE FIRST TO WELCOME,
> FOREMOST TO DEFEND.

Le nom du propriétaire est ici écrit en grosses lettres; ce qui, à mon avis, est du dernier mauvais goût. Il en est de même de la suivante :

> A LA MÉMOIRE BÉNIE
> DU CHER TRÉSOR
> JOCK,
> UN COOLIE ÉCOSSAIS
> MORT LE 31 AOUT 1895,
> AGÉ DE 15 ANS.
> LE CHIEN LE PLUS INTELLIGENT, DÉVOUÉ, GENTIL,
> TENDRE, AFFECTUEUX, POSSÉDANT LE MEILLEUR
> CARACTÈRE QUI EXISTE JAMAIS. ADORÉ PAR
> SON AMI DÉVOUÉ ET AFFLIGÉ
> SIR H. SETON GORDON, BAR.

Ce qui prouve qu'on peut être baronnet et avoir du cœur tout de même. En passant, adressons un souvenir ému à

> PADDY,
> LE CHIEN CHÉRI DE Mme Z,
> N'EST PAS SORTI DE SA MÉMOIRE.

ainsi que

> A NOTRE REGRETTÉ
> SPOT,
> NOTRE AMI
> TOUJOURS REGRETTÉ

Sans oublier une chienne dont il est dit qu'

ELLE APPORTE UN RAYON DE SOLEIL

DANS NOS EXISTENCES ;

MAIS, HÉLAS ! ELLE L'EMPORTA AVEC ELLE !

Il serait bien curieux de savoir si le rayon de soleil se trouve toujours avec elle dans la tombe.

Souvent les épitaphes sont plus courtes. L'une d'elles est ainsi libellée :

« JACOB ! »

et une autre :

CHÈRE PETITE MINNIKIN !

Je ne sais pourquoi, ces inscriptions laconiques me paraissent plus que les autres un abîme de regrets !

Certains propriétaires ont des concessions à perpétuité, où l'on met les chiens au fur et à mesure de leur mort :

CHER CHIN-CHIN

ET TENDRE CARLO !

(BILLY.)

On remarque plusieurs inscriptions en français, par exemple celle-ci :

CHÈRE MINNIE !

COURAGEUSE, SENSÉE ET DE RARE BEAUTÉ,

AIMANTE ET AIMÉE.

Et cette autre :

A MON CHER WEE

...... MES PENSÉES.

Très fréquemment, il est fait allusion au genre de mort du défunt :

CHER PETIT

PETER

QUI MOURUT SUBITEMENT...

Ce « subitement » et ces points sont tout un poème. Une autre épitaphe dans le même genre est relative à une chatte, la seule qui existe dans le cimetière :

EN SOUVENIR DE MA CHÈRE PETITE

CHATTE CHINCHILLA,

EMPOISONNÉE LE 31 JUILLET !

C'est une chose terrible, même pour une chatte, que de mourir empoisonnée !

Enfin, pour ne pas trop allonger ces citations, reproduisons-en deux, des plus cocasses, que j'ai tenté vainement de comprendre :

TOPSI CHÉRI,

L'AMI LE PLUS SUR ET LE DÉVOUÉ

COMPAGNON DE SA MÈRE.

La mère de qui ?

CHER ET AIMANT

DUKE.

(TIPPY)

SA CHÈRE GRAND'MÈRE !

La grand'mère de quoi ?

Cruelle énigme !

En Angleterre, d'ailleurs, il est fréquent de voir des particuliers élever, dans leurs propriétés, des monuments à la mémoire de leurs chiens.

C'est ainsi que cette année même, on vient d'achever le tombeau monumental que Gladstone avait commandé pour celui qui ne l'avait jamais quitté, un magnifique chien qui répondait au nom de Petz.

En voici l'épitaphe :

PETZ,

NÉ A SCHWALBACH,

MORT A HAWARDEN,

FIDÈLE JUSQU'A LA MORT.

Cette attention n'est-elle pas curieuse de la part d'un homme aussi occupé que l'était le *great old man?*

On sait d'ailleurs que lord Byron fit élever, en l'honneur de son terre-neuve favori *Boatswain,* qui l'avait suivi dans ses voyages, un monument qui est encore l'un des ornements les plus remarquables de Newstead. Sur cette tombe, il fit graver ces vers :

> The poor Dog! in life the firmest friend!
> The first to wellcom, foremore to defend;
> Whose honest heart is still his masters' ówn;
> Who labours, fights, lives, breathes for him alone!

Ces vers sont précédés de l'inscription suivante (en anglais) :

« Près de ce lieu sont déposés les restes d'un être qui posséda la beauté sans orgueil, la force sans insolence, le courage sans férocité; en un mot, toutes les vertus de l'homme sans ses vices. Cet éloge, qui serait une basse flatterie s'il était inscrit sur des cendres humaines, n'est qu'un juste tribut à la mémoire de *Boastwain,* chien qui, né à Terre-Neuve au mois de mai 1803, est mort à Newstead-Abbey le 18 novembre 1808. »

Nombreux sont d'ailleurs les littérateurs qui firent des épitaphes pour leurs chiens.

Ainsi Alexandre Dumas, qui fit inscrire sur la fosse de son chien :

> Comme le grand Rantzau, d'immortelle mémoire,
> Il perdit, mutilé, quoique toujours vainqueur,
> La moitié de son corps dans les champs de la gloire.
> Et Mars ne lui laissa rien d'entier que le cœur!

Pour comprendre cette épitaphe, il faut savoir que le malheureux Pritchard dont il s'agit eut, coup sur coup, trois accidents : pris dans un piège, il y laissa sa patte; un chasseur, furieux de le voir lever du gibier, lui envoya une charge de plomb qui le mutila également; enfin, pour comble de guigne, un vautour lui creva un œil.

M. Richard nous fait connaître que Juste Lipse, le célèbre érudit du XVI⁰ siècle, composa une longue et touchante épitaphe à propos de la mort d'un de ses chiens favoris, Saphir. En voici la traduction libre et quelque peu abrégée :

« Saphir fit les délices de Lipse. C'était un petit chien remarquable entre tous par son intelligence, sa grâce et sa beauté. Il avait

plus de quinze ans quand il fut enlevé par un malheureux accident :
il tomba dans l'eau bouillante! Toi qui lis cette épitaphe, que tu
sois un ami de Lipse ou que tu sois seulement un admirateur de
ce qui est éloquent et gracieux, — et ce petit chien était un trésor
de grâce et d'élégance! — eh bien, si tu ne verses pas de larmes,
répands du moins sur ce sol une poignée de fleurs! »

En Amérique, on vient d'installer un cimetière pour les chiens,
près de *Calvary cemetery*, aux portes de Long-Island City. Les

Plus d'un qui fut aimé par son maître à l'instar d'un parent va pourrir dans quelque coin
isolé et ignoré du jardin.

terrains les mieux exposés, les plus vastes, sont réservés aux chiens
illustres ou appartenant aux grandes familles; pour les bourses
modestes, il y a de petits terrains, mais pas de fosse commune.
La dame à qui est venue l'idée de ce cimetière a déclaré à un
rédacteur du *New-York Herald* qu'elle était « de ceux qui croient
que les chiens, les bons chiens, ont une âme; s'ils ne devaient
point survivre à cette misérable existence, c'est qu'alors le mérite
et la vertu seraient comptés pour rien; car le plus humble caniche
est infiniment meilleur et plus affectueux que quatre-vingt-dix-neuf
pour cent des hommes ». Remarquez que ladite dame fait allusion
aux hommes et pas aux représentants du sexe faible.

On édifie en ce moment, tout près de Paris, dans l'île des Ravageurs, un cimetière pour chiens, qui bientôt sera aussi luxueux que celui de Londres. On y adjoindra un four crématoire, — excellente idée, — et pour que le caractère artiste et sentimental des Français ne perde jamais ses droits, il y aura un musée, véritable Panthéon élevé à la gloire de la gent canine. Ce musée contiendra, en effet, les portraits des chiens ayant opéré des sauvetages ou de ceux qui se seront signalés par leur dévouement, les objets divers les concernant (médailles, colliers d'honneur, etc.), les tableaux consacrés aux actes accomplis par les chiens célèbres et, en général, tout ce qui sera susceptible de développer et d'augmenter chez les humains les sentiments d'affection pour les chiens. A cet effet, il y aura peut-être, dans la salle du musée, des conférences pour les enfants.

Ce cimetière, d'ailleurs, n'est pas, comme on pourrait le croire, sous la dépendance de la Société protectrice des animaux. Celle-ci, à laquelle je m'étais adressé pour avoir des renseignements, a bien voulu me répondre « que le conseil de la société, estimant que la protection s'arrêtait à la mort, a conclu qu'il n'y avait pas à donner suite au projet qui lui était soumis ». Les fondateurs du cimetière pensent qu'il y aura tous les ans deux mille enfouissements de dix à cinquante francs, quatre cent soixante-quinze à cent francs, et vingt-cinq à cinq cents francs; huit cents chiens environ seront enterrés dans la fosse commune *gratis pro Deo*.

Si on excepte la nécropole qui existait à Sceaux il y a quelques années, ce cimetière est une véritable nouveauté. En France, en effet, notre sollicitude pour le meilleur ami de l'homme ne s'étendait qu'à l'animal vivant : nous n'avions que divers hôpitaux pour les chiens et les chats.

Le premier a été fondé par les filles de Claude Bernard, qui voulurent expier ainsi les tortures que leur père avait fait subir aux animaux de laboratoire dans ses recherches de physiologie. A Colombes, elles installèrent, dans ce but, toute une maison dont le haut était réservé aux chats et le bas aux chiens. Pour éviter les scènes dangereuses, mâles et femelles étaient séparés. Aujourd'hui, il y a plusieurs hôpitaux analogues à Paris même. L'un d'eux a été créé, aux Ternes, par Mme la baronne d'Herpent, descendante de Mirabeau et cousine de Gyp. A l'heure actuelle, elle n'a pas sauvé moins de deux mille six cents chiens.

A Londres, il s'est formé aussi une ligue pour la protection des chats abandonnés. Au n° 80 de Park-Road Hampthead, il y a une maison de refuge entretenue par les dons des plus grands noms d'Angleterre, entre autres la duchesse de Sutherland, la duchesse de Bedford, lady Warwick, lady Dudley, lady Munster, etc. On y conduit les chats errants, et on les soigne avec une grande sollicitude.

Ne quittons pas cette question hospitalière sans rappeler que, dans les Indes, il existe des hôpitaux... pour puces. Ce sont les Indous fanatiques qui mettent leur sang au service de ces bestioles que Jules Renard a si bien décrites : « des grains de tabac à ressort. »

Mais revenons à la question des cimetières. Les chats, eux aussi, ont eu le leur. En Égypte, à Bubastis, il y en avait de spécialement réservés aux chats sacrés. Les fouilles que l'on y a faites dans ces derniers temps ont permis de se rendre compte que ces animaux appartenaient à l'espèce *felis maniculatus,* — autrement dit, *chat ganté,* — qui existe encore aujourd'hui à l'état sauvage dans le Soudan et la Nubie. Les uns étaient enroulés seuls dans des bandelettes couvertes d'hiéroglyphes à leur louange; d'autres avaient été embaumés en famille, et une seule enveloppe en contenait plusieurs. A Beni-hassan, près d'un petit temple nommé la Grotte de Diane, on rencontre aussi beaucoup d'hypogées où ont été déposés les chats consacrés à Pacht. Dans la plupart des tombeaux égyptiens, on trouve d'ailleurs presque toujours un ou deux chats embaumés auprès de leur maître. On sait que les Égyptiens adoraient le chat parce qu'ils croyaient qu'Isis, pour éviter la fureur de Typhon et des Géants, s'était dérobée à leurs recherches en prenant la figure du chat. Ils en étaient si convaincus, qu'ils supposaient que le chat faisait autant de petits qu'il y a de jours dans le mois lunaire. Ils admettaient aussi que les portées augmentaient chaque fois de un à vingt-huit, ce qui prouvait bien qu'il y avait une relation entre la lune et le chat. Plutarque raconte cela sans rire et sans même chercher à réfuter une pareille extravagance.

Rappelons aussi le mausolée que Mme de Lesdiguières fit élever à sa chatte *Ménine*.

Le culte des animaux morts ne se manifeste pas seulement par l'inhumation dans la terre. Nombre de personnes font empailler leurs chats, chiens, singes ou oiseaux qui viennent à passer de vie à trépas. D'autres conservent leur squelette. Ce fut le cas du chat de Pétrarque, la seule consolation qui lui resta dans sa retraite d'Argua, quand il eut perdu sa bien-aimée Laure. Ce squelette est religieusement conservé au musée de Padoue.

Enfin, j'ai connu dans un village du littoral, à Saint-Vaast-la-Hougue, un homme qui ne pouvait supporter l'idée d'enterrer les petits oiseaux qui, de son vivant, faisaient sa joie. Lorsque l'un d'eux venait à mourir, il l'enfermait dans une boîte de fer-blanc bien soudée et allait le jeter en pleine mer. Comme il avait de nombreux pensionnaires, il venait souvent nous demander d'aller draguer en mer avec nous pour pouvoir pratiquer sa pieuse opération. Un jour l'un de nous, — un sans cœur évidemment, — lui dit, par manière de plaisanterie, que la boîte avait été ramenée avec la drague. L'amateur d'oiseaux faillit se trouver mal, et sa peine était si poignante, que mon camarade le fumiste en fut tout bouleversé. Laissons dormir ces chers petits oiseaux au fond des mers, et respectons le culte des morts sous quelque forme qu'il se présente !

XLVII

LES ANIMAUX AU THÉATRE

Aimez-vous les animaux? On en met aujourd'hui dans toutes. les pièces.

L'habitude en remonte d'ailleurs assez loin. Louis XIV, pendant sa minorité, s'ennuyait mortellement, — il s'est rattrapé plus tard. — Sa mère, ne sachant comment l'amuser, eut un jour l'idée de faire représenter devant lui *Andromède*, tragédie où la machinerie joue un certain rôle. Le « clou » de la pièce était le fameux cheval *Pégase*, qui, pour s'accorder avec la mythologie, devait évoluer dans l'air avec la grâce d'un oiseau. L'infortuné quadrupède s'acquitta à merveille de son rôle, et ce fut vraiment un spectacle nouveau que de le voir gigoter, les quatre pieds ballants, et exécuter ses mouvements juste au moment voulu. Il est vrai que le directeur de la scène avait trouvé un moyen ingénieux pour exciter la verve, — si l'on peut s'exprimer ainsi, — de l'animal : il l'affamait par un jeûne prolongé, et, au moment où il paraissait sur le théâtre, un machiniste vannait de l'avoine dans la coulisse. Je vous laisse à penser comme le cheval hennissait et se cabrait, à la grande joie des spectateurs qui n'en connaissaient pas la cause. Le succès de Pégase fut très grand, et depuis tous les librettistes ont cherché à introduire des animaux dans leurs pièces, assurés qu'ils sont de plaire ainsi au public, autant les tout petits que les personnes âgées, ces grands enfants.

Pendant longtemps les animaux introduits sur la scène ne furent que des bêtes en quelque sorte banales et, en tout cas, familières,.

comme des chiens, des chats, des ânes, etc. Mais ces mœurs furent bouleversées, vers 1880, par Jules Verne et Dennery avec leur fameuse pièce *le Tour du monde en quatre-vingts jours*. Je me souviens qu'à cette époque, — j'étais jeune alors, — je brûlais d'envie d'y assister, non pour voir des sauvages, ni un train arrêté, ni les fourberies de je ne sais quel traître, ni les aventures fantastisques de Passepartout, toutes choses dont cependant on disait merveille. Non, ce qui me séduisait, — comme tout le monde d'ailleurs, — c'était l'éléphant. Pensez donc, un éléphant « en viande » sur la scène, avait-on idée de ça! J'avais déjà vu beaucoup d'éléphants au Jardin d'acclimatation et au Jardin des plantes, et l'animal en lui-même ne m'intéressait plus. Non, c'était tout simplement de le voir sur la scène avec des acteurs. Et voilà comment on intéresse le public! Le succès de l'éléphant fut d'ailleurs si prodigieux, qu'on le fit assister au souper de centième, au Grand-Hôtel, où il reçut dignement les congratulations de tous ses camarades, dont quelques-uns, gageons-le, étaient jaloux.

Depuis le *Tour du monde*, les animaux exotiques ont été de plus en plus utilisés, et je crois bien que l'on pourrait presque faire tout un cours de zoologie rien qu'en faisant défiler devant les yeux des élèves toutes les bêtes qui ont paru sur la scène.

Et, le succès aidant, on en est venu, tant ce qui touche aux bêtes au théâtre intéresse le public, à donner leurs noms aux pièces elles-mêmes, soit que ces noms se rapportent aux animaux eux-mêmes, soit qu'ils ne s'y rattachent qu'indirectement. Ainsi : *le Crocodile, la Cigale et la Fourmi, le Tigre du Bengale, le Tigre de la rue Tronchet, l'Oiseau bleu, le Renard bleu, le Phoque, le Loup et l'Agneau, l'Oie du Caire, le Lézard, le Dindon, la Tortue, l'Orang-Outang* et *Shakspeare*, qui n'est autre que le nom d'un chien, le clou d'une pièce jouée aux Bouffes.

De tous les animaux employés pour la scène, les plus nombreux sont naturellement les chiens, dont le dressage est facile. Il est rare qu'une pièce qui se respecte en soit dépourvue. Dernièrement on a pu en voir un intéressant représentant *Toby* dans *Robinson Crusoé*. Ce Toby, dont le rôle principal consistait à porter les légumes du pot au feu que doit préparer Vendredi, avait une physionomie très intelligente; on a pu la voir, à un Salon récent, reproduite dans un charmant tableau de Weisser. Il est, de plus, de haute lignée, tous ses ancêtres ayant obtenu des récompenses aux expositions canines; sa grand'mère maternelle, *Comtesse,* a même été célèbre parmi les amateurs de chiens.

Souvent les chiens n'ont aucun rôle à remplir, comme, par exemple, dans cette pièce de Racine où il est dit si crûment « qu'ils ont pissé partout ». Mais souvent aussi ils doivent, — sans être des chiens savants, — avoir un rôle plus actif, comme dans la fameuse meute de la *Jeunesse de Louis XIV.* On se souvient encore d'un beau lévrier appartenant à Gaston Vassy, qui menait l'hallali avec une maestria superbe : aussi était-on plein d'égards pour lui;

il avait sa loge, — pardon, sa niche, — au théâtre, et, chaque soir, on le ramenait en voiture.

Un bon chien acteur peut à lui seul faire réussir toute une pièce. Il acquiert de ce fait une grande valeur : il y a quelques années est mort, en Amérique, un saint-bernard, *Plinlimmon*, qui n'avait pas son pareil pour les mélodrames et que l'on avait payé cent vingt-cinq mille francs, — excusez du peu!

Dans le livre d'or de la gent canine, on doit encore compter la meute infernale des *Mille et une Nuits*, au Châtelet. Des chiens de chasse entièrement libres poursuivaient des danois maquillés en tigres et, très obéissants, ne se jetaient à la curée que sur l'ordre du piqueur, qui, entre parenthèses, était l'ancien piqueur du prince Napoléon.

Parmi les autres chiens applaudis, il faut encore citer *Émile, le chien des Pyrénées,* qui donnait véritablement la réplique aux acteurs. Quand il voulait exprimer sa peine, il poussait des hurlements à fendre l'âme. Il avait aussi une scène assez difficile dont il se tirait fort bien : il se dégageait de son collier pour aller voir son maître prisonnier et venait y repasser sa tête quand le geôlier arrivait.

Célèbres aussi le chien *Caporal*, dans les *Cosaques,* ainsi que la levrette russe des *Danicheff,* le chien de berger de *Panurge* et les lévriers de *Serge Panine.*

N'oublions pas non plus, — quoiqu'ils rentrent plutôt dans les animaux savants, — les chiens qui, il y a deux ou trois ans, simulaient une scène d'incendie dans un music-hall des boulevards. Rien n'y manquait : les manœuvres des pompiers, le sauvetage d'un enfant, la mort du sauveteur, le désespoir de la veuve, l'arrivée des ambulances urbaines, etc.

Les chats sont rarement utilisés : ils ne sont pas nés acteurs et ont un caractère trop indépendant.

Quant aux chevaux, on en voit très souvent, mais seulement comme figurants et ne servant qu'à porter des cavaliers ou à traîner des voitures.

Chaque fois qu'ils le peuvent d'ailleurs, les auteurs dramatiques remplacent les chevaux par des ânes, dont le caractère débonnaire

ne s'effraye pas autant aux sons de la musique. Il est même rare
qu'une opérette soit dépourvue d'ânes : il n'y a rien de tel pour
faire partir les fusées joyeuses du rire. Tous ceux qui ont vu jouer

les *Mousquetaires au couvent* et les *Quatre filles Aymon* doivent
s'en souvenir. Mais, si placide qu'il soit, l'âne retrouve parfois son
naturel têtu et amène alors des mésaventures cruelles, comme
celle-ci, survenue à Molière lui-même et dont nous empruntons
le récit à M. Edmond Le Roy.

« On jouait une pièce titrée *Don Quichotte,* et c'était le mo-

22

ment où le chevalier de la Manche installe Sancho dans son gouvernement. Molière, qui faisait Sancho, attendait, monté sur son
âne et dans la coulisse, le moment de paraître. Or voici que l'âne,
qui sans doute ne savait pas son rôle, s'obstina à vouloir devancer
l'instant de son entrée. On sait combien l'âne est têtu. Molière eut
beau tirer sur le licol et de toutes ses forces, il eut beau appeler
à son secours tous ses camarades :

« — A moi, Baron! à moi, La Thorillière! Ce maudit âne rétif...! »

« Rien n'y fit. Le fidèle La Forêt, en riant de tout son cœur,
tâchait à le fixer en le retenant par la queue; mais l'opiniâtreté
de maître Aliboron, après plusieurs saccades, fut victorieuse de
tous ces efforts. Il partit comme un trait, et, s'élançant sur le
théâtre, il dérangea la scène non encore achevée. Cependant son
maître criait aux spectateurs, tout en caracolant :

« — Pardon, messieurs! Pardon, mesdames! Mais cette mauvaise bête que vous voyez là a voulu entrer malgré moi! »

« Comme la situation était malgré tout du plus haut comique,
le public prit au mieux la chose; mais oncques depuis Molière ne
voulut remonter sur un âne. »

Dans le *Voyage de Suzette,* avec le cirque Blackson, on a pu
voir défiler un grand nombre d'animaux, de même que dans la
Revue jouée, il y a peu de temps, aux Variétés. Mais ce sont là
des tours de force qui coûtent cher, même quand la pièce réussit,
et les directeurs de théâtre préfèrent n'utiliser que trois ou quatre
espèces animales. C'est ainsi que l'on a pu voir des lions et des
ours dans le *Tour du monde,* déjà cité, la *Biche au bois* et les
Bicyclistes en voyage. La *Fermière,* à l'Ambigu, ne pouvait se
passer de poules et de chèvres, et toute la presse a parlé du serpent
vivant que portait Sarah Bernhardt dans *Cléopâtre.* Dans *Robinson
Crusoé,* outre le chien Toby, on peut voir une gentille petite chèvre,
Blanchette, qui rappelle celle du *Pardon de Ploërmel,* et un perroquet qui, à l'origine, devait répondre à Robinson et à Vendredi, mais qui, s'embrouillant d'une manière lamentable dans
ses réponses, dut se contenter d'un rôle muet et être remplacé par
un comparse qui parla pour lui dans la coulisse. On y voit aussi un
singe qui rappelle un peu celui de *Manette Salomon,* singe qui,

dans les mains de Galipaux, devint rapidement célèbre. Mais en général on se méfie des singes, qui ne pensent qu'à faire des farces et qui d'ailleurs, dans les courants d'air, s'enrhument trop facilement.

Quant à l'éléphant, si on ne l'emploie pas plus souvent, c'est qu'il coûte fort cher et se trouve difficilement logeable et maniable. Car avec lui le succès est sûr, et, à ce propos, je m'en voudrais de ne pas reproduire l'anecdote suivante, racontée par Sarcey.

« C'était au Châtelet ou à la Gaîté. Il y avait dans un drame à grand spectacle un éléphant qui faisait sa partie dans un ballet, se remuant en cadence et balançant sa trompe. On l'avait fort ap-plaudi, et je ne jurerais pas que l'étoile de la danse n'eût conçu quelque dépit de ce succès. Le rideau baissa, et, aux acclamations du public, il se releva presque immédiatement. Ces dames étaient là, se tenant par la main et faisant force révé-rences. L'éléphant, qui occupait le devant de la scène, juste au-dessus du trou du souffleur, n'avait pas bougé. Il nous regardait de son petit œil malicieux, sur lequel se plissait sa paupière. Il avait positivement l'air de nous dire :

« — Tas d'idiots, je vous en ménage une bien bonne ! Attendez voir ! »

« Il se retourne, et tout à coup un cri d'effroi jaillit du trou du souffleur, où s'engouffrait un torrent. Les musiciens se sauvent effarés, emportant leurs partitions et leurs instruments qui ruis-sellent. C'est un fou rire dans toute la salle. L'énorme bête, une fois sa manifestation achevée, évolue sur elle-même, nous salue de sa trompe et se retire impassible. Ce sont là, je l'avoue, de rares bonnes fortunes. »

Pour terminer, citons encore, parmi les animaux ayant figuré au théâtre, les souris de l'*Homme au masque de fer,* qui un jour grignotèrent, — pour de vrai, comme disent les enfants, — un billet de mille à un acteur; les cygnes et les canards de la *Chatte blanche,* les moutons de *Panurge,* le zèbre sur lequel arrive la *Belle Hélène,* la marmotte de la *Grâce de Dieu,* les chameaux du *Grand Mogol,* les colombes de *Latude,* et enfin les ramiers de *Miss Robinson,* qui venaient se poser sur Simon-Girard au son d'une musique si délicieuse :

> Jolis ramiers,
> M'écoutez-vous ?
> C'est pour vous que je chante...

XLVIII

LES ANIMAUX QUI N'ONT PAS DEUX YEUX

Le chat a deux yeux, le chien a deux yeux; le poisson rouge, le lézard, le serpent, la grenouille, ont deux yeux. L'homme qui a l'occasion de les observer souvent a lui-même deux yeux, de sorte qu'il s'imagine que tous les animaux de la création ont toujours deux organes visuels. Je vais certainement étonner beaucoup de personnes en disant qu'il y a de nombreux animaux qui possèdent plus de deux yeux, et que même ces animaux pullulent autour de nous. Je n'en veux pour exemple que les araignées, ces bêtes si répugnantes par leur aspect, mais si intéressantes par leurs mœurs. Tâchez de surmonter un peu votre dégoût, saisissez-en une délicatement entre le pouce et l'index, ou encore avec une simple petite pince, et examinez le dessus de sa tête. Vous y verrez huit petits points brillants, luisants, que vous reconnaîtrez tout de suite pour des yeux. Un naturaliste qui veut savoir le nom d'une araignée ne manque pas d'examiner ces derniers. Leur disposition est, en effet, caractéristique pour chaque espèce : épars chez les espèces errantes, ils sont disposés, au contraire, en groupe compact chez celles qui habitent dans des trous, d'où ils épient leur proie.

On s'imagine qu'avec autant d'appareils visuels les araignées doivent voir dans la perfection. On l'a cru pendant longtemps; mais les expériences de M. Plateau ont montré qu'en réalité elles voyaient fort mal. Ses observations ont porté surtout sur une araignée sauteuse, l'*epiblemum*. A la distance de dix, douze et même vingt centimètres, son attention put être attirée par une mouche

que l'on déplaçait devant elle; mais ce n'est qu'à deux centimètres
que l'epiblemum distinguait assez nettement sa proie pour sauter
dessus. M. Plateau a vu souvent une araignée passer à quatre ou
cinq centimètres d'une mouche immobile sans la voir, et suivre
à la même distance, et sans reconnaître son erreur, une boulette
de cire noire que l'on traînait devant elle à l'extrémité d'un fil; ce
n'est qu'à un centimètre et demi qu'elle s'apercevait être dupe
d'une illusion. En somme, l'epiblemum est très myope. Placée sur
un miroir, elle poursuit sa propre image!

Sur les tégénaires, araignées qui construisent de grandes toiles,
les résultats ont été les mêmes. En promenant à la surface de la
toile un grossier simulacre de mouche, formé par des débris de
plumes fixés à l'extrémité d'un fil, on voit l'animal sortir de sa
retraite, saisir la proie et la percer de ses crochets. La méprise est
si complète, qu'en continuant à imprimer de légers mouvements
à la mouche artificielle, l'araignée recule pour s'élancer de nouveau
et répéter ses morsures, jusqu'à ce qu'un mouvement trop brusque
lui montre son erreur et la fasse retourner au fond de sa retraite.

D'expériences analogues faites sur d'autres espèces, M. Plateau conclut que les araignées en général ne perçoivent à distance
que le déplacement de corps volumineux. Les araignées chasseuses
sont probablement les seules qui voient les mouvements des petits
objets. Elles perçoivent ces mouvements à une distance qui
oscille entre deux et vingt centimètres. La distance à laquelle la
proie est vue assez bien pour que la capture en soit tentée n'est
que de un à deux centimètres, et même à cette faible distance la
vision n'est pas nette, puisque les araignées chasseuses commettent
de nombreuses erreurs.

Quant aux araignées qui tendent des toiles, elles ont une vue
détestable à toutes les distances. Elles ne constatent la présence et
la direction de la proie qu'aux vibrations de leur filet, et cherchent
à prendre de petits objets tout autres que des insectes, dès que la
présence de ces objets détermine dans le réseau des secousses
analogues à celles que produiraient les mouvements de mouches
ou autres bestioles ailées.

Le toucher des araignées confectionneuses de toiles est, en

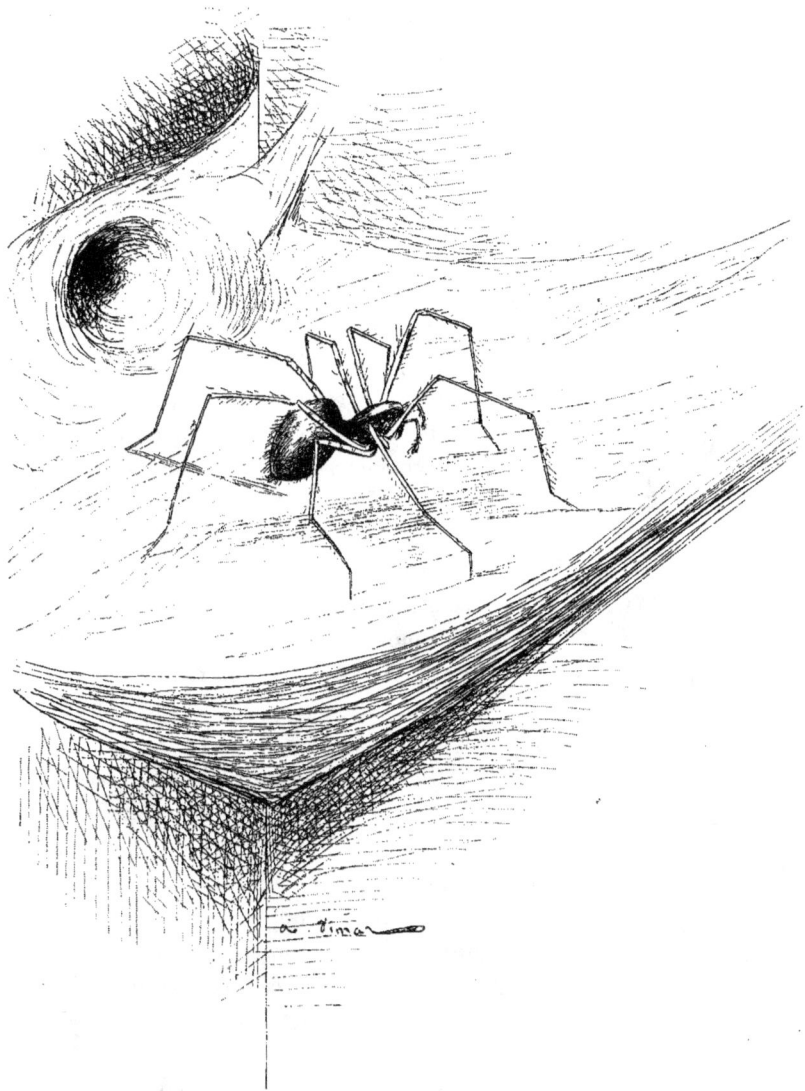

Le toucher des araignées confectionneuses de toiles est si délicat, qu'il leur tient lieu d'organes visuels.

effet, si délicat, qu'il leur tient véritablement lieu d'organes visuels, ainsi qu'en témoignent les observations de M. Forel, que nous allons rapporter.

Qu'on s'amuse à nourrir des araignées en jetant divers insectes dans leurs filets; qu'on les observe lorsqu'elles filent leurs toiles ou lorsqu'elles passent d'un arbre à l'autre, en se laissant d'abord suspendre à un fil (elles se laissent tomber en filant), puis en lançant par leurs autres glandes à soie une boucle de fil que le zéphir promène doucement dans l'espace, tandis qu'elles continuent à la filer. Cette boucle peut s'étendre à plusieurs mètres, malgré sa finesse extrême. L'araignée demeure immobile, les pattes étendues, suspendue en l'air par un fil et filant sa boucle à côté. Tout à coup, sans que nous voyions rien, elle se contracte, attrape la base de sa boucle avec ses pattes, et se met à la retirer rapidement à elle par leur mouvement alternatif. C'est qu'elle vient de sentir que l'extrémité de cette bouche a touché quelque chose à plusieurs mètres de distance. Ce quelque chose est le rameau d'un autre arbre, auquel la boucle s'est prise. Tandis que l'araignée enroule la base de la boucle avec ses pattes, la boucle se raccourcit peu à peu, se tend, devient un fil fixé au rameau de l'autre arbre, et notre acrobate a bientôt passé ainsi d'un arbre à l'autre à travers l'air.

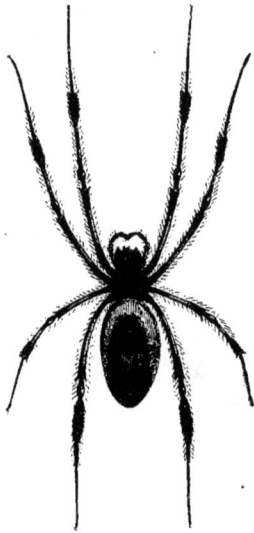

Épéire noire de la Réunion
réduite d'un tiers.

Qu'on jette des insectes très divers dans les toiles des araignées, et l'on verra bientôt qu'à leur choc, à la tension plus ou moins forte des fils elles distinguent sans les voir s'ils sont gros ou petits, lourds ou légers, et qu'elles perçoivent tous leurs mouvements. Il a même paru à M. Forel qu'elles distinguent les hyménoptères des diptères; car, tandis qu'elles sont très circonspectes avec les premiers, elles se jettent sur les seconds sans la moindre retenue

ni la moindre prudence. Or, sous le même volume, les hyménoptères sont plus lourds que les diptères, et leurs mouvements, tant
des ailes que du corps, sont tout différents.

Dès que l'araignée sent la moindre secousse imprévue de la
toile, elle tressaille. Les unes (épéire) saisissent alors fortement
leur toile, la secouent même souvent; on voit qu'elles guettent ou
veulent provoquer les secousses produites par la prise. Ce sont
toujours les mouvements de l'insecte qui s'est pris qui la guident.
C'est à chacun d'eux qu'elle s'avance et reconnaît dans quelle
direction se trouve sa proie. D'autres araignées, celles des angles
des murs, par exemple, ne secouent pas leur toile, mais se contentent de se guider par les mouvements de l'insecte qui se débat.
Tant que celui-ci demeure tranquille, l'araignée attend en général
et ne bouge pas. Lorsque l'ébranlement est trop fort, produit par
un être trop gros, les araignées se sauvent ou restent coites, ou
bien elles vont couper leurs fils pour faire tomber cet animal dangereux. M. Forel les a vus faire cela aussi pour les petits insectes;
ainsi pour les fourmis, dont beaucoup d'araignées ont très peur,
dès qu'elles les ont reconnues à leurs mouvements. Mais même
lorsqu'un très petit insecte dur, ainsi qu'un petit charançon, vient
se prendre aux fils de quelque grosse araignée, celle-ci ne l'ignore
pas toujours. Elle va parfois vers lui, le détache de la toile et le
jette.

Les scorpions, que l'on peut considérer comme les cousins
germains des araignées, ne sont pas moins pourvus qu'elles sous
le rapport du nombre des yeux, puisqu'ils en possèdent deux rapprochés sur la ligne médiane, et un groupe de deux à cinq sur le
bord de la tête; mais ils sont tout aussi mal lotis sous le rapport
de la vision. Les mouches peuvent circuler à trois centimètres
d'eux sans être inquiétées. Il faut mettre une mouche entre les
pinces d'un scorpion pour qu'il se doute de son existence et la
saisisse. S'il la laisse échapper, le scorpion se met en marche
dans une direction quelconque, les pinces étendues et se heurtant
à tous les obstacles. On ne peut s'empêcher de rire de ce lourdeau
myope, qui veut courir après une bestiole aussi agile qu'une mouche.
En le mettant dans le labyrinthe de Plateau, on le voit se cogner

à tous les obstacles. Ce labyrinthe se compose d'une surface horizontale de teinte neutre, sur laquelle sont fixés des obstacles verticaux, formés de lames rectangulaires de carton, blanches, brunes ou noires. Ces lames sont disposées sous forme d'enceintes concentriques, elliptiques ou polygonales, et les obstacles d'une enceinte alternent avec ceux de l'enceinte qui précède et qui suit. Mis dans

Scorpion funeste d'Algérie.

ce labyrinthe, le scorpion s'y dirige comme un aveugle, et n'en sortirait peut-être jamais s'il n'était aidé par ses pinces, à l'aide desquelles il se rend compte jusqu'à un certain point des obstacles, ce qui lui permet de les contourner. La distance de la vision distincte ne dépasse pas chez eux un centimètre pour les yeux médiaux, et deux centimètres et demi pour les yeux latéraux.

Des yeux multiples se rencontrent chez beaucoup d'insectes. Ainsi, chez l'abeille, on voit deux très gros yeux latéraux, et sur la ligne médiane en avant trois autres petits yeux. Les premiers sont ornés à la surface d'une mosaïque très régulière : c'est ce qu'on appelle des *yeux composés*, tandis que les autres, les petits, sont des *yeux simples,* ou *ocelles.* Pourquoi ces deux sortes d'yeux? Il semble résulter des expériences de nombreux naturalistes que, lorsqu'ils coexistent, les yeux composés servent à la vision, tandis que les ocelles ne servent absolument en rien. M. Plateau a, en effet, montré que les insectes diurnes ailés que l'on aveugle en enduisant la totalité des yeux de couleur noire, puis qu'on lâche à l'air libre, s'élèvent verticalement vers le ciel à une grande hauteur. Lorsqu'on supprime l'usage des yeux composés, en respectant les ocelles frontaux, les in-

Scorpion flavicaude d'Europe.

sectes se comportent abso- lument comme si ces ocelles avaient été supprimés en même temps: c'est-à-dire que, lâchés en plein air, ils s'élè- vent aussi verticalement, et que, volant dans une chambre éclairée par des fenêtres si- tuées d'un même côté, ils offrent encore une fois les particula- rités propres aux individus dont tous les yeux ont été recouverts ou incisés. Si l'on supprime l'usage des ocelles frontaux seuls, en laissant les yeux composés intacts, les insectes diurnes ailés semblent ne pas s'apercevoir qu'on les a privés de certains organes essentiels, et paraissent se comporter entièrement comme des indi- vidus normaux.

M. Forel a émis sur le rôle des ocelles une hypothèse assez séduisante. D'après lui, ils auraient pour fonction de percevoir la lumière dans des milieux relativement obscurs, et de permettre la vue des mouvements rapprochés. Et, en effet, on remarque que les insectes qui possèdent des ocelles sont ceux qui vivent, au moins momentanément, dans la demi-obscurité des nids. C'est à l'expéri- mentateur à nous renseigner.

Il est curieux de constater que les crustacés, dont l'organisa- tion est si voisine de celle des insectes, possèdent presque tous deux yeux, et jamais plus de deux yeux. Il n'y a guère que deux exceptions à signaler, mais il est vrai qu'elles sont fort curieuses :

elles sont relatives aux genres *euphausia* et *thysanopoda*, qui
habitent les grands fonds marins. Ils possèdent sur le corps des
points brillants qui sont en même temps des organes lumineux et
des yeux. Chez les premiers, il y en a deux derrière les yeux ordinaires, quatre sur la carapace et quatre sur la ligne médiane des
quatre premiers anneaux de l'abdomen. La position des huit yeux
du thysanopoda est encore plus singulière : on en compte quatre
sur les hanches de la deuxième et de la septième paire de pattes,
et quatre placés sur la ligne médiane, entre les pattes natatoires.

Les animaux dont nous avons parlé jusqu'ici sont les seuls sur
lesquels nous ayons des notions physiologiques. En somme, on

Abeille mâle ou faux bourdon.   Abeille femelle.   Abeille ouvrière.

voit que tous ceux qui possèdent beaucoup d'yeux perçoivent très
mal la forme des objets, et que jusqu'à un certain point la multi-
plicité des yeux pourrait être, — chose paradoxale, — considérée
comme l'indice d'une mauvaise vue. Cette notion est confirmée
par la manière dont se comportent dans la nature les autres animaux à yeux multiples, dont il nous reste maintenant à parler.

Chez les méduses, on rencontre fréquemment, sur le bord de
l' « ombrelle », des organes brillants plus ou moins bien colorés.
Si l'on étudie la structure de ces points, on y trouve du pigment
et un cristallin, ce qui fait supposer que ce sont des yeux. Les
méduses qui les possèdent ne doivent pas cependant en retirer un
grand profit; car je ne sache pas que l'on ait signalé chez elle des
sensations visuelles très nettes.

A l'extrémité de chacun des cinq bras des étoiles de mer ordinaires, on remarque une petite tache rouge orangé, que tous les
anatomistes considèrent comme un œil. Malgré ses cinq yeux,
l'étoile de mer voit fort mal. C'est surtout par son odorat et son
toucher qu'elle se dirige.

Une série de petits yeux noirâtres, semblables à des ponctuations, se montrent aussi sur la tête de nombreux vers, notamment les némertes et les annélides errantes. Chez les annélides
ordinaires, c'est-à-dire habitant un tube, les yeux ne sont pas
placés en général sur la tête, mais occupent une position plus ou
moins extraordinaire. C'est ainsi que les protules en portent sur

Méduse aux beaux cheveux d'or.

la collerette qui dépasse l'orifice du tube ; et, chez les *fabricia,* il
y a des yeux placés tout à fait à la partie postérieure du corps. On
a l'explication de cette position singulière dans ce fait, que les
fabricia n'habitent leurs tubes que temporairement et se déplacent
à reculons, en traînant derrière eux leur panache de branchies.

Chez les mollusques, des faits aussi singuliers se rencontrent,
quoique moins fréquemment. Le cas à la fois le plus joli et le plus
facile à vérifier est celui des coquilles Saint-Jacques, dont on fait
un plat si délicieux. En examinant par la coquille entre-bâillée le

bord du corps de l'animal, on y voit une multitude de petits yeux brillants, chatoyants, comme des yeux de chats; on dirait des émeraudes et des saphirs enchâssés dans le corps du mollusque. Non moins extraordinaire est la position des yeux chez les *chitons,* dont le corps est recouvert, de la tête à la partie postérieure, par une série de plaques calcaires imbriquées les unes sur les autres. Ces plaques se montrent, à la loupe, percées d'une multitude de petits trous, dont chacun est occupé par un œil.

D'autres animaux, au lieu d'avoir plus de deux yeux, n'en ont

Actinie aleynoïde.

qu'un seul; mais c'est là un cas très rare. Je n'en connais guère d'exemple que chez les *rotifères,* où l'on remarque à la partie supérieure de la tête une tache noirâtre en forme d'X. Il paraît en être de même chez les *cyclopes,* crustacés qui doivent précisément leur nom à cette particularité. Mais, si l'on examine à la loupe l'œil unique, on voit qu'il est en réalité composé de deux yeux latéraux très rapprochés et fusionnés entre eux.

D'autres animaux enfin n'ont pas d'yeux du tout; ceux-là sont légion. C'est dans cette catégorie notamment que se rangent tous les parasites internes des animaux et des plantes; par exemple, les vers solitaires et les autres vers intestinaux. C'est là aussi que

prennent place les animaux des cavernes, dont la plupart n'ont pas
d'yeux du tout, ou n'en ont que de très rudimentaires. A citer
notamment le *protée,* sorte de grand lézard aquatique, qui vit
dans les grottes de la Carniole, où d'ailleurs il devient des plus
rares par suite de la chasse acharnée que lui font les collectionneurs. A citer aussi un grand nombre d'insectes cavernicoles, dont

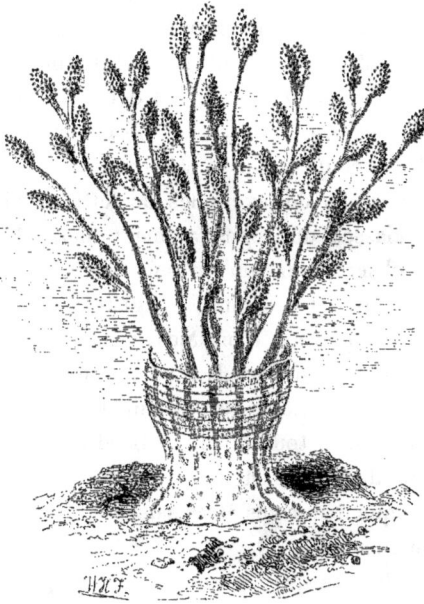

Actinie arborescente.

les appendices, pattes, antennes et palpes, prennent des dimensions démesurées pour leur permettre de toucher plus facilement
les corps environnants. Beaucoup, la plupart même, des animaux des grands fonds marins, — endroits où, on le sait, la
lumière ne pénètre pas, — ne possèdent pas trace d'organes visuels.
Enfin on rencontre beaucoup d'animaux aveugles parmi ceux qui
vivent sur la terre ou dans l'eau dans des conditions qui n'ont rien
d'anormal; il suffira de citer les oursins, les holothuries, les vers
de terre, les huîtres, de nombreuses larves d'insectes, etc.

Mais il ne faudrait pas croire que tous les animaux dépourvus d'yeux sont aveugles, et c'est là une des notions les plus curieuses de la physiologie générale. Les premières observations de ce genre ont été faites par Tremblay sur les hydres d'eau douce, qui, quoique n'ayant pas trace d'yeux, sont manifestement sensibles à la lumière. Tremblay en plaça plusieurs dans un manchon opaque, sur le côté duquel il pratiqua une petite ouverture. Il vit alors que les hydres se disposaient le long de la ligne tracée par la lumière qui passait par le chevron. Ces sensations visuelles sans yeux, naturellement vagues, ont été mentionnées chez divers autres animaux, et rassemblées sous la dénomination de « sensations dermatoptiques », c'est-à-dire « sensasions visuelles perçues par la peau ». Voici ce qu'en dit M. Jourdan :

« On peut emprunter des exemples de cette sensibilité spéciale aux différentes classes du règne animal ; mais M. G. Pouchet est le premier observateur qui se soit livré à des recherches attentives sur ce sujet. Ce savant biologiste a démontré que les larves de mouches privées d'organes visuels étaient sensibles à l'action des rayons lumineux. Il a vu que lorsqu'on plaçait sur une table, devant une fenêtre, un certain nombre de ces larves, on les voyait se diriger toutes vers le bord de la table qui était tourné vers le fond de l'appartement, et fuir ainsi la lumière. Ces mouvements indiquent que ces êtres saisissent bien les différences d'intensité lumineuse. »

Depuis, l'étude des perceptions visuelles par les animaux aveugles a été reprise par plusieurs observateurs, parmi lesquels je citerai P. Bert, Graber et Plateau. Le dernier de ces auteurs a résumé, en tête d'un récent mémoire, les principales observations ayant un intérêt pour l'étude de cette question. Des remarques analogues à celles de Tremblay ont pu être faites sur quelques cœlentères. C'est ainsi que, sur les vérétilles et sur plusieurs zoanthaires, différents naturalistes ont observé des faits qui témoignent que ces êtres sont sensibles à la lumière. J'ai vu moi-même, sur des actinies du genre *paractis,* des manifestations évidentes de cette sensibilité spéciale. Les orties de mer restent fermées aussi longtemps qu'on les expose à une lumière trop vive ;

elles ne s'épanouissent que lorsqu'on les met à l'abri des rayons lumineux.

Parmi les annélides, les vers de terre ont fait l'objet de quelques études intéressantes. Graber s'est particulièrement occupé de ce sujet. Il a démontré que les lombrics sont affectés par les rayons lumineux, et il a fait voir en même temps que cette sensibilité n'était pas localisée, comme on l'avait cru, dans les premiers anneaux du corps, mais qu'elle existait sur toute la surface, et qu'elle permettait à ces animaux la perception de faibles différences d'éclairage.

Les expériences de Plateau ont porté sur des myriapodes aveugles, tels que ceux du genre *cryptops,* et sur des Lithobies possédant des appareils visuels. Cet auteur s'est toujours appliqué à éliminer diverses influences capables de fausser ses résultats. Les causes d'erreurs peuvent provenir d'une température plus élevée dans la région fortement éclairée, ou bien de certaines particularités dépendant du mode d'existence de ces arthropodes. Ces êtres ont une grande tendance à s'enfoncer dans les moindres fissures; de telle sorte que, si l'on place plusieurs lames de verre au fond d'un cristallisoir renfermant des *cryptops,* on voit ces petits animaux, qui courent d'abord dans toutes les directions, s'insinuer au-dessous de ces corps transparents et ne rester tranquilles que lorsqu'ils s'y sont logés en totalité ou en partie. Une autre cause d'erreur peut dépendre du besoin d'humidité très développé chez les arthropodes, et qui fait qu'il suffit de placer au fond d'une boîte un fragment de papier humide pour voir ces petits êtres s'y appliquer.

En ayant soin de se mettre à l'abri de ces influences et en variant ses méthodes d'observation, dans le détail desquelles nous ne croyons pas devoir entrer, Plateau a vu que les myriapodes aveugles, aussi bien que ceux possédant des yeux, s'arrêtent de préférence dans les régions obscures. Il en conclut que les myriapodes aveugles perçoivent la lumière du jour, et savent choisir entre la lumière et l'obscurité.

Cet observateur a remarqué de plus qu'il faut un temps assez long pour que ces animaux s'aperçoivent qu'ils ont passé d'une obscurité relative ou complète à la lumière, et que la durée de la période latente n'est pas plus grande chez les myriapodes aveugles que chez les myriapodes munis d'yeux.

Il résulte de cette lenteur de perception que les myriapodes aveugles, quoique sensibles à la lumière, peuvent traverser des sombres espaces, mais de peu d'étendue, sans s'en apercevoir, et ne savent plus les retrouver lorsqu'ils en ont dépassé les limites.

Les sensations dermatoptiques ont été étudiées récemment avec beaucoup de soin chez la *pholade*. Ce curieux mollusque de nos côtes vit dans la vase ou les trous qu'il creuse lui-même dans les rochers. Son corps est enveloppé d'une double coquille, mais peut s'étendre bien au delà, en un long tube auquel on a donné le nom de *siphon*, et par lequel l'eau entre et sort pour servir à la respiration.

Quand on arrache une pholade de sa demeure et qu'on la met dans une cuvette avec de l'eau de mer, on voit le siphon s'étaler et prendre des dimensions démesurées. Si alors avec la main on intercepte brusquement les rayons lumineux qui l'éclairent, on voit le siphon se rétracter brusquement. Un nuage de fumée qui passe, une allumette qui éclate dans l'obscurité, suffisent à produire le même phénomène. On pourrait croire, d'après ces expériences, que le mollusque est pourvu d'yeux, et que c'est par eux qu'il perçoit la lumière. En réalité, il n'en est rien : le siphon est absolument dépourvu d'organes visuels; c'est par sa peau seule qu'il voit.

Il est facile de démontrer que dans un rayon lumineux c'est la lumière seule qui agit sur le siphon, et non la chaleur. En effet, en approchant de l'animal un ballon rempli d'eau bouillante, mais noirci à sa surface, il n'y a aucune contraction.

Pour étudier le phénomène plus à fond, on adapte à l'animal un appareil inscripteur, grâce auquel il peut écrire lui-même ses propres impressions. A cet effet, on fixe la pholade sur une planchette, et on l'immerge dans une cuvette remplie d'eau de mer. On réunit l'extrémité libre du siphon au stylet d'un appareil inscripteur. On enferme la cuvette dans une chambre noire pourvue d'une fenêtre. Celle-ci est construite de telle sorte qu'au moment où on l'ouvre, un signal et un métronome se mettent à inscrire leur mouvement sur le cylindre noirci. En ouvrant cette fenêtre brusquement, le siphon se trouve éclairé, et en se contractant il inscrit son déplacement sur le cylindre. On peut aussi agir simplement sur le siphon détaché du corps de l'animal.

Pour comprendre les contractions en question, il faut savoir que dans les siphons existe une couche de fibres musculaires longitudinales placées sous la peau, et, au-dessous, de grands

1. Iule terrestre.   2. Scolopendre insigne.

faisceaux musculaires. L'appareil récepteur de la lumière est la peau, qui est très noire et très pigmentée. Pour M. R. Dubois, lorsque la lumière exerce son action sur les éléments épithéliaux pigmentés, elle y détermine des modifications qui ont pour effet de provoquer la contraction des fibres musculaires avec lesquelles elles se continuent. Les éléments nerveux sont ébranlés. Cet élément nerveux est communiqué aux ganglions ; de ceux-ci part l'excitation réflexe qui met en mouvement les grands muscles longitudinaux.

Voici deux expériences, puisées entre beaucoup d'autres, à l'appui de cette hypothèse. Avec un éclairage de deux secondes, fourni par une lampe de dix bougies, placée à soixante centimètres de l'obturateur, on obtient une courbe montrant que le raccourcissement du siphon isolé est le résultat d'une contraction unique, régulière, lente, progressive. Elle est bien manifestement produite par la contraction du système avertisseur. Au contraire, en excitant le siphon énergiquement, on obtient deux contractions successives : l'une produite par le système avertisseur, l'autre par les muscles internes.

Avec une lampe de dix bougies, placée à trente centimètres, la durée minimum de clarté sensible n'excède pas un centième de seconde. L'animal peut apprécier la durée de l'éclairage. Avec un écart de un centième de seconde, on obtient une différence dans l'amplitude de la contraction. Il apprécie aussi nettement les couleurs, car le siphon se contracte différemment, suivant la nature du rayon lumineux qui l'excite.

Nous en avons fini avec l'étude des animaux sans yeux; mais, avant de terminer, il nous faut revenir un peu en arrière, sur les animaux à yeux multiples. Parmi ces derniers, il paraîtrait qu'il faut y placer... l'homme, que l'on ne s'attendait certainement pas à voir citer dans cette étude. Nous aurions, en effet, trois yeux. Voici comment on a été amené à faire cette constatation. Chez la plupart des lézards, l'*hatteria punctata* notamment, on remarque sur la tête, entre les deux yeux, un point rond, brillant, enchâssé en quelque sorte dans une écaille. En étudiant l'anatomie de cet organe, on voit que c'est un œil, avec sa rétine et son cristallin. Mais comme il est recouvert en partie par la peau, on pense qu'il ne sert à rien; ce serait donc un organe ancestral, et cette hypothèse semble assez légitime si l'on remarque que chez les lézards fossiles on trouve, à la place de ce troisième œil, un large trou percé dans le crâne. Il est plus que probable que ce trou était occupé par un œil de même largeur, et que cet œil servait à la vision. Or cet œil impair des vertébrés est formé par une partie du cerveau connue sous le nom de *glande pinéale*. Cette glande se retrouve chez l'homme. C'est une petite masse arrondie, logée entre les

deux hémisphères. Son anatomie et sa physiologie montrent, à n'en
pas douter, que chez nous aussi c'est un organe ne jouant aucun
rôle. Mais, par comparaison avec la glande pinéale des autres vertébrés et de l'*hatteria* en particulier, on arrive à cette conclusion
que notre glande pinéale est aussi un troisième œil impair, mais
complètement atrophié. Et voilà comment nous avons trois yeux
sans nous en douter.

XLIX

LES MANGEURS DE TÉLÉGRAPHES

Les lignes télégraphiques, — quoique formées en apparence de matériaux peu digestifs, — sont en butte à une multitude d'ennemis qui y cherchent, les uns abri et nourriture, les autres un simple support pour soutenir leurs habitations ou contenir leurs provisions. Tous, à un degré quelconque, les détériorent plus ou moins, et c'est à un véritable travail de Pénélope que l'homme doit se livrer pour maintenir l'intégrité de cette vaste toile métallique qui couvre le monde entier pour le plus grand bien de l'humanité.

Parmi ces animaux « télégraphophiles », l'un des plus curieux est certainement le *melanerpes formicivorus,* qui exploite à fond les poteaux télégraphiques de la Californie et du Mexique. Comme aspect, ce melanerpes rappelle beaucoup notre pivert, avec un peu plus de couleurs bariolées, comme il convient à un oiseau des pays chauds. Il y a quelques années, il se contentait d'établir sa demeure dans les troncs d'arbres; mais, depuis qu'on a installé ces grands cierges chargés de fils de fer, il a été séduit par eux et les recherche avidement. Il les exploite d'ailleurs longuement et les creuse si bien, qu'il arrive un beau jour où la plus faible brise suffit à les briser. Le melanerpes, en effet, ne creuse pas moins de trois sortes de cavités dans ces infortunés poteaux. C'est d'abord un trou où le mâle fait le guet au moyen de petites ouvertures percées dans diverses directions et dont la porte d'entrée a de sept à huit centimètres de diamètre. Au-dessous, à soixante centimètres d'intervalle, on rencontre un autre trou, celui-là plus vaste, où s'installe la femelle avec sa progéniture. Enfin, tout en haut du poteau, le bois est littéralement criblé comme une écumoire de trous de dimensions variables, s'évasant vers l'intérieur et creusés en lignes verticales ou obliques. Ce sont là des magasins où l'oiseau accumule différents grains et notamment des glands. On a vu des poteaux attaqués qui ne portaient pas moins de sept cents de ces magasins, dont l'orifice mesure deux à trois centimètres et dont l'intérieur est plus haut que large.

Un fait curieux sur lequel il faut appeler l'attention, c'est que, pendant la belle saison, les melanerpes ne se nourrissent que d'insectes. Ce n'est qu'en hiver qu'ils mangent des graines, et alors leurs greniers d'abondance leur sont d'une grande utilité. Leur régime alimentaire varie donc d'une saison à l'autre. On a remarqué que lorsque les melanerpes sont très occupés à amasser des glands, on peut prédire de la neige dans un temps prochain. Kelly, qui rapporte ce fait, ajoute que, tant qu'il n'a pas neigé, ils ne touchent pas à leurs provisions, ils ne le font que quand le sol est couvert de neige; ils mangent alors les glands qu'ils ont amassés, en se contentant d'en ouvrir l'écorce sans les retirer du trou où ils les ont enfoncés. Ces glands sont parfaitement sains et ne renferment pas trace de larves parasites, comme on le croyait autrefois. Ces oiseaux sont des délicats.

En Norvège, les pics se laissent tromper d'une singulière façon par les télégraphes. On sait que ces oiseaux ont l'habitude de courir à la surface des troncs d'arbres, et quand ils entendent un bruissement interne, ils en concluent qu'il y a un insecte caché à l'intérieur. Ils frappent alors l'arbre de leur bec, soit pour le creuser, soit pour faire sortir ledit insecte. Or il arrive que l'on voit très souvent les pics se promener sur les poteaux télégraphiques et les frapper avec rage de leur bec, si bien que la surface finit par en être toute déchiquetée. La raison? C'est que les fils télégraphiques, agités par le vent, produisent un son qui se communique au poteau; les oiseaux prennent ces grincements pour les sons produits par des larves internes. Les pics sont si bien convaincus de l'existence de celles-ci, qu'ils creusent des trous dans le bois de sept à huit centimètres; ils paraissent fort étonnés de ne rien trouver à l'intérieur.

Il n'est pas jusqu'aux ours qui ne se laissent prendre aux
frémissements des poteaux et ne s'imaginent qu'ils renferment
des ruches d'abeilles. Aussi ne se font-ils aucun scrupule de les
affouiller à la base et de les renverser pour s'emparer de ce miel
hypothétique.

Un autre oiseau de la même famille que le pic, le *woodpecker*
des Américains, ravage et utilise en même temps les poteaux télégraphiques, dont, à l'instar des melanerpes, il fait un garde-manger, de même d'ailleurs que de tout autre poteau ou tronc d'arbre.
Le woodpecker est un laborieux qui, à l'imitation de la fourmi du
bon La Fontaine, accumule pendant la belle saison des provisions
pour l'hiver. D'ordinaire, il établit son garde-manger dans le tronc
de quelque gros pin. L'oiseau, employant à merveille son bec solide
et pointu, commence par forer dans le bois un trou de bonne
dimension. Il a son projet. Le trou terminé, il s'envole et revient
bientôt portant une espèce de patelle dont il fait sa nourriture habituelle. Il la dépose à l'entrée de la petite cavité et la martèle, la
frappe avec son bec jusqu'à ce qu'on n'aperçoive plus qu'une toute
petite partie de la coquille. Il recommence un autre trou, s'en
retourne aux provisions, et il répète ce manège un très grand
nombre de fois. Souvent aussi notre oiseau choisit comme grenier
pour ses provisions des tiges creuses de plantes mortes, qu'on
trouve bourrées de patelles. On affirme qu'il n'hésite point parfois à établir ses réserves à une très grande distance de son nid;
mais il est bien évident qu'il préfère ses commodités, et qu'il
profite des bonnes occasions qui se présentent. Nous avons
emprunté la description qui précède à M. Bellet, à qui nous en
laissons la responsabilité. Nous ne voyons pas trop, en effet, comment on peut mettre en réserve des patelles, mollusques qui se
pourrissent en un jour ou deux, et deviennent par suite rapidement
immangeables.

Dans le nouveau monde, les perroquets en font voir aussi de
dures aux poteaux télégraphiques, qu'ils prennent sans doute pour
des jouets. On sait l'habitude qu'ont ces « singes ailés » de travailler la ligature des fils ou d'enlever les clous enfoncés dans le
bois. Avec les poteaux télégraphiques, ils peuvent s'en donner à

bec que veux-tu. Les godets en porcelaine qui servent d'isolateurs pour les fils les séduisent particulièrement ; ils rongent le bois autour des vis et finissent par les faire tomber. Ces malheureux isolateurs en porcelaine paraissent d'ailleurs un point de mire pour beaucoup d'animaux destructeurs, au nombre desquels, — il faut bien l'avouer, — on doit compter l'homme. Dans les campagnes retirées, on trouve encore des peuplades assez sauvages pour s'amuser à détruire ces godets à coups de pierres, et, en Algérie, il paraît que les indigènes ne se font pas faute de les subtiliser pour en faire... des tasses à café. D'ailleurs, si l'on en croit M. de Nansouty, « les fils des lignes font la joie des populations naïves qu'elles traversent. Si le fil est en fer, on en fait des clôtures, des liens de toute espèce ; si le fil est en cuivre, les dames sauvagesses en font des bagues, des bracelets, des bijoux variés : on s'en passe des petits morceaux dans le nez et dans les oreilles, c'est charmant. Tout cela sans le moindre remords. On cite cependant un brave paysan annamite qui, après avoir enlevé toute une section de fil d'une ligne, l'avait remplacée par des bambous liés les uns au bout des autres ; il fut fort étonné lorsqu'il reçut, avec de justes reproches, une non moins juste raclée au moyen du nouveau fil télégraphique de son invention. On recherche beaucoup aussi les poteaux chez les sauvages de tous les pays. Lorsque le poteau est en bois, on le coupe pour se chauffer, faire la cuisine ou construire un élégant gourbi. Lorsque le poteau est en fer, il constitue une arme perfectionnée entre les mains d'un indigène exercé : le paratonnerre qui le surmonte dans le but d'éviter le foudroiement de la ligne, s'emmanche au bout d'une pioche, et voilà une lance que l'on se transmettra par héritage de génération en génération. Si le poteau est creux, on en fait une excellente conduite d'eau pour l'irrigation. Il résulte de ces diverses applications imprévues de la télégraphie, que les enfants de la nature et du désert voient généralement d'un bon œil l'arrivée des télégraphistes civilisés parmi eux ; mais il est bon de vérifier fréquemment l'état de la ligne, pour peu que l'on ait envie de causer régulièrement d'un bout à l'autre. »

Plusieurs oiseaux, sans attaquer à proprement parler les télégraphes, peuvent y amener néanmoins des perturbations graves,

notamment en y établissant leurs nids, qui produisent des dérivations entre les courants. L'un d'eux mérite une mention spéciale :
c'est une sorte de veuve qui vit au Natal. Ses nids constituent
d'élégants berceaux suspendus aux arbres ; chacun d'eux est pourvu
d'une ouverture qui, dans le temps jadis, était, paraît-il, dirigée
vers le côté. C'était là une disposition défavorable, en ce qu'elle
permettait aux serpents de venir très facilement manger les œufs
intérieurs. Les veuves s'en aperçurent et percèrent l'ouverture à
la partie inférieure, ce qui évidemment était bien fait pour ne pas
permettre aux reptiles d'y pénétrer. Quand vinrent les télégraphes,
les veuves trouvèrent bien plus simple de suspendre leurs abris
aux fils, d'autant plus qu'à ce moment le nombre des arbres touffus
décrut sensiblement dans la région. Mais, fait curieux, elles remar-
quèrent que leurs ennemis les serpents ne pouvaient plus monter
le long des poteaux administratifs, et dès lors reprirent leurs anciennes habitudes, qui consistaient à percer l'ouverture latéralement, d'où une facilité d'accès bien plus simple.

Au Brésil, encore un oiseau, le pobereau, a trouvé commode
de suspendre ses nids en terre aux fils télégraphiques. Quelques
jours lui suffisent pour bâtir sa maison, et les employés chargés
de l'entretien de la ligne ont fort à faire pour les en débarrasser.
A peine enlevés, ils repoussent comme par enchantement. D'août
en septembre le travail est particulièrement pénible, et, si l'on n'y
prenait garde, les fils finiraient par plier sous le poids de la terre,
en même temps que, par temps de pluie, les nids humides font
communiquer les fils électriquement les uns avec les autres,
de sorte qu'on reçoit à Rio-de-Janeiro une dépêche destinée au
Mexique.

Des dérivations analogues peuvent être causées par des araignées qui établissent leurs toiles entre les fils ou par des abeilles
maçonnes, qui capitonnent les isolateurs avec de la boue et font
communiquer, par suite, le courant avec le poteau, et de là avec
le sol.

Enfin, sans parler des moisissures dont on se protège en partie
par l'emploi des antiseptiques, les poteaux télégraphiques sont
rongés par une multitude d'insectes, parmi lesquels il convient de

citer les scolites, les cossus, les zeuzera et, en somme, toute la longue série de ceux qui vivent dans les troncs d'arbres.

Tous ces animaux doivent être bien vexés de l'invention de la télégraphie sans fils, qui pour eux ne sera jamais que de la télégraphie sans poteaux.

L

LES POISSONS DANGEREUX

On a tort de considérer tous les poissons comme inoffensifs. Il en est bon nombre qui peuvent être dangereux, soit par les armes venimeuses dont ils sont pourvus, soit par leur voracité.

Les plus connus des poissons venimeux sont les vives, que l'on rencontre malheureusement sur la plupart de nos plages. Il y en a deux espèces principales : la vive commune, qui a quarante centimètres de longueur, et la petite vive, dont la taille ne dépasse guère douze centimètres. Toutes deux possèdent des épines très acérées, placées sur la région dorsale de la tête, et aussi sur les opercules qui recouvrent les ouïes. A l'état de repos, ces épines sont appliquées sur le corps; mais, à la moindre excitation, le poisson les redresse, et elles se présentent alors sous un aspect menaçant.

Ce qu'il y a de fâcheux chez ces poissons, c'est qu'ils vivent le plus habituellement presque entièrement cachés dans le sable, d'où ils ne laissent passer que la tête. Il arrive, par suite, souvent qu'un baigneur ou un pêcheur mette le pied sur l'un deux. Les piquants se dressent aussitôt et pénètrent dans le pied. Or chaque épine est en rapport avec une glande à venin, dont le contenu se déverse de suite dans la plaie.

On connaît depuis très longtemps ces propriétés venimeuses des vives. Élien, Oppien et Pline en parlent dans leurs écrits. Belon dit que la vive « est un poisson moult bien armé de forts aiguillons, desquels la poincture est si venimeuse, principalement

quand ils sont en vie, qu'ils font périr la main si l'on n'y remédie
bien tost. Ia en avons veu en fiebvre et resverie, avec grande
inflammation de tout le brachs d'une seule petite poincture au
doigt. Le commun bruit est entre les mariniers, qu'il s'engendre
des petits poissons en la playe : de laquelle chose i' en a ay veu
plus de cent, qui m'ont affermé l'avoir veu ; et que le souverain remède est de repoindre la playe plusieurs fois avec ledict
aiguillon ».

De son côté, Rondelet écrit que « l'araignée de mer, ou la
vive, est nommée dragon, comme très bien dist OEllian, à cause
de sa teste, des ieux, des éguillons venimeux... Nature n'ha point
desprouvé les homes de remède contre le venin de ce poisson; car
il est lui-même remède à son venin; la chair du surmulet appli-
quée proufîcte autant. J'ai veu autrefois partie piquée de ce poisson
devenir fort enfle et enflammée, avec grandissimes doleurs; que si
on n'en tient conte, la partie se gangrène. Les pescheurs é pois-
sonniers en maniant ce poisson se prennent bien garde. En France,
on ne les sert à table que la teste coupée ».

Voici maintenant ce que dit Lacépède sur la vive :

« Cet animal a tant de facilité de creuser son asile dans le
limon, que lorsqu'on le prend et qu'on le laisse échapper, il disparaît en un clin d'œil et s'enfonce dans la vase.

« Lorsque la vive est ainsi retirée dans le sable humide, elle
n'en conserve pas moins la faculté de frapper autour d'elle avec
force et promptitude par le moyen de ses aiguillons, et particulièrement de ceux qui composent sa première nageoire dorsale. La
vive n'emploie pas seulement contre les marins qui la pêchent et
les grands poissons qui l'attaquent l'énergie, l'agilité et les armes
dangereuses dont elle est armée; elle s'en sert aussi pour se procurer plus facilement sa nourriture, lorsque, ne se contentant pas
d'animaux à coquilles, de mollusques ou de crabes, elle cherche
à dévorer des poissons d'une taille presque égale à la sienne. Si
plusieurs marins vont sans cesse à la recherche des vives, la
crainte fondée d'être cruellement blessé par les piquants de ces
animaux, et surtout par les aiguillons de la première nageoire dorsale, leur fait prendre de grandes précautions. Les accidents occa-

sionnés par ces dards ont été regardés comme assez graves pour
que dans le temps l'autorité publique ait cru, en France, devoir
donner à ce sujet des ordres très sévères.

« Les pêcheurs s'attachent surtout à briser ou arracher les
aiguillons des vives qu'ils tirent de l'eau. Lorsque, malgré leur
attention, ils ne peuvent pas parvenir à éviter la blessure qu'ils
redoutent, ceux de leurs membres qui sont piqués présentent une
tumeur accompagnée de douleurs très cuisantes et quelquefois de
fièvre. La violence de ces symptômes dure ordinairement pendant
douze heures, et comme cet intervalle de temps est celui qui sépare
une haute marée de celle qui la suit, les pêcheurs de l'Océan n'ont
pas manqué de dire que la durée des accidents occasionnés par les
piquants des vives avait un rapport très marqué avec les phénomènes de flux et de reflux, auxquels ils sont forcés de faire une
attention continuelle, à cause de l'influence des mouvements de la
mer sur toutes leurs opérations.

« Au reste, les moyens dont les marins de l'Océan. et de la
Méditerranée se servent pour calmer leurs souffrances, lorsqu'ils
ont été piqués par les trachines vives, ne sont pas très nombreux ;
et plusieurs de ces remèdes sont très anciennement connus. Les
uns se contentent d'appliquer sur la partie malade le foie ou le cerveau encore frais du poisson ; les autres, après avoir lavé la plaie
avec beaucoup de soin, emploient une décoction de lentisque, ou
les feuilles de ce végétal, ou des joncs de marais. Sur quelques
côtes septentrionales, on a recours quelquefois à l'urine chaude ;
le plus souvent on y substitue du sable mouillé, dont on enveloppe
la tumeur, en tâchant d'empêcher tout contact de l'air avec les
membres blessés par la trachine. »

Au sujet du même poisson, Émile Moreau rapporte ce qui suit :

« J'ai connu un peintre d'histoire naturelle qui, en pêchant en
1874 à Veules (Seine-Inférieure), fut blessé au pouce par l'épine
operculaire d'une petite vive. Une douleur atroce se fit sentir
à l'instant ; la main et l'avant-bras furent le siège d'un gonflement
considérable qui dura vingt-quatre heures environ. »

La rapidité avec laquelle se développent les accidents causés
par la piqûre des épines des vives a évidemment quelque chose de

particulier. A une certaine époque, la crainte que causait le danger
de ces blessures était si grande, que l'autorité crut devoir prendre
une mesure de précaution. Il parut des règlements de police obli-
geant les pêcheurs à couper les épines des vives avant de les
mettre en vente. Ces règlements sont à peu près tombés en désuétude sur nos côtes de l'ouest, mais ils restent en vigueur sur les
bords de la Méditerranée. A Cette, par exemple, les vives de
grande taille ne sont jamais apportées sur le marché que complètement mutilées.

Le venin de la vive est liquide et légèrement bleuâtre pendant

Murène.

la vie, opalescent et un peu épaissi après la mort. Il est coagulable
par la chaleur, les acides forts et les bases caustiques. Son action
physiologique a été étudiée par Schmidt, puis par Gressin. A la
dose d'une demi-goutte ou d'une goutte, il cause rapidement la mort
chez les poissons et le rat, plus lentement chez la grenouille. Une
première période de contracture est suivie d'une phase de para-
lysie avec abaissement de la température. On connaît un grand
nombre d'observations de piqûres de vives. La douleur est excessive; mais les accidents se bornent le plus souvent à une forte
inflammation locale avec fièvre et tuméfaction étendue ; des
phlegmons, des panaris, des eschares peuvent en résulter. Ambroise
Paré cite le cas d'une femme dont le bras tomba promptement en
mortification, ce qui causa la mort; mais c'est là une terminaison
exceptionnelle (R. Blanchard).

Les vives se nourrissent de petits calmars et de petits poissons. Elles se rapprochent des côtes au mois de juin pour frayer.
On les pêche au moyen de nasses ou de filets.

Les pastenagues, appelées aussi trygons ou turturs, sont des
sortes de raies qui diffèrent des espèces ordinaires en ce que les
nageoires latérales se réunissent au-dessous de l'extrémité du museau. Leur queue, en forme de fouet, est pointue et présente de
chaque côté, non loin de la base, un ou plusieurs aiguillons barbe-
lés, dont la piqûre est très redoutable. Voici un récit qui le prouve :

« Parmi les nombreux poissons qui sont propres à Takutu,
raconte Schomburgk, les pastenagues occupent une des premières
places par leur qualité. Elles enfouissent leurs corps aplatis dans
le sable ou la vase, de manière à ne laisser que les yeux de
libres, et se soustraient ainsi, même dans l'eau la plus limpide,
aux regards des promeneurs.

« Si quelqu'un a le malheur de marcher sur un de ces insidieux
animaux, le poisson inquiété lance sa queue avec une telle force
contre le perturbateur de son repos, que l'aiguillon cause les blessures les plus redoutables, qui ont pour conséquence non seulement les convulsions les plus dangereuses, mais encore la mort.

« Comme nos Indiens connaissaient ce dangereux animal, ils
examinaient toujours la route avec une rame ou un bâton, sitôt
que l'embarcation était glissée ou poussée sur les bancs. Malgré
cette précaution, un de nos bateliers fut cependant blessé deux fois
au cou-de-pied par un de ces poissons. Sitôt que le malheureux
reçut les blessures, il chancela vers le banc de sable, s'abattit et
se roula, se mordant les lèvres de la douleur atroce qu'il ressen-
tait, bien qu'aucune larme ne s'échappât de ses yeux et que sa
bouche ne proférât aucune plainte.

« Nous étions encore occupés à soulager autant que possible le
pauvre garçon, lorsque notre attention fut attirée par un cri perçant et dirigée sur un autre Indien, qui avait également été piqué.
Ce garçon ne possédait pas encore la fermeté de caractère nécessaire pour supprimer, comme celui-là, l'expression de la douleur.
Il se jeta sur le sol au milieu de cris retentissants, cacha sa figure
et sa tête dans le sable, et y mordit même. Je n'ai jamais vu un
épileptique être atteint à ce point de convulsions.

« Bien que les deux Indiens eussent été blessés seulement,
l'un au cou-de-pied, l'autre à la plante du pied, tous deux cepen-

dant ressentaient les plus violentes douleurs dans les flancs, la région du cœur et sous les bras. Les convulsions survinrent assez fortes chez le vieil Indien; mais elles prirent chez le garçon un caractère si intense, que nous crûmes devoir tout redouter. Après avoir fait sucer les blessures, nous les pansâmes, les lavâmes, et nous plaçâmes alors en permanence des cataplasmes de pain de kassava. Ces symptômes avaient beaucoup de ressemblance avec ceux qui accompagnent la morsure des serpents. Un vigoureux et robuste ouvrier, qui peu avant notre départ de Demerara a été blessé par une pastenague, mourut au milieu des convulsions les plus terribles. »

Les anciens, qui appelaient la pastenague *tourterelle*, à cause de son aspect en nageant, redoutaient beaucoup sa piqûre. Rondelet nous apprend que son épine « est plus venimeuse que les flèches envenimées des Perses, laquelle garde son venin encore que le poisson soit mort, estant pernicieux non seulement aux bestes, mais aussi aux herbes et arbres, car ils sèchent et meurent étant touchés d'icelui-ci. Circé en donna à Télégone pour en user contre ses ennemis; toutefois il en tua son père sans y mal penser. Du venin de cet aiguillon, autant en disent Œlien et Pline. Estant brûlé, mis en cendres, appliqué sur la plaie, avec vinaigre, est remède à son venin mesme. Le poisson, ouvert et appliqué sur la plaie, guesrit le mal qu'il a fait. Pline escrit que la pressure du lièvre, ou du chevreau, ou de l'agneau, prise du poids d'une drachme, proufite contre la piqueure de la pastenague et contre la piqueure et morsure de tous autres poissons marins ».

En Europe, on trouve une espèce de pastenague qui se tient sur les fonds de sable, au voisinage des côtes. Elle mange des petits poissons, des mollusques, des crustacés, qu'en été elle vient chercher dans les bas-fonds formés à marée basse. Lorsqu'on cherche à s'en emparer, sa queue s'enroule immédiatement autour du bras, et de telle sorte que l'aiguillon fasse une large plaie. Aussi les pêcheurs cherchent-ils toujours à éviter cette queue, que la pastenague lance avec la rapidité d'une flèche, et ont-ils soin de la lui couper dès qu'ils l'ont prise.

Les murènes sont également très venimeuses. Ce sont des pois-

24

sons parfois d'assez grande taille, ayant la même forme que les congres ou les anguilles, c'est-à-dire qu'ils ressemblent à des serpents, dont ils se rapprochent un peu par les mœurs.

Leur bouche est garnie de dents bien développées, et en rapport avec un appareil à venin qui contient à peu près un centimètre cube de liquide. Elles sont essentiellement voraces et carnassières, s'attaquant à de gros poissons et à de volumineux crustacés. Certaines arrivent à une grande taille, et il n'est pas impossible que ce soient elles les « grands serpents de mer » que l'on n'a jamais vus que de loin. Dans toutes les îles de l'océan Pacifique, les murènes sont extrêmement redoutées.

La murène hélène habite la Méditerranée; on la pêche souvent sur les côtes de France. Voici quelques renseignements que donne Brehm sur cette espèce, qui a un certain intérêt biologique.

La murène vit dans les eaux profondes et se tient sur le fond. On la trouve parfois dans les eaux douces des contrées chaudes du pourtour de la Méditerranée; au printemps elle se rapproche des côtes pour frayer. Sa nourriture se compose de poissons, de crustacés, de coquillages et surtout de sèches. Les anciens connaissaient bien la murène. Pline rapporte que la blessure de ce poisson est dangereuse, mais qu'on peut la guérir avec de la cendre de cheveux; que la murène va assez souvent à terre. Il rapporte également que le principe vital de l'animal se trouve dans la queue, ce qui fait que la murène meurt rapidement si on lui brise cette partie. Pline dit qu'on voit rarement les murènes pendant l'hiver.

La chair de la murène, bien que grasse, est de fort bon goût; aussi ce poisson est-il généralement très estimé. Les Romains faisaient un grand cas de la murène; pour la nourrir et l'engraisser, ils formaient à grands frais des parcs dans la mer. D'après Pline, ce fut Hirius qui le premier construisit ces étangs, dans lesquels il nourrissait une telle quantité de murènes, qu'au triomphe de César, son ami, il put faire servir six mille murènes sur les tables.

La passion des Romains pour la murène prit à un certain moment des proportions inouïes. On sait que Cassius avait de ces animaux apprivoisés à ce point qu'ils venaient à la voix. Cassius, dit Pline, a possédé dans son vivier une très belle et très grosse murène qu'il aimait beaucoup; il l'avait parée de bijoux en or. La murène reconnaissait la voix de son maître, et venait prendre la nourriture de sa main. Lorsque ce poisson mourut, Cassius en éprouva le plus vif chagrin; il la pleura et lui fit faire des obsèques magnifiques. Dedius Pollio, ayant remarqué que la murène avait un goût prononcé pour la chair humaine, eut la cruauté de sacrifier plusieurs de ses esclaves pour nourrir ses poissons.

D'après Baudrillard, « la murène se tient cachée pendant le froid dans les rochers, ce qui fait qu'on ne la pêche que dans cer-

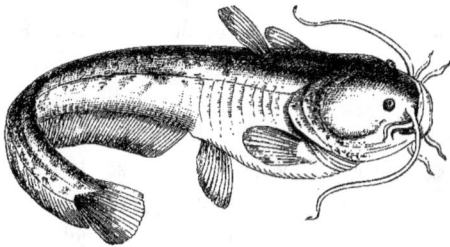

Silure.

tains temps. On prend ce poisson sur les bords cailouteux de ces rochers, et pour cet effet on tire plusieurs cailloux pour faire une fosse jusqu'à l'eau, ou bien on y jette un peu de sang, et à l'instant on voit venir la murène, qui avance sa tête entre deux rochers. Aussitôt qu'on lui présente un hameçon amorcé de crabes ou de quelque poisson, elle se jette dessus et l'entraîne dans son trou. Il faut alors avoir l'adresse de la tirer tout d'un coup; car si on lui donnait le temps de s'attacher par la queue, on lui arracherait plutôt la mâchoire que de la prendre. Quoique la murène soit hors de l'eau, on ne la fait pas mourir sans beaucoup de peine, à moins qu'on ne lui coupe ou écrase le bout de la queue. »

La synancée mérite aussi une mention spéciale. Longue de quarante-cinq centimètres, elle habite les parties chaudes de l'océan Indien et de l'océan Pacifique, et notamment à la Réunion, à l'île Maurice, aux Seychelles, à Java, à Bornéo, aux Moluques, à Taïti, à la Nouvelle-Calédonie. Les épines qu'elle porte sur son dos sont très venimeuses, et leur piqûre très dangereuse. La synancée se tient près du rivage, cachée dans les rochers ou sous les bancs de coraux, ou enfouie dans le sable. Elle prend la couleur même du fond et devient difficilement perceptible. Qu'un pêcheur ou un baigneur appuie le pied sur sa nageoire dorsale, les épines acérées pénètrent dans les tissus, et le pied fait pression sur le réservoir; celui-ci éclate, et le venin s'écoule le long des cannelures des épines jusque dans la plaie. Sans cette pression, l'animal est incapable de nuire. Il peut redresser volontairement les rayons épineux de sa nageoire, d'ordinaire couchés le long du dos; mais le venin, renfermé dans ses treize paires de sacs clos, n'est pas rejeté au dehors. L'appareil à venin constitue donc une arme défensive. Cet animal est le plus dangereux de tous les poissons venimeux.

D'après Nadaud, « sa piqûre détermine une vive douleur, qui suit le trajet des vaisseaux, s'irradie à la poitrine et cause une anxiété subite. Autour de la petite plaie se dessine une auréole d'un blanc mat, puis noirâtre; toute la peau sous-jacente se mortifie, et il se forme une eschare large de douze à quinze millimètres. Les tissus ambiants sont le siège d'une inflammation ordinairement légère, mais qui se termine assez souvent par un phlegmon. Dans quelques cas, le malade est pris de lipothymies et de vomissements qui durent une ou deux heures. D'ordinaire, les douleurs vont en diminuant après la première heure, et il ne reste plus qu'un peu de céphalalgie et de faiblesse des membres. » (R. Blanchard.) La piqûre de la synancée n'est que rarement mortelle.

Les scorpènes, et parmi elles la rascasse, dont on fait la bouillabaisse, seraient également venimeuses.

Tous les animaux dont nous venons de parler habitent la mer. Dans les eaux douces, les poissons dangereux sont beaucoup plus rares. Le plus intéressant à signaler est le « silure glanis », non qu'il soit venimeux, mais parce qu'il paraît avoir un faible pour la chair humaine. C'est un gros poisson serpentiforme, qui peut atteindre·jusqu'à trois mètres de long, et peser deux cents à deux cent cinquante kilos. Il est surtout abondant dans le Bas-Danube et dans divers lacs ou fleuves de l'Europe centrale ou orientale.

Le glanis, dit Brehm, est un animal aux allures lentes et paresseuses; il se tient de préférence dans les endroits vaseux, s'enfonçant parfois même dans la boue. Il se tient sous les rochers, sous les troncs d'arbres. Il est averti de l'approche de sa proie par le moyen de ses barbillons. Extrêmement vorace, il s'empare des poissons, des gre-nouilles et même des oiseaux aquatiques. On peut dire, écrit Gesner, que cet animal est vo-race, tellement qu'une fois on a trouvé dans l'un d'eux une tête humaine et une main por-tant deux anneaux d'or. Il dévore tout ce qu'il peut atteindre, oies, ca-nards, n'épargnant pas même le bétail quand on le mène paître, et le noyant. Ces faits ont été confirmés par plu-sieurs observateurs, tout exagérés qu'ils pa-raissent être. D'après Valenciennes, on assure que le silure n'épargne même pas l'espèce hu-maine. En 1700, le

Les indigènes ne peuvent se baigner sur la plage sans être saisis par l'un d'eux et dévorés.

3 juillet, un paysan en prit un auprès de Thorn, qui avait un enfant entier dans l'estomac. On parle en Hongrie d'enfants et de jeunes filles dévorés en allant puiser de l'eau, et l'on raconte même que, sur les frontières de la Turquie, un pauvre pêcheur en prit un jour un qui avait dans l'estomac le corps d'une femme, sa bourse pleine d'or et ses anneaux. Heckel et Kner rapportent éga-lement qu'on trouva dans l'estomac d'un glanis, capturé à Pres-bourg, les restes d'un jeune garçon; dans celui d'un autre, un

caniche; dans celui d'un troisième, une oie que l'animal avait noyée avant de la dévorer.

Les habitants du Danube et de ses affluents, écrivent les ichtyologistes dont nous venons de citer les noms, redoutent le silure. D'après Gmelin, le silure secoue avec sa queue, lors des inondations, les arbustes sur lesquels se sont réfugiés les animaux terrestres, de manière à les faire tomber et à s'en emparer. La femelle pond environ dix-sept mille œufs, qui heureusement n'arrivent pas tous à leur complet développement. C'est le mâle qui veille sur sa progéniture.

Mais les plus dangereux de tous les poissons sont certainement les requins, dont la voracité est toujours inassouvie. Dans les mers chaudes, ils constituent un véritable fléau, au point que les indigènes ne peuvent se baigner sur la plage sans être saisis par l'un d'eux et dévorés. Ils ont la coutume de suivre les navires pour récolter tout ce qui en est jeté, aussi bien les objets comestibles que les autres. Mais malheur au matelot qui viendrait à tomber à la mer ! Si bon nageur qu'il soit, il serait saisi par un requin, puis dévoré en un clin d'œil.

Lacépède a laissé une peinture pittoresque des mœurs des requins.

« Ce sont les plus grands animaux que le requin recherche avec ardeur; et, par une suite de la perfection de son odorat, ainsi que de la préférence qu'elle lui donne pour les substances dont l'odeur est la plus exaltée, il est surtout très empressé de courir partout où l'attirent des corps morts de poissons ou de quadrupèdes, et des cadavres humains.

« Il s'attache, par exemple, aux vaisseaux négriers, qui, malgré la lumière de la philosophie, la voix du véritable intérêt et le cri plaintif de l'humanité outragée, partent encore des côtes de la malheureuse Afrique. Digne compagnon de tant de cruels conducteurs de ces funestes embarcations, il les escorte avec constance, il les suit avec acharnement jusque dans les ports des colonies américaines, et, se montrant sans cesse autour des bâtiments, s'agitant à la surface de l'eau, et pour ainsi dire sa gueule toujours ouverte, il y attend, pour les engloutir, les cadavres des noirs qui succombent sous le poids de l'esclavage ou aux fatigues d'une dure traversée. On a vu de ces cadavres de noirs pendus au bout d'une vergue élevée de six mètres, vingt pieds au-dessus de l'eau de mer, et un requin s'élancer à plusieurs reprises vers cette dépouille et y atteindre enfin, et le dépecer sans crainte, membre par membre.

« Quelle énergie dans les muscles de la queue et de la partie

Requin.

postérieure du corps ne doit-on pas supposer, pour qu'un animal aussi gros et aussi pesant puisse s'élever comme une flèche à une aussi grande hauteur? Comment être surpris maintenant des autres traits de l'histoire de la voracité des requins? Et tous les navigateurs ne savent-ils pas quel danger court un passager qui tombe à la mer auprès des endroits les plus infestés par ces animaux? S'il s'efforce de se sauver à la nage, bientôt il se sent saisi par un de ces squales, qui l'entraîne au fond des ondes.

« Si l'on parvient à jeter jusqu'à lui une corde secourable et à l'élever au-dessus des flots, le requin s'élance et se retourne avec tant de promptitude, que malgré la position de l'ouverture de sa bouche au-dessous du museau, il arrête le malheureux qui se

croyait près de lui échapper, le déchire en lambeaux, et le dévore
aux yeux de ses compagnons effrayés. Oh! quels périls environnent
donc la vie de l'homme, et sur la terre et sur les ondes! et pourquoi faut-il que ses passions aveugles ajoutent à chaque instant
à ceux qui le menacent!

« On a vu quelquefois, cependant, des marins surpris par le
requin au milieu de l'eau profiter, pour s'échapper, des effets de
cette situation de la bouche de ce squale dans la partie inférieure
de sa tête, et de la nécessité de se retourner, à laquelle cet animal
est condamné par cette conformation, lorsqu'il veut saisir les
objets qui ne sont pas placés au-dessous de lui.

« C'est par une suite de cette même nécessité que, lorsque les
requins s'attaquent mutuellement (car comment des êtres aussi
atroces, comment les tigres de la mer pourraient-ils conserver
la paix entre eux?), ils élèvent au-dessus de l'eau et leur tête et la
partie antérieure de leur corps; et c'est alors que, faisant briller
leurs yeux sanguinolents et enflammés de colère, ils se portent
des coups si terribles que, suivant plusieurs voyageurs, la surface des ondes en retentit au loin. »

Les récits de voyageurs concernant le requin abondent. En
voici un, dû à Henglin, qui raconte que le pilote du navire avait
été chercher un oiseau tué tombé à la mer, et que, revenant avec
la barque, il était suivi de très près par un requin.

« Raschid, le pilote, était mort de frayeur, et par signes me
montrait la bête; puis un second et un troisième requin apparurent,
rapides comme des flèches. A l'unanimité, nous résolûmes de nous
débarrasser de ces « hyènes de mer ». Un croc long d'environ trente
centimètres fut solidement fixé à une chaîne de fer et amorcé avec
un poisson à demi fumé. L'appât n'était pas descendu d'une demi-
brasse dans l'eau, que le plus petit des requins nagea vers lui en
ligne droite et se jeta dessus. Le matelot qui tenait le câble tira
trop vite, de sorte que le squale lâcha prise; mais ce fut pour
mordre à nouveau et mieux cette fois. Le câble fut alors remonté
autour d'un cylindre, et à grand renfort de bras le requin fut hissé
par-dessus bord, et à son arrivée dans le bateau accueilli à coups
de bâtons, de haches et de harpons. On mit un nouvel appât à l'ha-

meçon; cinq minutes ne s'étaient pas écoulées, que l'on capturait un second squale. Cependant le plus gros requin n'était plus visible, bien que nous fussions convaincus qu'il n'était pas bien loin de nous; nous le revîmes quelque temps après, et c'est en vain que nous lui offrîmes un morceau de mouton. Il nageait tranquillement près de nous, sans paraître se soucier de l'appât qui lui était offert.

« On descendit l'appât à une plus grande profondeur; le requin s'approcha avec défiance et se fit capturer. Nous n'osions nous hasarder à le prendre vivant dans l'embarcation, car il était réellement effrayant. Pendant qu'il se balançait entre ciel et terre, nous lui envoyâmes deux balles dans le crâne; on l'acheva à coups de gaffe, et on put alors le hisser sur le pont. Le monstre mesurait

À grands renforts de bras, le requin fut hissé par-dessus bord.

près de trois mètres, et les gens de l'équipage estimaient son poids à au moins deux cents kilogrammes.

« Comme les animaux capturés n'étaient pas encore morts et se débattaient sur le pont, au point d'ébranler les parois de l'embarcation, les matelots leur jetèrent dans la gueule quelques cuviers d'eau douce, prétendant que ce moyen tuerait infailliblement les squales; il est vrai de dire qu'ils accompagnaient ce moyen de violents coups de bâton et de crocs sur le crâne, ce qui certainement fut la cause de la mort. On dépeça alors les animaux. Le foie, long de près d'un mètre, fut enveloppé dans l'estomac même du

monstre, car il fournit une huile excellente pour le calfatage des
barques. On coupa les nageoires pectorales, caudales et dorsales
pour les vendre à Massoua, d'où on les expédie aux Indes. Ces
nageoires servent comme cuir pour repasser les objets en métal et
leur donner du poli. Le corps fut jeté à la mer, car on ne mange
pas la chair des grands requins. »

Les requins, avec leur corps élancé, sont admirablement taillés
pour la natation. Les organes des sens, et surtout leur odorat,
sont très développés, ainsi que leurs facultés mentales.

Citons enfin comme poisson dangereux, au moins accidentellement, l'espadon, dont la tête se prolonge en avant par un long
sabre pointu, dont il se sert parfois pour transpercer les baigneurs
imprudents et même les barques trop frêles. Il n'est pas rare de
trouver dans la paroi des navires le bec brisé d'un espadon. Sa
chair n'en est pas moins estimée. Sa pêche, sur laquelle M. V. Meu-
nier donne les renseignements qui suivent, occupe encore aujour-
d'hui de nombreux pêcheurs, bien qu'elle soit moins pratiquée
qu'autrefois.

« Un des procédés en usage chez les Grecs consistait à se servir
de barques taillées d'après la forme de l'espadon, pourvues d'une
pointe avancée qui représentait sa mâchoire, et peinte des couleurs
forcées qui lui sont propres. L'espadon s'en approchait sans
défiance, croyant voir des poissons de son espèce; les pêcheurs
profitaient de son erreur, le perçaient avec des dards. Quoique
surpris, l'animal se défendait vigoureusement, frappait de son
épée les bordages des barques trompeuses, et souvent les mettait
en danger.

« Les pêcheurs saisissaient le moment de cette attaque pour
essayer de lui fendre la tête et de lui couper la mâchoire supérieure. Après avoir triomphé de sa résistance, ils l'attachaient à
l'arrière de la barque et l'amenaient à terre. Oppien compare
à une ruse de guerre cette manière de prendre l'Espadon en le
trompant par la forme des barques.

« Cette ruse fut également mise en usage par les Romains. La
pêche de l'espadon était alors une des plus importantes qui se
fissent sur les côtes de la mer Tyrrhénienne et sur celles de la

Gaule narbonnaise. On le prenait aussi, mais accidentellement, dans la madrague, où il s'engageait imprudemment, emporté par son ardeur à poursuivre les thons et d'autres scombres. « Quoiqu'il puisse rompre les filets, dit Oppien, il recule, il soupçonne quelque piège. Sa timidité le conseille mal; il finit par rester prisonnier dans l'enceinte et par devenir la proie des pêcheurs, qui, réunissant leurs efforts, l'amènent sur le rivage, où il trouve une mort certaine. » Les choses ne se passaient cependant pas toujours ainsi, et trop souvent au gré des pêcheurs l'espadon, déchirant les

Espadon.

parois de la *chambre de mort*, rendait la liberté aux poissons tombés avec lui dans le piège.

« Le pêche de l'espadon se fait dans le détroit de Messine, à la lance pour les gros et au filet pour les petits. Ce filet, long de trente mètres, large de trois, à mailles serrées faites de fortes ficelles, se nomme *palimadara*. Elle commence vers la mi-avril et se fait jusqu'à la fin de juin, le long des rivages de la Calabre, que suit alors le poisson entré dans le détroit par le Phare. Passé cette époque, la pêche se fait jusqu'au milieu de septembre, où elle prend fin, sur la rive opposée, sur les côtes de la Sicile, que longe alors l'espadon entré par la bouche du sud. Quel motif l'attire ainsi alternativement d'un côté à l'autre? Est-ce le même poisson qui passe et repasse? Spallanzani, à qui nous empruntons les détails qui vont suivre, pose ces questions sans les résoudre; elles restent pendantes. La seule chose certaine, c'est que l'espadon ne côtoie la Sicile que quand il fraye; on voit alors les mâles courir après les femelles. L'occasion est belle pour les prendre; car, une fois que la femelle est tuée, les mâles ne s'en éloignent point et se laissent facilement approcher.

Il paraît d'ailleurs certain qu'ils se propagent dans la mer de Sicile et de Gênes; car, depuis novembre jusqu'aux premiers jours de mars, on en prend chaque année, dans le détroit de Messine, du poids d'une demi-livre jusqu'à douze livres.

Ce sont les jeunes qu'on pêche avec la palimadara. Entre deux bâtiments à grandes voiles latines, le filet descend jusqu'au fond de la mer. Les balancelles voguent à pleines voiles. Dans ses mailles étroites, le filet prend tout ce qui se trouve sur son passage. L'illustre observateur qu'on vient de citer s'élève avec raison contre cette méthode barbare.

« J'assistai plusieurs fois à cette pêche, écrit-il, et je ne puis dire combien de petits poissons en étaient les victimes. N'étant bons à rien, on les rejetait à la mer, mais tout mutilés et déjà morts par le froissement qu'ils avaient éprouvé dans les mailles du filet.

« J'écrivis contre cette manie destructive, et je représentai avec force tout le dommage qui en résultait. On me répondit, à la vérité, qu'il existait une loi à Gênes qui prohibait l'usage, ou, pour mieux dire, l'abus des balancelles; mais cela n'empêche pas qu'il ne sorte chaque année du golfe de la Spezzia trois ou quatre paires de ces bâtiments, qui, gagnant la haute mer, vont se livrer à cette pêche. Il y a plus; le gouverneur du lieu, qui devrait surveiller l'exécution de la loi, est le premier à favoriser, moyennant une somme d'argent, l'abus qu'elle proscrit. »

La pêche à la lance, outre qu'elle est tout à fait avouable, offre plus d'intérêt. La barque qu'on y emploie est longue de six mètres, large de six mètres soixante-six centimètres, haute de un mètre trente-trois centimètres, et plus large à la poupe qu'à la proue. Au milieu est planté un mât haut de cinq mètres soixante-six centi-mètres, surmonté d'un plancher de forme circulaire, et muni de marches pour faciliter l'accès de cette plate-forme. C'est là que se place la vigie, dont l'office est de suivre l'espadon dans ses tours et détours, et de l'indiquer de la main ou de la voix aux rameurs, que le poisson semble défier à la course. Le même mât est traversé près de sa base par une pièce de bois qui coupe la barque à angle droit dans toute sa largeur, et en dépasse les bords. A chacune de

ses extrémités est attachée une rame qu'un homme fait agir, et
à un certain moment la vigie elle-même, descendant de son poste,
se place sur le milieu, et d'une main tenant la rame droite, de
l'autre la gauche, en règle le mouvement et fait office de timon-
nier. D'autres rameurs sont au milieu de la barque; d'autres encore,
armés de rames plus petites, sont attachés à la poupe. A l'avant
se tient debout l'homme
dont le rôle est de frap-
per. Sa lance, qui a
quatre mètres de long,
est faite d'un bois de
charme qui plie diffici-
lement, terminée par
un fer long de dix-huit
centimètres environ, et
munie latéralement de
deux autres fers appe-
lés *oreilles,* comme le
premier aigus et tran-
chants, mais mobiles,
et qui, en se séparant
de celui-ci, rendent la
blessure plus large. Le
fer principal lui-même,

Espadon et baleine.

quand le coup a porté, se détache du bois et reste plongé dans la
plaie. Il est attaché à une corde grosse comme le petit doigt et
longue de deux cents mètres.

Ce n'est pas tout. Il est nécessaire encore d'avoir deux vigies
sur la côte. Sur celles de Calabre, les vigies s'établissent parmi les
rochers et les écueils. Ceux-ci manquant sur le rivage opposé, les
hommes se tiennent sur un échafaudage établi tout exprès, et dont
la hauteur est de vingt-sept mètres.

« Tout étant disposé, voici, dit Spallanzani, l'ordre de la
pêche. Lorsque les deux explorateurs perchés sur la cime des
rochers ou des mâts jugent de loin l'approche d'un espadon au
changement de la couleur de l'eau, sous la surface de laquelle ce

poisson nage, ils le signalent de la main aux pêcheurs, qui
accourent avec leurs barques, et ils ne cessent de crier et de faire
des signes que lorsque l'autre explorateur, monté sur le mât, l'a
découvert et le suit des yeux. A la vue de celui-ci, la barque
vogue tantôt à droite, tantôt à gauche; tandis que le lancier, debout
sur la proue, l'arme en main, cherche à le tenir sous le coup.

« Quand le poisson est à la portée de la lance, l'explorateur descend de son mât, se met au milieu des deux rames, les dirige selon
les signes que lui fait le lancier. Celui-ci, saisissant le moment
favorable, frappe sa proie souvent à la distance de dix pieds. Aussitôt après le coup, il lui lâche la corde qu'il tient en main pour lui
donner *calme,* dit-il, tandis que la barque, voguant à toutes rames,
suit le poisson blessé jusqu'à ce qu'il ait perdu ses forces. Alors il
monte à la surface de l'eau; les pêcheurs s'en approchent, le tirent
à eux avec un crochet de fer et le transportent sur le rivage. Quelquefois il arrive que l'espadon, furieux de sa blessure, s'élance
contre la barque et la perce de son épée; aussi les pêcheurs se
tiennent-ils sur leurs gardes au moment de l'abordage, surtout si
l'animal est d'une grandeur considérable, et paraît conserver de
la vie. Quelquefois il se sauve de leur poursuite, soit que le coup
n'ait pas pénétré assez profondément, soit que la corde vienne à se
rompre en laissant le fer dans la blessure. Si elle n'est que légère,
il en guérit promptement, plusieurs ayant été pris couverts de
cicatrices; si elle est profonde, il meurt infailliblement et devient
la proie des autres poissons ou du premier occupant. »

Il y a encore nombre d'autres poissons dangereux, notamment
ceux dont la chair est toxique par elle-même ou par les microbes
qui s'y développent rapidement; mais leur étude nous entraînerait
trop loin.

LI

Madagascar est un paradis pour les naturalistes. Peu de contrées, en effet, présentent, rassemblés, autant de plantes et d'animaux intéressants et curieux. Encore inexplorée il y a une quinzaine d'années, l'histoire naturelle de notre nouvelle colonie commence aujourd'hui à être bien connue, au moins dans ses traits généraux, grâce aux savantes recherches de plusieurs naturalistes et notamment de M. Grandidier. On n'attend pas de nous, bien entendu, que nous donnions ici une énumération des animaux, plantes ou minéraux, que l'on rencontre le plus fréquemment, et dont beaucoup de nos lecteurs ont pu voir de nombreux représentants à l'exposition spéciale du Muséum. Nous nous contenterons de traiter la question d'une manière aussi générale que possible, et en insistant surtout sur les espèces dignes d'intérêt pour le grand public.

La flore, comme partout ailleurs, est en relation étroite avec la nature du terrain. Aussi se divise-t-elle, comme la géographie de l'île, en trois régions.

La région orientale comprend l'espace situé entre la mer et la grande chaîne de montagnes qui parcourt l'île dans toute sa longueur. Formée surtout d'argile rouge et de micaschistes, elle est très montagneuse et, malgré la pauvreté chimique de son sol, offre une végétation luxuriante favorisée par les pluies abondantes et presque continues. Les crêtes des montagnes sont couronnées par des forêts souvent épaisses, surtout quand le terrain sur lequel elles croissent est volcanique. Les versants sont recouverts d'une

épaisse végétation herbacée. Quant aux vallées, par suite de la
présence d'un sous-sol argileux, elles sont marécageuses et habitées
par des bambous, des ouvirandra, des fougères en arbre, etc.

Forêt de Madagascar.

La région centrale est formée d'un amas montagneux que l'on
a comparé à une mer agitée subitement figée. Elle est presque
entièrement dépourvue de végétaux : il faut aller dans les vallées
étroites, le long des petites rivières, pour rencontrer de rares
arbustes ne se développant qu'avec peine.

Enfin, dans la région occidentale, on ne rencontre plus ni marécages ni grandes chaînes de montagnes : c'est une région plate, où il ne tombe pas plus de trente à quarante centimètres d'eau par an. Cette zone est occupée par des euphorbiacées arborescentes, des tamariniers, des lataniers, des baobabs, des sakoas, toutes plantes adaptées à la sécheresse.

Madagascar est, on peut le dire, la patrie des orchidées. La plupart de ces merveilleuses plantes viennent en effet de la région orientale de l'île, où des commerçants envoient des explorateurs spéciaux pour les récolter. On sait combien l'*orchidophilie*, ou plutôt l'*orchidomanie*, a pris de l'importance parmi nos horticulteurs amateurs. Les orchidées les plus en faveur sont celles qui croissent dans les forêts, sur les arbres, les *orchidées épiphytes*, comme on les appelle. Pour s'en procurer, il faut donc aller dans les forêts vierges, se faire un passage à coups de sabre, affronter les miasmes des marais et, ce qui est encore plus redoutable, l'hostilité des indigènes. Mais aussi quelle joie pour l'amateur qui a pu se procurer une espèce nouvelle, et quel bénéfice pour le commerçant auquel son agent rapporte des pieds en bon état ! Les orchidées atteignent en effet des prix fantastiques : l'année dernière on a vendu quatre mille deux cent cinquante francs un seul pied de *Cattleya Mossiæ,* variété *Reineckeawa!*

En Europe, on ne cultive pas moins de deux mille variétés d'orchidées ; il paraît qu'il y en a encore au moins dix mille à découvrir encore. On voit que le champ est encore large et peut offrir de beaux bénéfices à ceux qui l'exploitent. Mais les difficultés à surmonter sont beaucoup plus grandes qu'on pourrait le croire, et mille dangers menacent les intrépides chercheurs. Nous n'en citerons qu'un exemple. « Huit d'entre eux, raconte M. Ch. Marsillon, attachés à la même maison anglaise, avaient résolu de parcourir isolément l'île de Madagascar, afin d'en rapporter les orchidées les plus rares. En une année sept avaient disparu. L'unique survivant, atteint de fièvres très graves, rentra en Angleterre sans espoir de guérison. Dès les premiers mois de leur séjour dans cette île, deux mouraient des fièvres paludéennes. Le quatrième, dans ses recherches, avait, sans le vouloir, profané une idole malgache. Saisi

25

par les prêtres et enduit de paraffine, on le brûla vif. Sous prétexte
de montrer à deux autres de ces chercheurs une orchidée remarquable, les naturels les entraînèrent dans les montagnes et les mas-
sacrèrent. Le septième mourut de faim au milieu d'une forêt vierge.
Le huitième enfin se tua en tombant d'un arbre élevé. » Quand
on songe à ces faits, on est presque étonné du faible prix auquel
on peut se procurer la plupart des orchidées, si utilisées aujour-

Baobab.

d'hui dans les bouquets ou les couronnes. C'est qu'une variété,
une fois ramenée chez nous, se multiplie presque indéfiniment par
bouture dans les serres. Certains amateurs cependant, quand ils
possèdent deux pieds d'une variété nouvelle, en détruisent un pour
donner plus de valeur à celui qui reste. C'est là un acte de van-
dalisme contre lequel on ne saurait trop protester.

L'un des traits qui donnent parfois aux paysages malgaches un
aspect bien particulier, c'est la présence des baobabs, dont les
formes majestueuses sortent de l'ordinaire. Ce sont des sortes de
longs cierges dont le sommet, arrondi en pain de sucre, donne

naissance à des branches qui divergent dans tous les sens. Quelquefois le tronc est très court, et les branches, très longues, retombent jusqu'à terre pour former un dôme de verdure. Les baobabs, qui peuvent atteindre des dimensions colossales, se développent avec une extrême rapidité et presque indéfiniment : leur nom veut dire, d'ailleurs, *arbre de mille ans.* Adanson en a trouvé un exemplaire auquel il a été amené à assigner un âge de cinq mille cent cinquante ans. Les baobabs sont toujours habités par une multitude d'oiseaux, aigrettes, marabouts, pélicans, etc., qui y trouvent un domicile. Les indigènes se servent de presque toutes les parties des baobabs : avec les troncs ils font des pirogues; avec les feuilles, une tisane contre les fièvres ; avec la pulpe du fruit, une boisson et du savon.

Ravenala (arbre des voyageurs).

Les baobabs sont les arbres les plus célèbres de Madagascar. Il en est d'autres aussi qui possèdent une certaine notoriété : ce sont les *ravenals* ou *ravenalas.* Ce sont des sortes de palmiers portant à leur sommet de larges feuilles dressées, placées dans le même plan, et dont le limbe, d'abord entier, se divise à la longue en lanières irrégulières. Le ravenal porte aussi le nom d'*arbre des voyageurs,* parce qu'il sert à des usages multiples : les gaines des feuilles, concaves et fixées presque au même endroit, constituent une sorte de coupe où s'accumule l'eau de pluie. Cette eau, dit-on habituellement, est une grande ressource pour le voyageur altéré qui rencontre des ravenals sur sa route. C'est là sans doute une simple légende, car ces arbres croissent toujours dans les régions marécageuses, et l'on ne voit pas très bien comment un explorateur

peut rester altéré dans un endroit abondamment pourvu d'eau.
Quoi qu'il en soit, les feuilles des ravenals sont très utiles aux
Malgaches, qui s'en servent pour faire des assiettes, des nappes,
des cuillers, des écopes pour vider les pirogues, les toitures des
maisons, etc.

A citer encore, parmi les plantes curieuses de Madagascar,
l'*ouvirandra fenestralis*, dont les feuilles
aquatiques forment une
véritable dentelle par
suite de la disparition
du parenchyme entre
les nervures : des *pandanus* au tronc trifurqué et aux branches
terminées par des panaches analogues à des
yuccas aux feuilles retombantes ; des *tanghinia*, dont la graine
contient un suc vénéneux qui constituait
jadis le *tanghin*, c'està-dire le célèbre poison
judiciaire des Malgaches, etc.

La faune ne présente pas de caractères

Pandanus elegantissimus.

moins singuliers. Quand, nous autres Européens, nous cherchons
à nous représenter par l'imagination un paysage exotique et sauvage, nous nous figurons une forêt vierge avec des singes courant
parmi les branches et des animaux féroces se glissant sur le sol,
prêts à faire un mauvais coup à l'explorateur qui viendrait les
étudier. A Madagascar, il n'y a rien de tout cela, et les singes,
comme les bêtes féroces, font absolument défaut.

Si les singes n'existent pas à Madagascar, ils y sont remplacés

par des animaux voisins, des *makis,* qui présentent avec eux une
certaine analogie dans les formes et les mœurs. Le plus grand
d'entre eux est l'*indris* ou *babakouti.* Certaines peuplades s'imaginent que ce sont des hommes réfugiés dans les forêts et transformés en bêtes. Leur démarche rappelle, en effet, un peu celle de
l'homme en ce qu'ils progressent sur les membres postérieurs.
Bras et jambes sont terminés par de véritables mains à pouce
opposable. Les indris vivent dans les forêts, soignant leurs petits

avec une grande sollicitude et
poussant de temps à autre un
cri à la fois lamentable et violent. La légende veut que, dans
une époque plus ou moins re-
culée, les indris aient donné
l'éveil de l'arrivée d'ennemis
grâce à leur cri strident. Voilà
une concurrence sérieuse pour
les oies du Capitole.

Les indris n'ont pas de
queue. Les *propithèques,* qui
leur ressemblent, en ont une,
au contraire, bien développée.
Ils ont d'ailleurs les mêmes

Indri de Madagascar.

mœurs et vivent par troupes de sept à huit. Le matin, au moment
où le soleil se lève, ils ont la singulière habitude de lever les
bras vers le ciel dans une pose d'adoration. Y aurait-il là un
rudiment de religion? Les propithèques sont de très habiles sauteurs; on les voit parfois sauter sur une branche par des bonds
d'une dizaine de mètres. Pendant ce saut, les petits restent cram-
ponnés solidement à la toison de leur mère. En France, après
l'expédition qui a eu lieu récemment, nous pourrions espérer en
voir au Jardin des plantes; il n'en sera malheureusement rien,
car les propithèques, malgré leur caractère plutôt doux, ne peuvent
supporter la captivité et ne tardent pas à mourir de langueur. Il
est d'ailleurs assez difficile de s'en procurer, non seulement parce
qu'ils sont rares, mais aussi parce qu'ils sont en quelque sorte

protégés par les indigènes. M. Milne-Edwards racontait récemment
qu'en 1886 M. Grandidier en rencontra quelques-uns d'entre eux,
d'une espèce encore inconnue, dans une immense plaine couverte
d'euphorbiacées, de petits arbustes épineux et de quelques bouquets de bois; mais, au moment où afin de la conserver il enlevait
la peau du premier qu'il avait tué, les sauvages qui l'entouraient
s'y opposèrent, et, pour les apaiser, il dut enterrer la chair du
propithèque et planter des nopals sur la tombe.

Les animaux à la fois les plus caractéristiques et les plus communs de Madagascar sont les *makis*, dont il existe de nombreuses
espèces. Tandis que les indris et les propithèques marchent dans
l'attitude verticale, les makis, qui appartiennent cependant au
même groupe, ont le corps horizontal comme devrait l'avoir tout
mammifère qui se respecte. Je gagerais qu'après la conquête, nos
matelots ont tous ramené un maki dans sa musette. Ces char-
mants animaux sont, en effet, inoffensifs et très doux; ils vivent
par bandes nombreuses dans les forêts, où ils font la chasse aux
insectes, aux œufs, aux petits oiseaux et aux insectes dont ils se
nourrissent.

« Les makis, raconte M. Milne-Edwards, peuvent vivre longtemps à côté de l'homme, à condition d'y trouver une température
convenable. Ils s'apprivoisent facilement et deviennent plus cares-
sants qu'un chien, ne quittant pas, à moins d'y être forcés, l'épaule
de leur maître, accourant à son appel et lui prodiguant des marques
d'amitié. J'ai connu pendant de longues années, chez M. Henri
Berthoud, un mongous parfaitement apprivoisé et d'un commerce
fort agréable; son extrême agilité lui permettait d'atteindre les plus
hautes corniches pour s'y blottir, et ses mouvements étaient si
bien mesurés, qu'à moins de surprise ou d'effroi il sautait sur tous
les meubles sans rien briser autour de lui. Parfois les makis se
reproduisent dans ces conditions, et c'est un spectacle charmant
que de voir le petit tantôt attaché au travers de la poitrine de sa
mère, tantôt fixé aux poils de son dos et ne la quittant jamais,
malgré ses courses légères. Chez eux, ils vivent en troupes, can-
tonnés dans certains domaines, et si un intrus s'égare dans une
partie qui lui est interdite, tous ses congénères l'attaquent. A Ma-

dagascar M. Humblot, notre résident aux îles Comores, avait mis à profit l'acharnement avec lequel les makis d'un bois chassent les makis du bois voisin ; il attachait l'un de ceux-ci à une branche, et il était sûr de voir bientôt les propriétaires légitimes du lieu accourir et se précipiter sur le nouveau venu, sans se préoccuper du chasseur, qui pouvait alors, à l'aide d'un lacet, en prendre autant qu'il le voulait. »

Certains makis sont nocturnes. Ils sont généralement plus petits que ceux qui ont des mœurs diurnes ; l'un d'eux même n'est pas plus gros qu'un rat. Ils construisent leur nid dans les arbres, principalement au milieu des feuilles des ravenals. Ces animaux présentent une particularité physiologique très

1. Maki-mococo.   2. Maki à manteau bleu.

curieuse. Un peu avant l'arrivée de la saison sèche, ils mangent beaucoup et accumulent une grande quantité de graisse dans leur queue, qui se transforme en un volumineux saucisson. Quand les pluies cessent et que la nourriture devient rare, ces makis nocturnes s'endorment et réabsorbent leur matière de réserve. C'est, on le voit, tout à fait l'histoire de la marmotte, avec cette différence que chez elle la période de sommeil a lieu pendant l'hiver, tandis que c'est en été que les makis s'endorment du sommeil du juste ou mieux du monsieur qui a bien dîné.

Mais le maki le plus singulier est certainement l'aye-aye, pour lequel les Malgaches manifestent une crainte superstitieuse. L'aspect de l'aye-aye est d'ailleurs bien fait pour inspirer l'étonnement. C'est une sorte d'écureuil au poil rude, à la longue queue touffue, avec des oreilles rappelant un peu celles des chauves-souris et des yeux ronds au regard effaré. On connaît peu d'animaux aussi franchement nocturnes que lui : il ne sort absolument que la nuit, et la plus faible lumière, voire même celle d'une bougie, l'incommode. Ce qui achève de donner à l'aye-aye un aspect étrange, c'est la présence de deux dents incisives à chaque mâchoire et ressemblant par leur ensemble à un bec de perroquet. Grâce à ces incisives tranchantes, l'animal gratte l'écorce et les troncs des arbres pour y chercher les insectes dont il fait sa nourriture. Quand la galerie est trop profonde, il y introduit son troisième doigt grêle et terminé par un ongle crochu. On n'a ramené que rarement des aye-ayes en Europe; car il est assez difficile de les nourrir : ils n'aiment que les larves de certains insectes ou, à défaut, le lait concentré, qu'ils n'acceptent d'ailleurs qu'avec beaucoup de difficulté. D'autre part, on est obligé de les placer dans des cages blindées; car ils percent en un rien de temps les planches les plus épaisses.

Les tigres, les lions, les panthères, les renards, les loups, etc., font absolument défaut à Madagascar. Il n'y a en fait de bête féroce qu'un carnassier, le *foussa* ou *cryptoprocte,* qui d'ailleurs ne s'attaque jamais à l'homme. C'est une sorte de gros chat bas sur pattes et marchant sur la plante des pieds, tandis que les vrais matous marchent sur leurs doigts. Le nom bizarre de cryptoprocte vient de la présence de glandes cachées à la base de la queue. Un fait singulier, c'est qu'en France on rencontre, dans les terrains tertiaires, les débris fossiles d'un animal très voisin du cryptoprocte. Il semblerait que la faune de Madagascar a été arrêtée dans son évolution.

Parmi les insectivores, nous nous contenterons de citer les tanrecs, qui, pendant la saison sèche, s'endorment à la manière des makis, dont nous avons parlé plus haut. On donne quelquefois à ce phénomène le nom d'*estivation,* par opposition à l'*hibernation,* qui se produit pendant l'hiver sous nos climats.

On sait que les grands herbivores font défaut à Madagascar. Les bœufs zébus, qui constituent la richesse la plus claire du pays, paraissent avoir été importés par l'homme. On les emploie à toutes sortes d'usages, même comme monture, à l'instar des chevaux. Pour leur donner même une certaine ressemblance avec ces derniers, les Malgaches leur coupent les cornes et une partie de la bosse, opération très cruelle et qui les fait beaucoup souffrir sans grande utilité pour l'éleveur. Les rongeurs sont très rares.

Parmi les oiseaux actuels, aucun d'eux n'attire l'attention d'une manière spéciale, et nous nous contenterons ici de citer les noms de quelques-uns : les vezas, les couas, les falculies, les mézites. Tous ces oiseaux sont surtout nombreux sur le bord du littoral, tandis qu'ils sont rares au centre de l'île, où la végétation est rare. On peut faire ici une remarque qui pourrait s'appliquer à tous les autres groupes de la faune malgache; c'est que cette faune a beaucoup plus d'analogie avec la faune indienne qu'avec la faune africaine, malgré ce que

Aye-aye de Madagascar ou cheiromys.

pourrait faire penser la position géographique de l'île. Il semble donc probable, d'après cette remarque, que, dans les temps géologiques, Madagascar était rattaché aux Indes et à la Malaisie et ne se continuait pas avec le continent africain.

Si les oiseaux actuels de Madagascar ne présentent qu'un intérêt relatif, il n'en est pas de même des oiseaux éteints, dont l'un surtout, l'*æpiornis,* est bien l'un des animaux les plus curieux que l'on n'ait jamais vu. Cet æpiornis, dont on retrouve des débris et des œufs dans certains endroits marécageux, ressemblait à une autruche ou à un casoar, mais de taille gigantesque, près de quatre ou cinq mètres de haut. On a trouvé plusieurs œufs intacts : l'un d'eux aurait pu contenir cinquante mille œufs d'oiseau-mouche, ou cent cinquante œufs de poule, ou six œufs d'autruche. Quelle omelette! Les æpiornis, dont le squelette est aujourd'hui connu entièrement, grâce aux recherches de MM. Grandidier et Milne-Edwards, paraissent être éteints depuis une époque relativement récente. En effet, sur les os on remarque des entailles très nettes, faites évidemment par la main d'un homme. En lisant plus haut ce que nous disons de l'absence de bêtes féroces à Madagascar, le lecteur s'imagine peut-être que les recherches d'histoire naturelle dans l'île de la reine Ranavalo ne présentent aucun danger. Qu'il se détrompe! Ainsi, pour ne citer qu'un exemple, les æpiornis nous sont connus surtout par les fouilles de MM. Grevé, Muller et Grandidier. Le premier, pris comme otage par les Hovas, a été fusillé; le second a également été assassiné. Quant à M. Grandidier, il n'a échappé que par miracle à la mort. Tout n'est pas rose, on le voit, dans le métier d'explorateur.

Les reptiles sont représentés par deux espèces de crocodiles. « L'une, dit M. Milne-Edwards, se trouve dans tous les lacs et dans les grandes rivières; l'autre est confinée dans la région centrale. Ils atteignent une taille considérable, et on en voit qui dépassent six mètres de long. Les Malgaches les craignent beaucoup, car les accidents sont fréquents, et souvent les femmes qui puisent de l'eau à la rivière ou les hommes qui s'engagent dans un gué sont enlevés par ces terribles reptiles. Après avoir saisi leur victime, ils l'entraînent sous l'eau et la déposent dans quelque anfractuosité, attendant que la chair en soit suffisamment faisandée pour revenir la dévorer quand ils jugent qu'elle doit être à point. Grâce à ce goût particulier, il n'est pas rare que des hommes aient pu être retirés vivants du garde-manger des crocodiles. » Les reptiles les plus abondants sont les caméléons, dont il existe toute une série d'espèces plus étranges les unes que les autres. Ils pullulent dans les forêts, où, grâce à leur couleur, ils ne se distinguent pas des branches sur lesquelles ils passent leur existence. Quant aux serpents, ils sont de petite taille et inoffensifs.

Nous avons insisté un peu sur les « grosses bêtes », parce que ce sont généralement celles qui intéressent le plus le public. Les

« petites bêtes » présentent cependant beaucoup de particularités intéressantes. C'est ainsi que certains papillons, certains *bombyx*, vivent en société sur les acacias et donnent des cocons réunis à plusieurs en masses de plus d'un mètre de long. La soie, cardée et filée à la quenouille, sert à faire des étoffes. Une araignée donne aussi une soie susceptible d'être filée : on la recueille au fur et à mesure de sa sortie du corps de l'insecte. Un magnifique papillon, l'*actias cometes*, atteint des dimensions extraordinaires : ses ailes n'ont pas moins de vingt centimètres d'envergure.

La flore et la faune de Madagascar, d'après le très faible aperçu que nous venons d'en donner, présente, on le voit, des intérêts multiples. Dès la conquête militaire, le gouvernement se proposa d'envoyer dans l'ile une mission scientifique, composée de savants éprouvés, qui compléterait les notions que nous possédons sur la France orientale, comme on l'appelait déjà il y a deux siècles. Ce sera peut-être le bénéfice le plus clair que nous retirerons de notre coûteuse expédition.

LII

La manie des collections, si répandue dans l'espèce humaine, est plutôt rare chez les animaux. Il n'y a guère que chez les oiseaux qu'elle est parfaitement nette. A cet égard, le cas de la pie est bien connu, et l'histoire de la pie voleuse de Palaiseau est dans toutes les mémoires.

L'*anomalocorax splendens* est une sorte de corbeau que l'on rencontre abondamment dans l'Inde et qui, dans les grandes villes, court partout, comme font chez nous les pierrots espiègles. Comme la pie, il est voleur en diable; non seulement il pille les matières dont il fait sa nourriture, mais aussi il porte dans son nid toute une collection d'objets dont il n'a que faire. Un auteur anglais, Jerdon, raconte qu'auprès de chaque village, de chaque maison même, on rencontre des quantités d'anomalocorax attendant une occasion favorable pour piller. Rien n'est en sûreté à côté d'eux : laissés près d'une fenêtre ouverte, le contenu d'un sac à ouvrage, les gants, les mouchoirs disparaissent instantanément. Les anomalocorax ouvrent les paquets, même ceux qui sont noués, pour voir ce qu'ils contiennent ; Tennent assure que, pour exécuter leurs larcins, ils enlèvent même les clous. Une société qui était réunie dans un jardin ne fut pas peu effrayée un jour en voyant tomber du ciel au milieu d'elle un couteau tout sanglant. Le mystère fut éclairci : c'était un anomalocorax qui avait épié le cuisinier et profité d'un moment favorable pour lui dérober son couteau.

Les *ptilonorhynques* sont plus éclectiques dans leur choix. Les objets qu'ils récoltent sont évidemment destinés à rehausser la décoration de leurs curieux nids de plaisance, autant à l'intérieur qu'à la porte. Gould nous a appris que l'oiseau y entasse tous les objets de couleur éclatante qu'il peut ramasser, tels que les plumes de la queue de divers perroquets, des coquilles de moule, des petites pierres, des coquilles d'escargots, des os blanchis, etc. Il y a certaines plumes qui sont entrelacées dans la charpente du berceau; d'autres, mêlées avec les os et les coquilles, en jonchent l'entrée. Le penchant naturel de ces oiseaux à ramasser tout ce qu'ils trouvent à leur convenance et à l'emporter est si bien connu des naturels, que, quand il leur manque quelques petits objets, par exemple une pipe ou une amulette, ils se mettent à la recherche des berceaux du ptilonorhynque, à peu près sûrs qu'ils sont de les y retrouver. Gould a rencontré à l'entrée d'un berceau une jolie pierre de tomahawk, d'un pouce et demi de hauteur, très finement travaillée, mêlée à des chiffons de coton bleu, que les oiseaux avaient certainement ramassés dans un campement d'indigènes.

Le même auteur nous a aussi donné d'intéressants détails sur un autre oiseau collectionneur, le *chlamydère tacheté,* qui, comme le précédent, se bâtit des huttes de plaisance. Au centre de chaque hutte, à l'entrée du portique, s'élève une immense collection de toute espèce, servant à décorer la place; ce sont des coquillages, des galets, des plumes, des crânes, des os de petits mammifères, etc. Ce n'est évidemment que sur les bords des courants que les petits architectes peuvent se procurer les coquillages et les petits cailloux ronds qu'ils emploient; si l'on remarque que leurs constructions sont souvent situées à une distance considérable des rivières, on voit quels efforts et quel travail demandent leurs collections. Comme les chlamydères se nourrissent presque exclusivement de graines et de fruits, il est bien évident que les coquillages et les os ne peuvent avoir été ramassés que pour servir à la décoration de leurs édifices : ils ne prennent que ceux parfaitement blanchis par le temps.

Les deux espèces précédentes préfèrent, on le voit, les objets d'origine animale. Pour que tous les goûts soient dans la nature, celle-ci a créé l'*amblyornis de la Nouvelle-Guinée,* qui, lui, fait collections de matériaux d'origine végétale. Devant la porte de son *home,* il établit une belle pelouse faite de mousse soigneusement rapportée, et dont il va chercher les éléments touffe par touffe à une certaine distance, et qu'il débarrasse avec son bec de tout corps étranger. Sur ce tapis de verdure l'oiseau sème des fruits violets de garcinia et des fleurs de vaccinium, qu'il va cueillir aux environs et qu'il a soin de renouveler aussitôt qu'ils sont fanés. Cette ornementation n'est pas sans analogie avec ces « jardinières » que les maîtresses de maison mettent sur leur table les jours de grand dîner. L'amblyornis mérite bien le nom d'*oiseau-jardinier* que lui donnent les chasseurs malais.

FIN

ERRATUM

Page 17, ligne 19, *au lieu de :* deux à trois centimètres, *lire :* deux à trois mètres.

TABLE

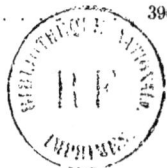

29362. — Tours, impr. Mame.

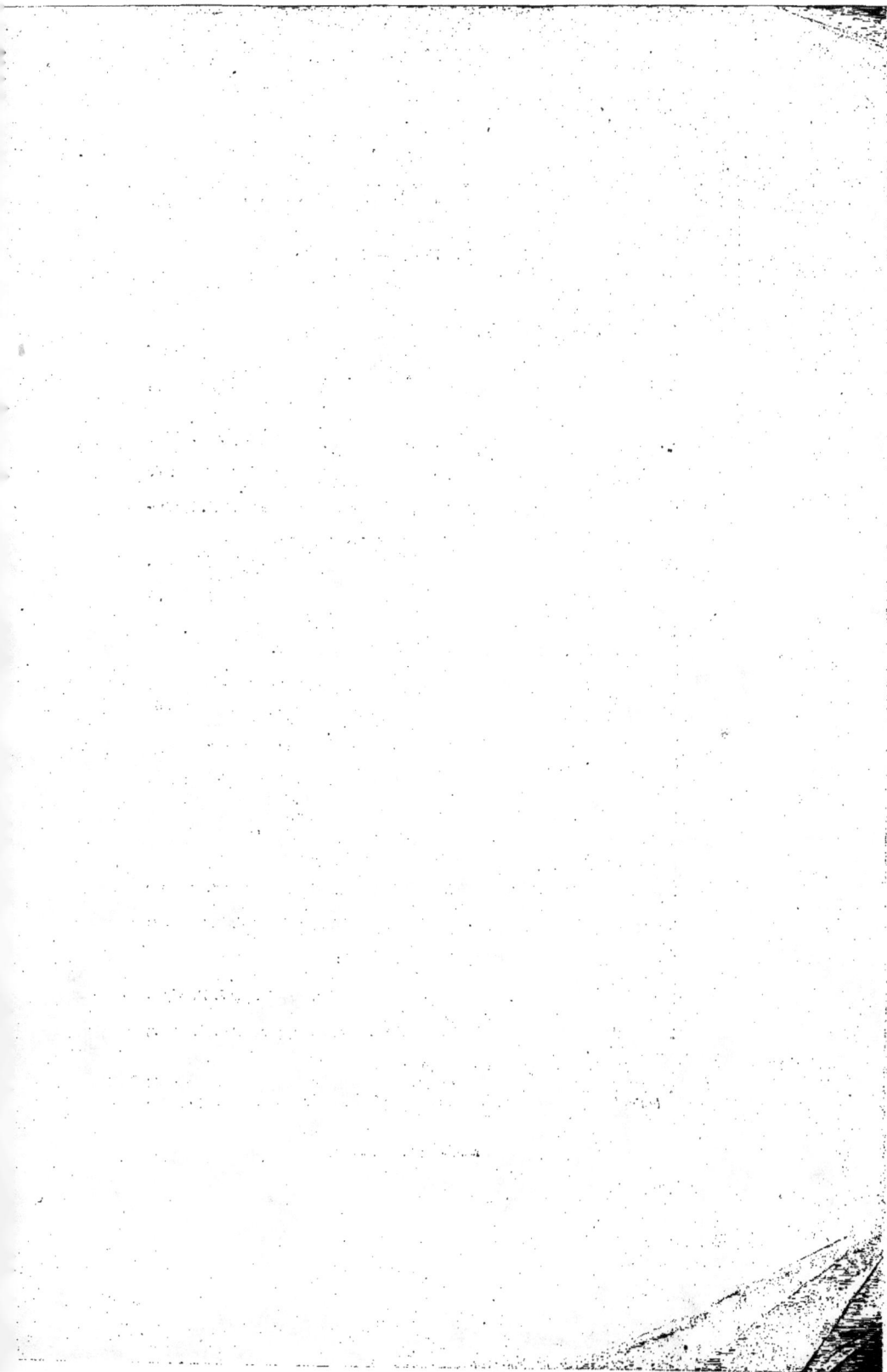

BIBLIOTHÈQUE ILLUSTRÉE

FORMAT IN-4°. — 1re Série

Tours. — Imprimerie Mame.

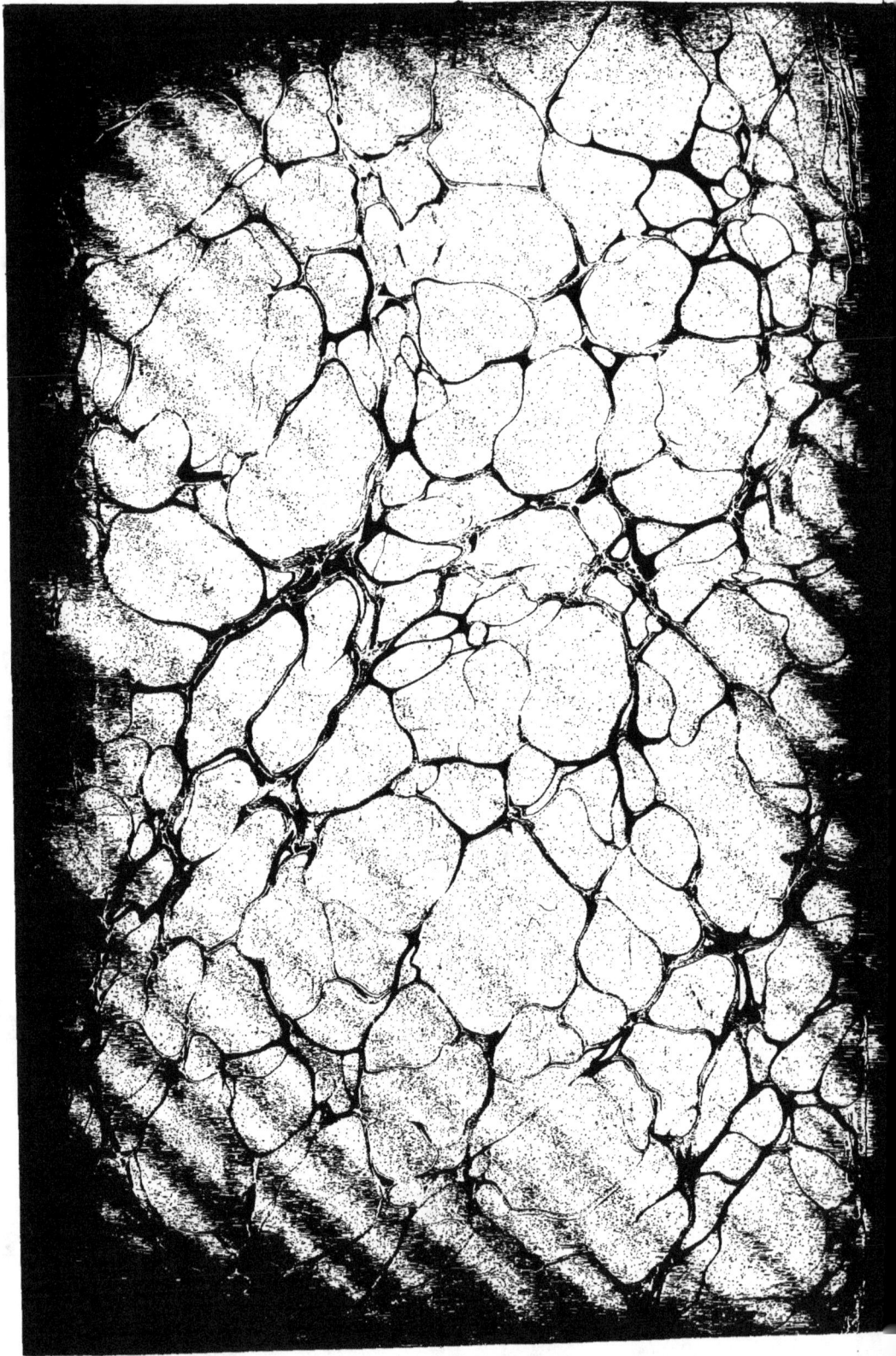

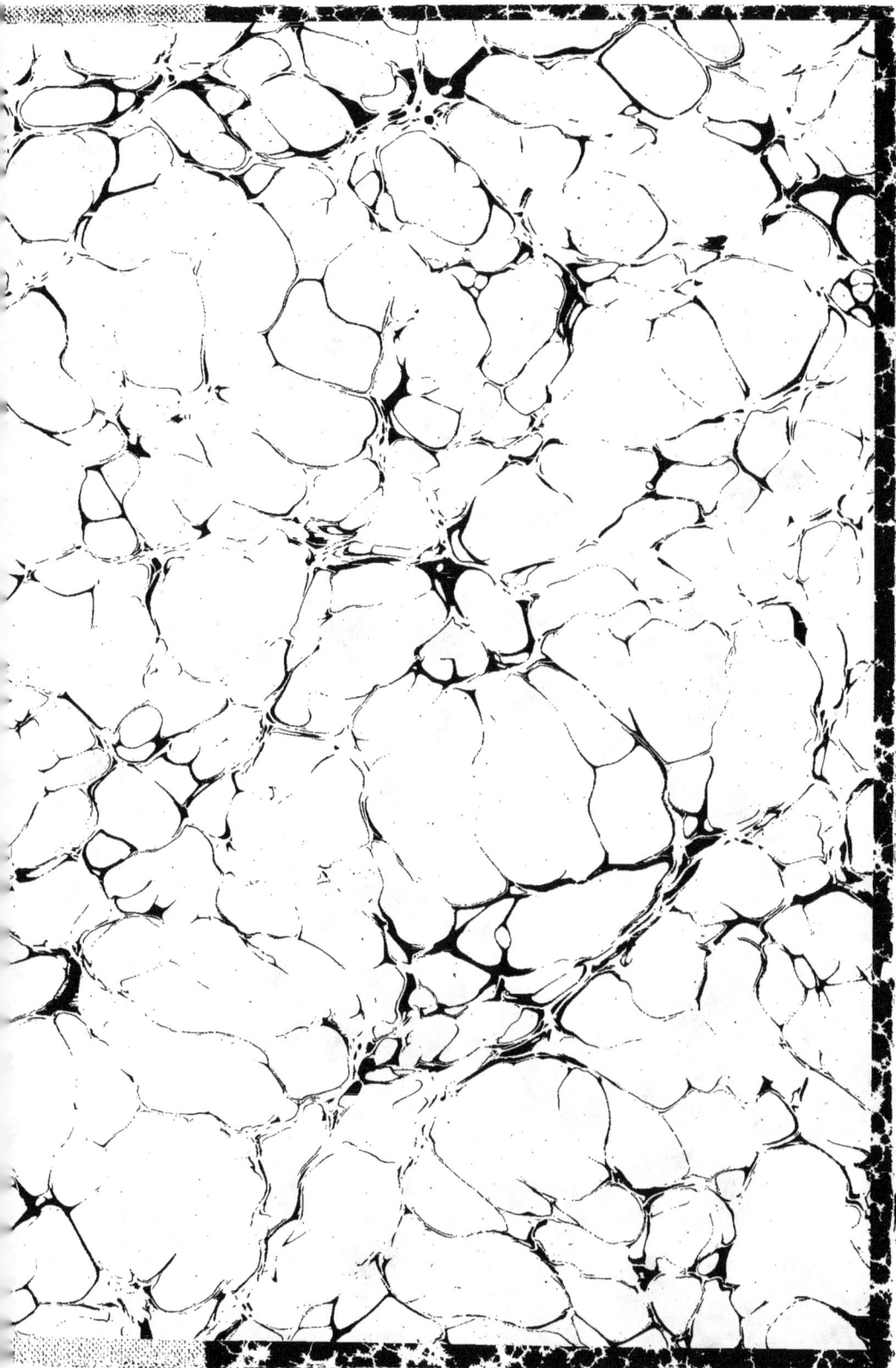

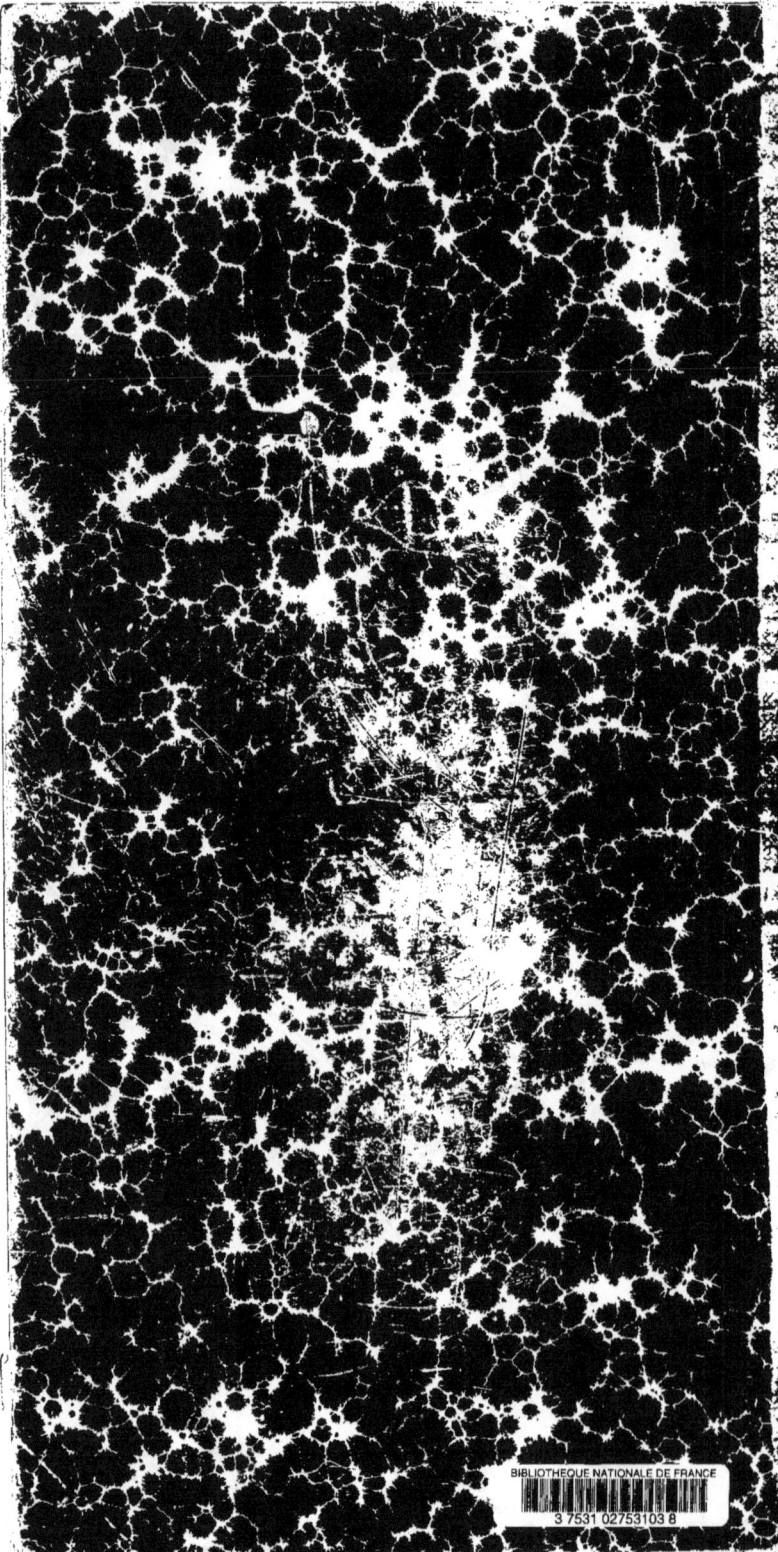

BIBLIOTHEQUE NATIONALE DE FRANCE
3 7531 02753103 8

www.ingramcontent.com/pod-product-compliance
Lightning Source LLC
Chambersburg PA
CBHW052104230326
41599CB00054B/3752